智能家居强弱电施工操作技能

（第2版）

周志敏　纪爱华　编著

電子工業出版社
Publishing House of Electronics Industry
北京·BEIJING

内 容 简 介

本书结合国内智能家居强弱电布线技术的发展和最新施工技术，系统全面地讲解智能家居强弱电布线必备的基础知识和施工操作技能。全书共6章，在简介现代智能家居系统和功能的基础上，重点讲述智能家居强电识图技能及布线材料选用、智能家居强电施工操作技能、智能家居布线系统解决方案及线缆选用、智能家居弱电布线施工操作技能、智能家居布线手持电动工具安全操作及触电急救方法等内容，题材新颖实用，内容丰富，文字通俗，具有很高的实用价值。

本书可供智能家居强弱电布线施工人员阅读，也可供智能家居强弱电布线技术培训及职业技术学院相关专业的师生参考。

图书在版编目（CIP）数据

智能家居强弱电施工操作技能/周志敏，纪爱华编著．—2版．—北京：电子工业出版社，2021.6
ISBN 978-7-121-41072-7

Ⅰ．①智…　Ⅱ．①周…　②纪…　Ⅲ．①住宅-智能化建筑-电气设备-建筑安装-工程施工　Ⅳ．①TU85

中国版本图书馆CIP数据核字（2021）第075800号

责任编辑：富　军
印　　刷：北京七彩京通数码快印有限公司
装　　订：北京七彩京通数码快印有限公司
出版发行：电子工业出版社
　　　　　北京市海淀区万寿路173信箱　邮编 100036
开　　本：787×1 092　1/16　印张：15.5　字数：396.8千字
版　　次：2017年9月第1版
　　　　　2021年6月第2版
印　　次：2023年3月第4次印刷
定　　价：79.00元

凡所购买电子工业出版社图书有缺损问题，请向购买书店调换。若书店售缺，请与本社发行部联系，联系及邮购电话：(010)88254888，88258888。

质量投诉请发邮件至 zlts@ phei. com. cn，盗版侵权举报请发邮件至 dbqq@ phei. com. cn。

本书咨询联系方式：(010)88254456。

前　言

随着居住环境和生活水平的不断提高，人们更加注重居住环境的智能化、人性化。21世纪是信息化社会，社会的需求带动智能家居强弱电布线市场的升级。智能家居强弱电布线越来越受到社会的关注，已成为信息化社会中不可缺少的重要工种。

智能家居强弱电布线的设计与施工涉及多学科的基础知识、施工方法，以及对新设备（仪器）的操作技能、新材料性能的掌握。考虑到目前从事智能家居强弱电布线设计与施工人员的知识结构和阅读能力，本书在写作上尽量做到有针对性和实用性，力求深入浅出，在保证科学性的同时，注意通俗性。尽可能通过“图解”的形式将智能家居强弱电布线必备的基础知识和操作技能展示出来，让读者能够轻松、快速地阅读，以便系统地了解和掌握智能家居强弱电布线的基础知识、施工要点和基本操作技能。考虑到智能家居强弱电布线的特殊性和危险性，本书在第6章重点讲解智能家居布线手持电动工具安全操作及触电急救方法等内容。

本书第1版自2017年出版以来，以其内容通俗、具体实用而深受广大读者欢迎。由于智能家居技术的高速发展及部分相关标准的修订，第1版章节中的一些内容已不能很好地满足读者的需求。鉴于此，本书第2版结合目前智能家居相关标准的修订及应用技术的发展，在保留第1版中第1章、第4章、第6章的基础上，对第2章、第3章、第5章中的内容进行一定的删减和补充，更加符合智能家居设计、施工技术人员的需求。

本书在资料的收集和技术信息的交流上得到国内专业学者和强弱电布线系统集成商的大力支持，使本书具有技术前瞻、实用等特点，在此表示衷心的感谢。

由于写作时间短，加之编著者水平有限，书中错误之处在所难免，敬请读者批评指正。

编著者

目　录

第1章 概述

【本章主要内容】

1.1 智能家居子系统和系统功能

1.2 智能家居控制单元及发展层次

1.3 人工智能助力智能家居

1.1 智能家居子系统和系统功能

1.1.1 智能家居的概念及子系统

1. 智能家居的概念

智能家居又称智能住宅。与智能家居含义近似的有家庭自动化（Home Automation）、电子家庭（Electronic Home、E-home）、数字家园（Digital Family）、家庭网络（Home Net/Network Home）、网络家居（Network Home）、智能家庭/建筑（Intelligent Home/Building），在中国香港和中国台湾等地，还有数码家庭、数码家居等名称。

智能家居的概念虽起源很早，但一直未有具体的建筑案例出现。直到1984年，美国联合科技公司将建筑设备的信息化、整合化概念应用于美国康涅狄格州哈特佛市的城市建设中，才出现了首栋"智能型建筑"，从此揭开了全世界争相建造智能家居的序幕。

智能家居是一种居住环境，是以住宅为平台，利用综合布线技术、网络通信技术、安全防范技术、自动控制技术、音/视频技术将与家居生活有关的设施集成，构建高效的住宅设施和家居日程事务管理系统，提升家居的安全性、便利性、舒适性、艺术性，以实现环保节能的居住环境。

2. 智能家居子系统

智能家居系统包含的主要子系统有家居布线系统、家居网络系统、智能家居（中央）控制管理系统、家居照明控制系统、家居安防系统、背景音乐系统（如TVC平板音响）、家居影院与多媒体系统、家居环境控制系统等八大系统。其中，智能家居（中央）控制管理系统（包括数据安全管理系统）、家居照明控制系统、家居安防系统是必备系统，家居布线系统、家居网络系统、背景音乐系统、家居影院与多媒体系统、家居环境控制系统为可选系统。

在智能家居系统产品的认定上，智能家居产品必须具有必备系统才能实现智能家居的主要功能；在智能家居环境的认定上，只有完整地安装所有的必备系统，并且至少选装了一种及以上的可选系统才能构成智能家居。

智能家居需要有一个能支持语音/数据、多媒体、家居自动化、保安等多种应用的布线系统，即智能化住宅布线系统。智能化住宅布线系统通过一个总管理箱，将电话线、有线电视线、宽带网线、音响线等弱电线缆统一规划在一个有序的状态下，统一管理居室内的电话机、传真机、计算机、电视机、影碟机、安防监控设备及其他的网络信息家用电器，功能强大，使用方便，维护容易，更易扩展新用途，可实现电话分机、局域网组建、有线电视共享等。

智能家居音乐系统简单地说，就是在客厅、卧室、厨房或卫生间均布线，通过1个或多个音源，让每个房间都能听到美妙的背景音乐。配合AV影视交换产品，用最低的成本，不仅可以实现每个房间音频和视频的信号共享，还可以在每个房间都能独立地遥控选择背景音乐信号源、远程开机、远程关机、远程换台、远程快进、远程快退等，实现音/视频、背景音乐共享和远程控制。

家居安防系统包括视频监控、对讲系统、门禁一卡通、紧急求助、烟雾检测报警、燃气泄漏报警、碎玻探测报警及红外双鉴探测报警等，当有警情发生时，能自动拨打电话，并联动相关的电器进行报警。

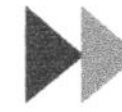

1.1.2 智能家居系统的功能

1. 视频监控功能

① 实时监控，通过智能分机实时显示4路或8路摄像机的视频监控画面。

② 电视监控，通过家中的电视机实时显示监控画面。

③ 远程监控，通过互联网在计算机上实现远程实时监控。

④ 移动监控，通过手机实现运动中的远程实时监控。

⑤ 图像存储，将监控视频数据存储在硬盘上。

⑥ 录像回放，查看视频监控历史资料。

2. 智能报警功能

① 有线防区报警，处理有线报警传感器的报警信息。

② 无线防区报警，处理无线报警传感器的报警信息。

③ 复合逻辑报警，多个报警器共同负责一个防区，在满足一定条件时发出报警信息，以减少误报。

④ 短信报警，报警时发送短信通知主人。

⑤ 彩信报警，报警时把现场图片、报警位置、报警性质等综合信息以彩信的方式

通知主人。

⑥ 电话报警，报警时拨打电话通知主人。

⑦ 智能报警，报警时，灯光打开、摄像机抓拍、警号响起、显示屏弹出报警画面、发送短信、彩信和拨打电话。

3. 控制功能

① 灯光控制，控制灯光的打开与关闭，根据室内灯光亮度需求自动或手动调整光源发光。

② 窗帘控制，控制窗帘的打开与关闭。

③ 空调控制，控制空调的开启与关闭，根据室内温度需求自动或手动调整空调温度。

④ 电器控制，控制电视机、热水器、电动窗、饮水机、排风扇、地暖等家用电器设备。

⑤ 定时控制，根据生活需要定时开启与关闭家中的灯光、窗帘、空调及其他家用电器。

⑥ 组合场景控制，将灯光、窗帘、空调及其他家用电器的若干个设备任意组合，形成场景模式，一键开启。

为了实现上述目标，智能家居系统应具有如下特性：

① 实用便利性。智能家居最基本的目标是为用户提供一个舒适、安全、方便和高效的生活环境，智能家居产品应以实用为核心，即实用性、易用性和人性化。

② 可靠性。智能家居系统应能24h运行，对系统的安全性、可靠性和容错能力必须予以高度重视。智能家居系统应在电源、系统备份等方面采取相应的容错措施，应具有应付各种复杂环境变化的能力，以保证智能家居系统能够正常、安全运行。

③ 标准性。智能家居系统的方案设计应依照国家和地区的有关标准，确保系统的可扩展性，信息传输应采用TCP/IP协议标准，保证不同厂商的设备、系统之间可以兼容与互联。系统的前端设备应是多功能的、开放的、可扩展的，如系统主机、终端、模块应采用标准化接口设计，可为其他产品提供集成平台。

④ 可扩展性。智能家居系统应是可以扩展的系统。最初，智能家居系统只可以与照明设备或常用的电器设备连接，将来应可以与其他设备连接，以适应新的智能生活需要。即便房屋已装修，也可轻松升级为智能家居，因无线控制的智能家居系统可以不破坏原有装修，只要在一些插座等处安装相应的模块即可实现智能控制，不会对原来的房屋墙面造成破坏。

1.2 智能家居控制单元及发展层次

1.2.1 智能家居控制单元

① 遥控控制：可以使用遥控器控制家中的灯光、电热水器、电动窗帘、饮水机、空调等设备的开启和关闭；通过遥控器的显示屏可以在一楼（或客厅）查询并显示二楼（或卧室）灯光或电器的开启、关闭状态。

② 语音控制：主人出差或在工作单位时，可以通过手机、固定电话机［高加密（电话机识别）多功能语音电话机远程控制功能］控制家中的空调、窗帘、灯光等，了解各种电器的运行是否正常，室内的空气质量（室内外安装空气质量检测传感器）是否达标，从而控制窗户和紫外线杀菌装置进行换气或杀菌，调节室内湿度和温度，给花草浇水、喂食宠物等。

③ 定时控制：可以提前设定家用电器的自动开启、关闭时间，如电热水器每天晚上20:30分自动开启加热，23:30分自动断电关闭，保证主人在享受热水洗浴的同时，节省电能，舒适和时尚。

④ 集中控制：可以在进门的玄关处同时打开客厅、餐厅、厨房的灯光和厨宝等电器，尤其是在夜晚，可以在卧室控制客厅和卫生间的灯光及电器，既方便又安全。

⑤ 家居影音控制：运用先进的微处理技术、无线遥控技术和红外遥控技术，在程序指令的精确控制下，将机顶盒、卫星接收机、DVD、计算机、影音服务器、高清播放器等多路信号源，发送到每个房间的电视机、音响等终端设备上。

⑥ 场景控制：轻轻触动一个按键，数种灯光、电器即可在“意念”中自动执行，可感受和领略到科技时尚生活的完美、简捷、高效。

⑦ 网络控制：在办公室或出差在外地，只要是在有网络的地方，都可以登录到家中，利用网络远程控制和查询家中电器的工作状态，如控制远在千里之外家中的灯光、电器，在回家之前，将家中的空调或电热水器开启。

⑧ 监控功能：可在任何时间、任何地点进行远程影像监控，通过家中远程影音拍摄设备构成安全防护系统。

⑨ 报警功能：当有警情发生时，能自动拨打报警电话，并联动相关电器发出灯光、音响等报警信号。

 1.2.2 智能家居发展的层次及阶段

1. 智能家居发展的层次

① 家居自动化。家居自动化是智能家居的基础和雏形。从定义上来看，家居自动化是利用微电子技术控制家中的电器产品或系统，与智能家居有一定的重合度，早期甚至等同于智能家居。不过，在万物互联的今天，随着各项技术的发展和应用，家居自动化已基本成为一个相对陈旧的概念。

② 相互连接被公认为是智能家居的第一个层次，也是实践应用金字塔的底层。这里的连接主要分为两种情况：一种是设备之间的连接，即形成一个整体系统；另一种是设备与互联网的连接。这个层次是智能家居最基本的互联要求，并能进行APP控制，目前一些家用电器将Wi-Fi模块植入，使其能够通过网络进行控制。

③ 智能家居的第二个层次是具备感知探测功能，得益于各类传感器的应用。相比第一个层次，智能家居在功能上有了明显的改进，不但能够联网，还具备一些“感觉”。不过，这种“感觉”只是机械化的感知，并且大多只针对家居环境，如实时感知室内空气质量的好坏、探测室内人体活动、检测门窗开关状态等。除手机APP外，语音、手势等也开始应用于智能家居控制。

④ 智能家居的第三个层次是开始具备简单的智能，如学习、记忆和判断等，引入大数据和云计算等信息技术。此时智能家居的最大特点是不再停留在感知环境层面，而是开始感知用户需求，同时具备一定的主动性，使用户诉求的复杂度大大降低。

⑤ 智能家居的第四个层次是用户需求的自动满足，交互方式更加丰富。真正的智能家居就是要尽量减少用户的参与，能够根据用户家居的实际环境、生活习惯、兴趣爱好、身体状况等来满足用户的需求。不过，这一个层次的智能家居虽然更加具有“主观能动性”，与用户的交互频率可能也会降低，但交互方式并没有消失，而是更加丰富，更有趣的是可以利用AR技术管理家中的设备或塑造特定的氛围。当然，对于此类智能家居而言，大数据和云计算等今天看来还相当高级的技术也只能算是最基本的技术了。

⑥ 智能家居的第五个层次是拥有品质生活管家。在一般的情况下，能够“随心所得”是智能家居非常理想的情况，但一些习惯或想法并不能保证对用户总是有益的，所以这一个层次的智能家居应该能够更好地为用户服务，具有“违背”用户一些意愿的能力。换言之，这个层次的智能家居不但能够满足用户的很多需求，而且能够像朋友一样，给用户提供更加科学的建议，甚至阻止用户的一些不合理的要求。

通过综合比较，智能家居的第二个层次至第三个层次之间相当于业内目前所提到

的智能家居3.0阶段：能够相互连接，具备感知、探测和一定的学习功能，并具有手机、手表、指纹、语音等多种控制方式。

2. 智能家居发展的阶段

① 智能家居1.0。智能家居1.0时代是保证家用电器连接网络，用手机APP远程控制其开/关。这在2014年已经完成了。智能家居1.0是最初的智能家居——家居自动化。家居自动化通过一个中央处理器对家用电器、安防设备等进行统一控制，实现更加舒适的家居生活，对家用电器能够实现自动化管理。智能家居1.0的主要特色是家居设备的自动运行和管理，用户可以通过智能手机等终端设备实现对家用电器的远程操控，更加倾向于操作方式的简易化。

严格来说，智能家居1.0时代并非智能，只不过是支持远程控制功能，尚未形成物联网概念，因此以家居监控摄像机为代表的智能家居产品就此诞生。摄像机依靠手机APP实现远程监控，可远程传输数据，功能更加丰富的还支持语音对讲，简单地1对1操作，不仅形式单调，有多少智能也很难说清。

② 智能家居2.0。智能家居2.0时代是在家居自动化的基础上进行的系统拓展和功能强化，不仅具有家居自动化简易的操作手段，完成家居设备的自动化运行，而且提升了传感器、控制器在家居设备中的使用效果，具备一定的感知、学习等智能化。与家居自动化纯粹地自动执行用户命令不同，智能家居2.0可通过内置传感器识别用户的习惯并加以分析，从而自行完成用户的命令。

智能家居2.0阶段，产品与产品之间可根据不同传感器传输的数据进行不同的联动。例如，温度、湿度、光照、人体感应等的联动，如低光照时，电动窗帘会自动打开，灯会自动打开，只要设置好一次，就会每天根据温度、湿度、光照、人体感应等自动工作。

③ 智能家居3.0。智能家居3.0时代的最大变化是集成化、交互性的加强，除自我学习、远程控制外，还具有兼容性、安全性、互操作性及可扩展性。在交互性上，智能家居3.0不仅有家居设备间的交互，还突出了用户与家之间的交互。

智能家居3.0在智能家居2.0的基础上更加注重系统平台，强调各种家居设备之间的互联、互通、互懂及互控，不但有感知、学习、探测能力，还有分析、判断、反馈功能，能根据用户的年龄阶层、兴趣爱好、生活习惯及住宅环境等基本信息，精准呈现针对性的内容。用户可以自由选择支配设备的件数、操控的时间和地点。

智能家居3.0加入了更多的人工智能技术，如利用人脸识别技术能够自动感知室内的是大人还是小孩，若是小孩的话，则室内温度就不能像仅有大人那样那么低，因怕小孩感冒。智能家居3.0加入人工智能技术后，就不需要人为去控制了，而是根据家居环境、用户的状态自动完成控制。例如，用户喜欢看NBA，则一进家门，电视机就知道用户回来了，可以自动调到NBA频道；知道用户今天疲惫了，就会自动播放舒缓的音乐。

智能家居3.0以智能终端（如智能手机、智能平板、智能电视）作为交互中心，采用移动互联网和云计算技术，全面整合影音娱乐、互动游戏产品等。

1.3 人工智能助力智能家居

1.3.1 未来的智能家居

智能家居的核心是希望让家用电器感知环境变化和用户需求，从而进行自动控制，以提高用户的生活品质。“人还没到家，牛奶机已经开始煮牛奶了，电饭煲中洗净的米饭进入蒸煮状态，客厅的立式空调自动打开并调到合适的温度，水龙头的水正以合适的温度缓缓注入浴缸，卧室的窗帘已经拉上……”。这是早些年用户描绘的智能家居图景。当今智能家居能做的远远不止这些，而且会随着物联网、人工智能等技术的崛起进一步迸发活力。

现在看到的智能家居，如用手机远程控制或定时开启家用电器，让空调开启、电热水器加热、白炽灯亮起等不过是几种智能单品的呈现，还属于智能家居概念的雏形。真正了解智能家居的用户并不多，很多用户会把智能家居理解为智能家具。现在的智能家居还只能说是智能硬件与家居产品的一种物理结合。

目前市场上还没有真正的物联控制，多数为智能控制。真正的物联控制应根据用户的行为习惯进行物与物之间的控制，如包括温度、湿度、亮度及移动侦测四合一的传感器。真正的智能体验是不需要手动、遥控进行控制的。当前市场上的智能产品仍然处于最低级阶段，只是简单地控制，在控制过程中没有涉及数据互动。相对于伪智能，真正的智能应将用户的生活习惯和云服务数据收集起来后，再通过产品实现自我联动、服务，想要真正实现用户脑海中所构想的“家”，还需要再迈进两大步。

① 第一步，打通各平台和产品之间的互联互通。未来不是一个平台直接服务所有用户的天下，而是一个大平台跟N个公司、产品相互深度嵌套后，再服务天下的所有用户。智能家居能够互联互通是非常关键的。目前国内还没有一个统一的接口标准，

这给用户的使用带来不便，对此政府和行业协会、企业应该共同参与制定智能家电、智能家居的标准。

② 第二步，实现人工智能“机随人想”。真正的智能家居应该是未卜先知的，可感知用户的需求，所想即所得。对于一套智能家居控制系统来说，产品与产品之间的联动非常重要。用户希望只要发出一个指令，就可以让多个智能家居产品联动提供服务。

当然“机随人想”的实现需要借助物联网、终端、大数据、云计算的进一步发展与支持，实现数据的云端存储和分析，从而不断迭代，为用户提供精准的智能服务。所以，如何在已有的技术基础上，将更多的传感器技术、云计算、大数据等技术融入智能家居行业，是需要智能家居设备生产企业高度重视的。

未来的智能家居将具备人类的情感，尽管赋予机器人情感一直是最富有争议的事情，但有一位有情感的机器人，的确会帮助用户搞定诸如园艺、家务、友谊等各种日常生活情境。也就是说，未来的智能机器人将可以满足人类的绝大部分需求。

从智慧家居要求出发，从人性需求角度着手，未来的智能家居必须具备互联、智能、感知和分享等功能。具体来说，未来的智能家居要具备人类的智能，能感知和读懂人心，能根据用户的年龄、性别、学历、兴趣、工作、地域等基本信息自动分析用户习惯，形成思维方式，进行自主服务。这种思维方式是通过主动捕捉用户的需求实现的。举例来说，就是主人一进门，想到开灯灯就亮，想到开门门就开，室温自动调到主人喜欢的温度……所有这些调整都不需要用户设定和通过终端操作，而是在主人的一“念”之间生成。

如今，智能手机已具备人工智能的雏形，相信在不远的将来，人工智能将走向成熟，智能家居将会被人工智能控制，智能机器人将成为家居的一分子，可以为主人看家护院、烹饪打扫、晾晒收纳衣物、照顾宠物，将主人从烦琐的家务劳动中解脱出来。

智能机器人已具备严密的逻辑思维和简单的情绪特征，可以和主人聊天、做游戏、照顾孩子，甚至还能成为主人生活或工作上的助手。一个设想称，未来的智能机器人应该能感受主人的情绪变化，主人心情舒畅，智能机器人便与主人共欢乐；若主人心情不好，智能机器人便调灯光、放音乐，甚至耍宝卖萌逗主人开心。

1.3.2 未来智能家居的交互方式

智能家居发展的重点是人机交互，人与家用电器的沟通，就像人与人的沟通，比如在英剧《黑镜》中，智能家居公司将女主人的“意识副本”植入家中的控制中枢，偌大的房子便有了一个人工智能管家。它熟悉女主人的一些喜好和习惯，永远会在合适的时候激活合适的家用电器。

触摸、语音、手势是人与智能家居交互的三种方式。触摸交互方式分为触屏操控和遥控器。触屏操控首先被抛弃了，因为用户不会乐意一直需要走到触屏跟前进行交互。虽然有遥控器，但这么多年来遥控器没有什么进步，根本无法提供友好的交互体验。手势操作很酷，但目前还不成熟，没有达到大规模应用阶段，所以语音交互将是智能家居最好的选择。在智能家居领域，语音被认为是移动互联网时代最重要的入口之一。

目前，智能家居的交互方式主要有以下几种：

① 本地端，即传统控制方式。

② 移动端，包括智能手机、智能手表、平板计算机、智能戒指、智能手环等，没有时间和空间的限制，只要保证网络连接，即可随时随地或远程控制家中的设备。

③ 语音，主要两种方式：一种是间接语音，利用移动端的语音功能；另一种是直接语音，即语音直接作用于内置语音模块的设备。

④ 手势，一般通过计算机视觉技术来实现，类似于通过摄像头录制动作，在进行快速分析后加以响应，在体感游戏中尤为常见。在智能家居中，简化的手势控制是依靠红外感应原理来实现的，但要求距离较近，且只能控制开关和状态切换。

⑤ 意念，目前主要通过头戴设备间接实现。其原理大致是利用戴在头部的传感器测量出脑电波后，再通过与传感器相连接的微型计算机向家用电器等智能设备发出信号使其运行或关闭。不过，这种方式概念大于实际，不太成熟。

⑥ 全息（增强现实），通过全息来实现智能家居设备的控制是最炫的一种方式。这种技术和交互方式多用于键盘、投影，在智能家居中算是典型的黑科技，实际应用有限。

目前，人工智能虽还有很多需要解决的问题，但并不阻碍人工智能在智能家居生态圈的发展。大数据和机器学习系统是智能家居的灵魂。从技术角度来说，任何一款智能家居产品离开大数据和智慧学习系统都不能称其为智能家居产品。真正的智能化需要通过基于大数据的云计算来实现人工智能，其第一步就是通过 Wi-Fi 模块采集用户数据到云端。

Wi-Fi 模块可分为三类：

① 通用 Wi-Fi 模块，如手机、计算机中的 USB 或 SDIO 接口模块，Wi-Fi 协议栈和驱动是在安卓、Windows、IOS 系统里运行的，需要非常强大的 CPU 来完成应用。

② 路由器方案 Wi-Fi 模块，典型的是家用路由器，其协议和驱动借助于拥有强大 Flash 和 Ram 资源的芯片加 Linux 操作系统。

③ 嵌入式 Wi-Fi 模块，32 位单片机内置 Wi-Fi 驱动和协议，接口为一般的 MCU 接口，如 UART 等，适用于各类智能家居或智能硬件设备。

对比现在市场上的智能家居产品就会发现，几乎所有的智能家居产品都没有大数据和智能学习系统的支撑，因此智能路由器与传统的路由器没有明显的边界；智能空调与传统空调的差别无非是可以上网；智能冰箱与传统冰箱的区别无非是多了一个手机操控这一远程控制功能。

尽管绝大多数智能家居并不智能，但并不意味着智能家居没有前景。由于传统的家电企业前期缺乏数据积累，因此注定智能家居要想突出智能的优势还有一段很长的路要走。现在智能家居在硬件、操作系统上已经打好了基础，下一步就是数据收集与分析，这才是智能家居企业的最大挑战。

第 2 章

智能家居强电识图技能和布线材料选用

【本章主要内容】

2.1　智能家居强电识图基础

2.1.1　电气施工图的特点和组成

1. 电气施工图的特点

电气施工图是阐述电气工程的构成和功能，描述电气装置的工作原理，提供安装接线和使用维护信息的图纸。电气工程的规模不同，反映该项工程的电气施工图种类和数量也是不同的。电气施工图具有不同于机械图、建筑图的特点，掌握电气施工图的特点，会给识读电气施工图带来很多方便。

电气施工图的主要特点如下：

① 电气施工图是采用统一的图形符号并加注文字符号绘制出来的。图形符号和文字符号是构成电气工程语言的“词汇”。因为构成电气工程的设备、元件、线路很多，结构类型不一，安装方式各异，只有借助统一的图形符号和文字符号来表达才比较合适，所以绘制和识读电气施工图，首先就必须明确和熟悉这些图形符号所代表的含义。

② 电气施工图反映的是电气电路的组成、工作原理和施工安装方法。任何电路都必须构成闭合回路，只有构成闭合回路，电流才能够流通，电气设备才能正常工作。一个电路的组成包括四个基本要素，即电源、用电设备、导线和开关控制设备。

③ 智能家居电气施工图用于说明智能家居配电系统的构成和功能，描述智能家居配电系统与用电设备之间的关系，是安装和使用维护的依据。在智能家居电气施工图中，各种设备或元件都不按比例绘制外形，而是用图形符号表示，并用文字符号、安装代号说明安装位置、相互之间的关系和敷设方法。

2. 电气施工图的组成

电气施工图一般由图纸目录、电气设计说明、设备明细表及材料表、电气总平面图、电气系统图、电气平面图、设备布置图、电路图、接线图、防雷接地与等电位连接图、电气安装大样图、电缆清册、图例等组成。

（1）图纸目录

图纸目录表明电气施工图的编制顺序及每张图的图名，便于查询检索图样，由序号、图样名称、编号、张数等构成。

（2）电气设计说明

电气设计说明主要用于阐述电气工程设计的依据、基本指导思想与原则，说明图纸中交代不清或没有必要用图表示的要求、标准、规范等，补充图中未能清楚表明的工程特点、安装方法、工艺要求、特殊设备的安装使用，如供电电源的来源、供电方式、电压等级、线路敷设方式、防雷接地、设备安装高度及安装方式、工程主要技术数据、施工注意事项等。

（3）设备明细表及材料表

设备明细表只列出该项电气工程中主要电气设备的名称、型号、规格和数量等。材料表列出该项电气工程所需主要材料的名称、型号、规格和数量。设备明细表及材料表是编制购置设备、材料计划的重要依据之一。表中的数量一般只作为概算估计数，不作为设备和材料的供货依据。

（4）电气总平面图

电气总平面图用于表示电源和电力负荷的分布，主要表示各建筑物的名称或用途、电力负荷的装机容量、电气线路的走向及配电装置的位置、容量和电源进户的方向等，通过电气总平面图可了解该项电气工程的概况，掌握电力负荷的分布和电源装置等。一般大型工程都有电气总平面图，中小型工程则由动力平面图或照明平面图代替。

（5）电气系统图

电气系统图主要用来表示整个工程或其中某一项目的供电方式和电能输送之间的关系，有时也用来表示某一装置和主要组成部分的电气关系，用单线图表示电能或电信号按回路的分配，主要表示各个回路的名称、用途、容量及主要电气设备、开关元件及导线电缆的规格型号等，通过电气系统图可以了解回路个数及主要用电设备的容量、控制方式等。在电气施工图中，电气系统图用得很多，如动力、照明、变配电装置、通信广播、有线电视、火灾报警、防盗保安等都要用到电气系统图。

照明配电系统图是用图形符号、文字符号绘制的，是表示照明配电系统供电方式、配电回路分布及相互联系的电气施工图，能集中反映智能家居用电设备的安装容量、计算容量、计算电流、配电方式、导线或电缆的型号、规格、数量、敷设方式、穿管管径、开关及熔断器的规格型号等。通过照明配电系统图可以了解建筑物内部照明配电系统的全貌，是用于电气安装调试的主要图纸之一。

照明配电系统由照明配电箱、配电线路、照明配电保护装置、计量仪表、开关、插座、灯具及家用电器等组成。照明配电系统图通常用单线条表示，可以看出智能家居配电的规模、各级控制关系、各级控制设备及保护设备的规格容量、各路负荷用电容量和导线规格等。

照明配电系统图主要包括：

① 建筑物内配电系统的组成和连接原理，电源进户线、各级照明配电箱和供电回路的相互连接形式。

② 配电箱的型号或编号，总照明配电箱及分照明配电箱所选用计量装置、开关和熔断器等的型号、规格。

③ 各回路配电装置的组成，各回路的去向、用电容量，各供电回路的编号，导线的型号、根数、敷设方法，穿线管的名称、管径及敷设导线的长度等，设备的接地方式。

④ 照明器具等用电设备或供电回路的型号、名称、计算容量和计算电流等。

住宅配电系统图分为集中抄表配电系统图和住户抄表配电系统图。

集中抄表配电系统图如图2-1所示。住户抄表配电系统图如图2-2所示。

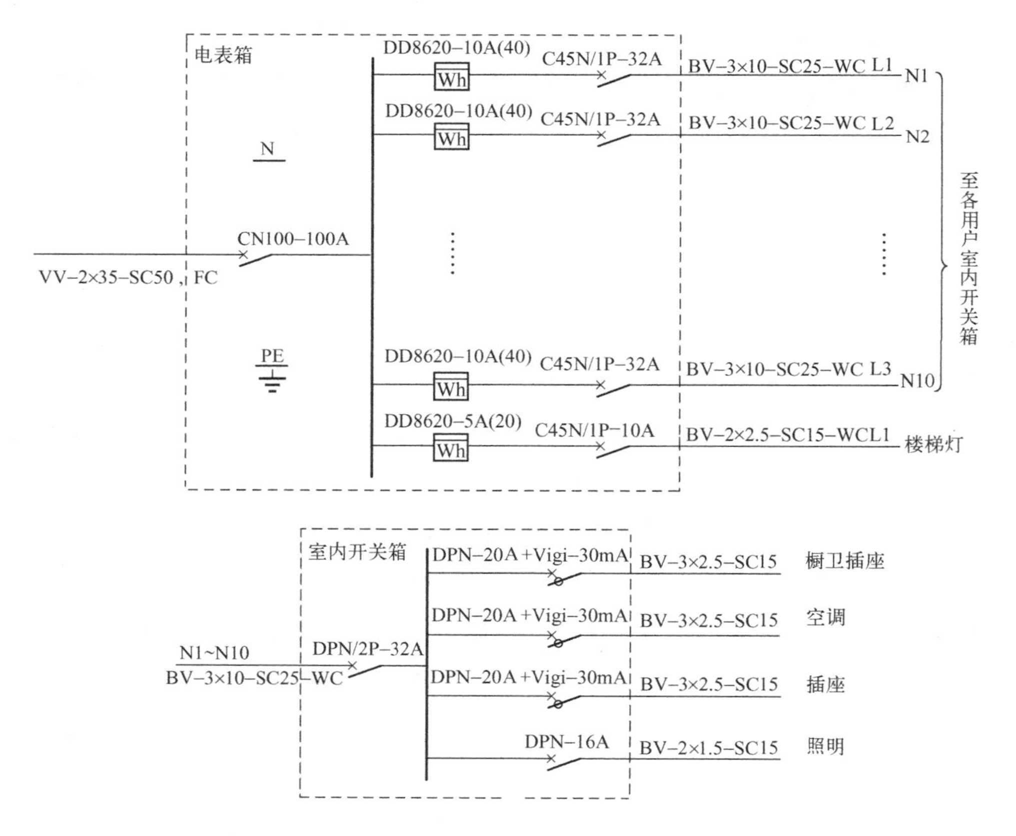

图2-1　集中抄表配电系统图

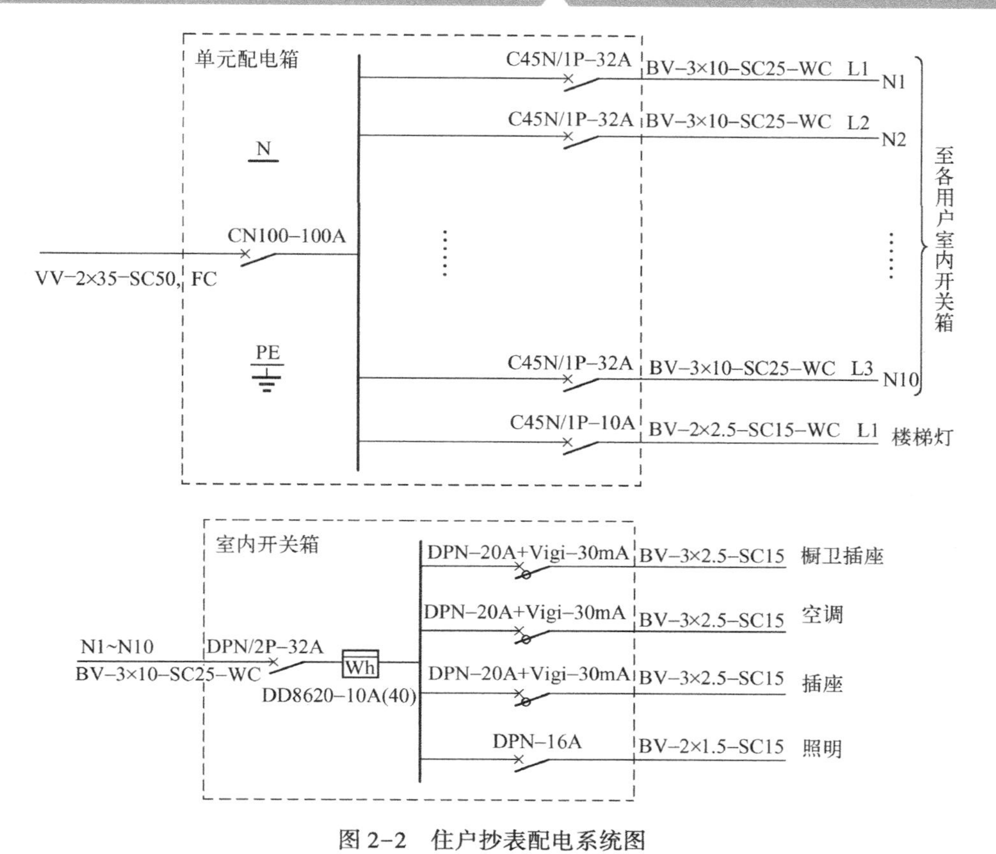

图 2-2　住户抄表配电系统图

照明配电箱的主要结构部件有盖板、面框、底箱、金属支架、安装轨、汇流排、接零排、接地排和电气元件等。边框设有按开键，可自动打开盖板。底箱设有进线孔。电气元件（断路器）在安装轨上可任意组合，拆装方便。带电部件安全地设置在底箱内部。公共接地板应与保护接地装置可靠连接，确保使用安全。照明配电箱内设的断路器及漏电断路器分数路出线，分别控制照明、插座等。其回路应确保负荷正常使用。照明配电箱内设的计量仪表用于计量电量。明装照明配电箱的箱体底部有安装孔，照明配电箱的箱体上下、左右侧板有敲落孔，使用时可任意选择。照明配电箱的标注如图 2-3 所示。

例如，型号为 XRM1—A312M 的配电箱，XRM 表示该配电箱为低压照明配电箱，嵌墙安装，箱内装设一个型号为 DZ20 的进线主开关，进线主开关为 3 极开关，出线回路为 12 个单相照明回路。

① 进户线是指从住宅总配电箱到单元照明配电箱之间的一段导线。

② 配电线路是指将电能从照明配电箱安全、合理、经济、方便地引向各盏灯具和

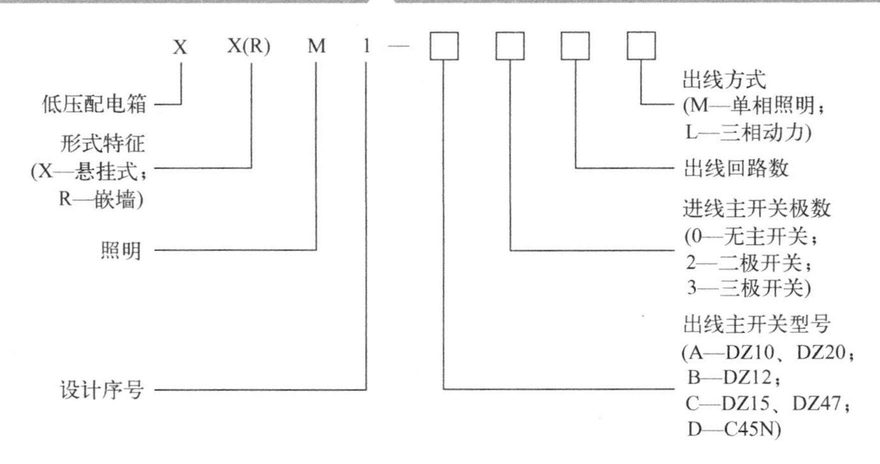

图 2-3　照明配电箱的标注

插座等所有用电设备的供电线路。

③ 配电保护主要有短路保护、过载保护和接地故障保护。

在照明配电系统中，开关设备文字标注格式一般为

$$a\frac{b}{c/i} \quad 或\ a—b—c/i \tag{2-1}$$

例如，标注 Q3DZ10—100/3—100/60，表示编号为 3 号开关设备，型号为 DZ10—100/3（3 极低压空气断路器），额定电流为 100A，脱扣器整定电流为 60A。

在照明配电系统中，当开关设备需要标注引入线的规格时，应标注为

$$a\frac{b—c/i}{d(e\times f)—g} \tag{2-2}$$

式中，a 为设备编号；b 为设备型号；c 为额定电流；i 为整定电流；d 为导线型号；e 为导线根数；f 为导线截面积；g 为导线敷设方式。

电度表俗称电表，是用来计量每个家居用电的计量仪表，在电度表的铭牌上标有 5（20）A或 10（40）A 等字样，表示电度表的规格。其中，括号前的数字代表电度表的额定电流，括号内的数字表示电度表允许通过的最大电流。一般来说，电度表的规格可反映家居用电负荷的大小。

电气系统图或电气平面图中图线旁所标注的文字符号可以说明线路的用途，导线型号、规格、根数，线路敷设方式及敷设部位等，通常采用英文字母表示。配电线路的标注格式为

$$a—b(c\times d)—e—f \tag{2-3}$$

式中，a 为线路编号或功能符号；b 为导线型号；c 为导线根数；d 为导线截面积；e 为

导线敷设方式或穿管管径；f 为导线敷设部位。

例如，BV(3×50+1×25)SC50—FC，表示导线是铜芯塑料绝缘线，截面积为 50mm² 的 3 根，截面积为 25mm² 的 1 根，穿管是管径为 50mm 的钢管，沿地面暗敷。

例如，BV(3×60+2×35)SC70—WC，表示导线为铜芯塑料绝缘线，截面积为 60mm² 的 3 根，截面积为 35mm² 的 2 根，穿管是管径为 70mm 的钢管，沿墙暗敷。

例如，WP1—BV(3×50+1×35)—K—WE，表示 1 号电力线路，导线型号为 BV（铜芯聚氯乙烯绝缘导线），共有 4 根导线。其中，3 根截面积为 50mm²，1 根截面积为 35mm²，采用瓷瓶配线，沿墙明敷。

例如，BX(3×4)G15—WC，表示有 3 根截面积为 4mm² 的铜芯橡皮绝缘导线，穿管是管径为 15mm 的水煤气钢管，沿墙暗敷，在此未标注线路的用途也是允许的。

对配电系统的一般要求：

① 照明一般采用单相交流 220V 电源，若负荷电流超过 30A，则应采用三相交流 220/380V 电源。

② 在触电危险较大的场所，局部照明应采用 36V 及以下的安全电压。

③ 照明系统每一单相回路的线路长度不宜超过 30m，电流不宜超过 16A，灯具为单独回路时，数量不宜超过 25 个（大型建筑物每一单相回路的电流不超过 25A，光源数量不宜超过60 个）。

④ 插座应单独设回路，若插座与灯具混为同一回路，则插座的数量不宜超过 5 个。

智能家居配电系统常用的几种配电方式有放射式、树干式、链式、混合式，如图 2-4 所示。

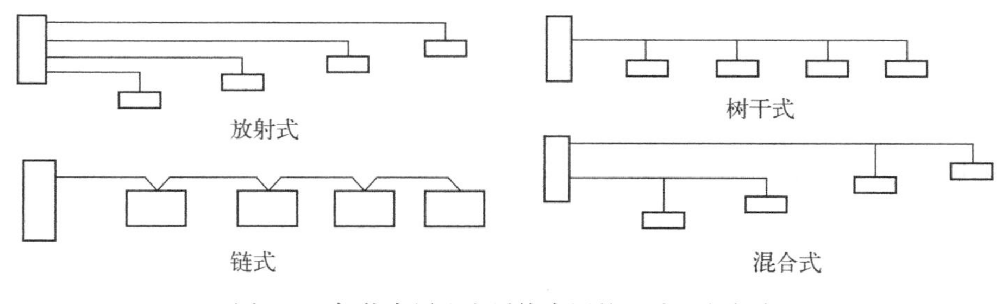

图 2-4　智能家居配电系统常用的几种配电方式

智能家居室内配电线路主要采用放射式和树干式两种。

① 放射式布线的优点是配电线路相对独立，发生故障时互不影响，供电可靠性高。

但由于放射式布线需要设置的回路较多，因此工程量和耗材相对要多，一次性投资较大。容量较大、负荷集中或比较重要的设备宜采用放射式布线。

② 树干式布线的优点是线路简化，耗材少，相对比较省时，又节省材料。但当干线发生故障时影响范围大，需要考虑干线的电压质量（线路长、压降大），在一般情况下适用于用电设备布置比较均匀、容量不大又无特殊要求的场合。

以下两种情况不宜采用树干式布线：

① 容量较大的用电设备：导致干线的电压质量明显下降，可影响到接在同一干线上其他用电设备的工作。

② 电压质量有较高要求的用电设备。

（6）电气平面图

电气平面图用于表示各种电气设备与线路平面布置的位置，是安装电气设备的重要依据。电气平面图是以建筑总平面图为基础，绘出变电所、架空线路、地下电力电缆等具体位置并注明有关施工方法的图纸。在有些电气平面图中还注明了建筑物的面积、电气负荷分类、电气设备容量等。通过电气平面图可以知道每幢建筑物及其各个不同标高上装设的电气设备、元件及管线等。

在电气平面图中应标出电源进线位置、各配电箱位置、出线回路、灯具和插座位置及导线的根数等。智能家居电气平面图分为照明平面图、插座平面图。照明平面图如图2-5所示。插座平面图如图2-6所示。智能家居照明平面图主要用来表示电源进户位置及照明配电箱、灯具、插座、开关等电气设备的数量、型号规格、安装位置、安装高度，线路的敷设位置、敷设方式、敷设路径，导线的型号规格等。

（7）设备布置图

设备布置图用于表示各种电气设备平面与空间的位置、安装方式及其相互关系，由平面图、立面图、断面图、剖面图及各种构件详图等组成。设备布置图一般都按三面视图的原理绘制，与一般机械工程图没有原则性的区别。

（8）电路图

电路图常被称为控制原理图。通过控制原理图可以知道各设备的工作原理、控制方式。控制原理图按专业可分为动力、变配电装置、火灾报警、防盗保安、电梯装置等。较复杂的照明及声光系统也有控制原理图。

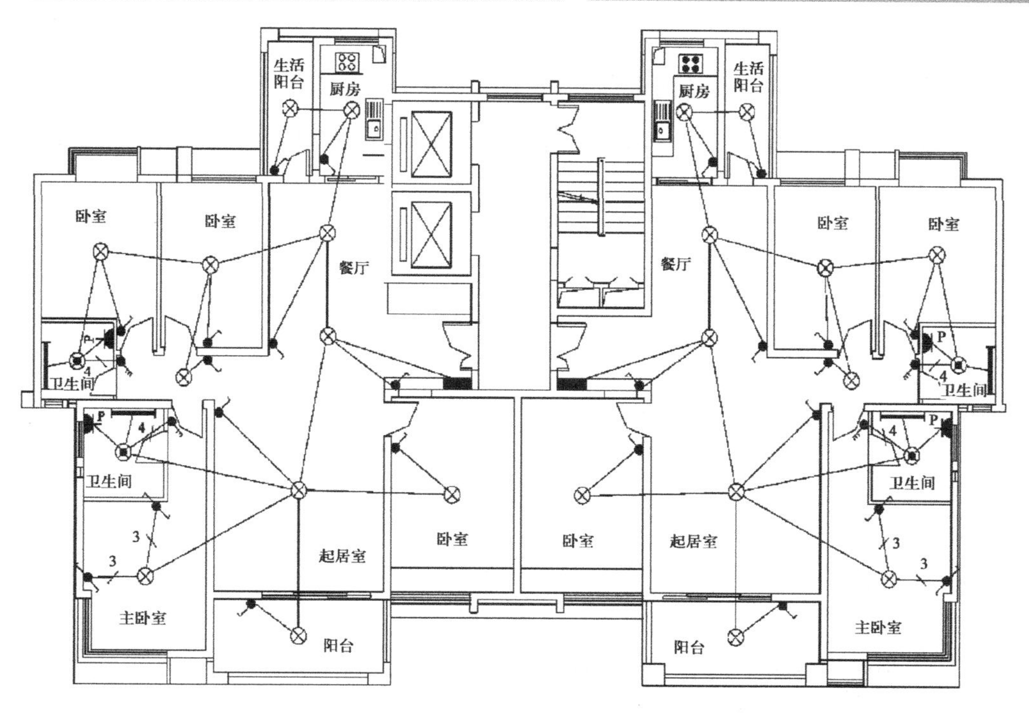

图 2-5　照明平面图

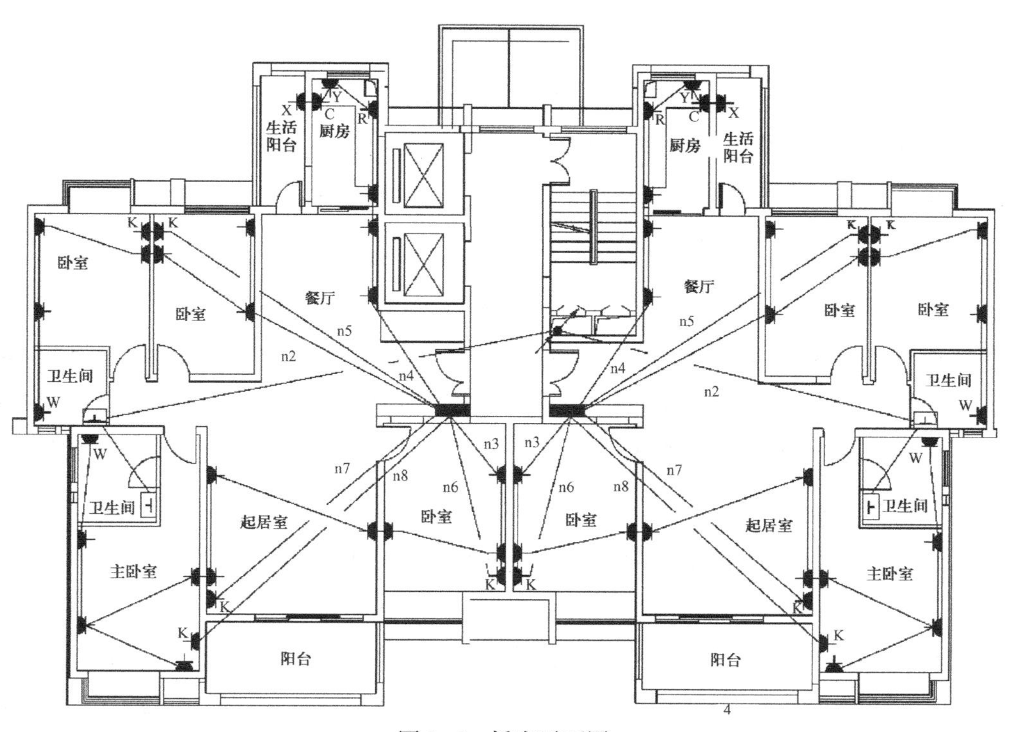

图 2-6　插座平面图

（9）接线图

接线图用于表示某一设备内部各种电气元件之间的位置关系及接线关系，用来指导电气安装、接线、查线，通过接线图可以知道系统控制的接线方式及控制电缆的走向、布置等。单相电度表的接线图如图2-7所示。

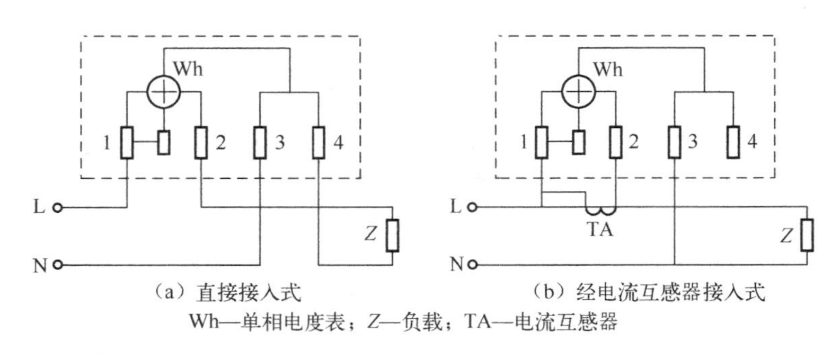

（a）直接接入式 （b）经电流互感器接入式

Wh—单相电度表；Z—负载；TA—电流互感器

图2-7 单相电度表的接线图

在低压小电流电路中，电度表可直接接在线路上，如图2-7（a）所示。在低压大电流电路中，若线路负载电流超过电度表的量程，则应按电流互感器的初级与负载串联、次级与电度表的电流线圈并联的原则接线，如图2-7（b）所示。

单相电度表有专门的接线盒。接线盒内设4个端钮。电压和电流线圈在电度表出厂时已在接线盒中连好，4个端钮从左至右按1、2、3、4编号。配线时，1、3端钮接电源，2、4端钮接负载，少数也有1、2端钮接电源，3、4端钮接负载的，接线时要参看电度表的接线图。若负载电流很大或电压很高，则应连接电流或电压互感器。

（10）防雷接地与等电位连接图

20世纪60年代，国际上推广等电位连接安全技术。目前，虽然对等电位连接的定义有多种，但在定义中都强调将有可能带电伤人或物的导体连接后，再与和大地电位相等的导体连接。美国国家电气法规对等电位连接所下的定义为：将各金属体进行永久的连接以形成导电通路，保证电气的连续导通性，并将预期可能加在其上的电流安全导走。GB50057—2010对等电位连接的定义为：将分开的装置、诸导电物体等用等电位连接导体或电涌保护器连接起来，以减小雷电流在它们之间产生的电位差。

在采用TN—C—S低压配电系统时，其工作零线和保护地线在电源进入配电箱后要严格分开，并要在电源进户处进行重复接地。户内进线处设置总等电位端子箱，电、水、气等金属管道应在进出建筑物处进行总等电位连接。家居卫生间应进行局部等电位连接。卫生间局部等电位连接示意图如图 2-8 所示。

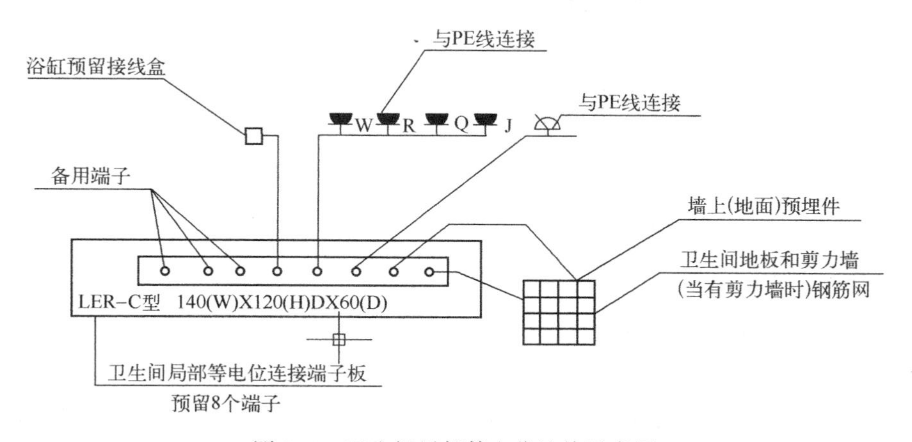

图 2-8　卫生间局部等电位连接示意图

(11) 电气安装大样图

当电气设备中的某些零部件、接点等结构、安装工艺需要详细表明时，可将这部分单独放大，详细表示。这种单独放大的图被称为电气安装大样图。电气设备的某一部分电气安装大样图可画在同一张图纸上，也可画在另外一张图纸上。这就需要用一个统一的标记将它们联系起来。标注总图某位置上的标记被称为电气安装大样图索引标志。

电气安装大样图通常可参见标准通用图集或安装手册，除特殊情况外，图纸中一般不予画出。通过电气安装大样图可以了解该项工程的复杂程度。一般非标的配电箱、控制柜等的制作安装都要用到电气安装大样图。

(12) 电缆清册

电缆清册用表格的形式表示电缆的规格、型号、数量、走向、敷设方法、头尾接线部位等，一般使用电缆较多的工程均有电缆清册，简单的工程通常没有电缆清册。

(13) 图例

图例是用表格的形式列出本套图纸中使用的图形符号或文字符号，主要用于说明图中符号所对应的元件名称和有关数据，其目的是使读图者容易读懂图样。

一套电气施工图中图纸的类别具体到某一工程上，虽然会因工程的规模大小、安装施工的难易程度等，并非全部都有，但电气系统图、电气平面图是必不可少的，是读图的重点内容。

 2.1.2 电气施工图中的符号

电气工程中使用的元件、设备、装置、连接线很多，结构类型千差万别，安装方法多种多样。因此，在电气施工图中，元件、设备、装置、线路及安装方法等都要用图形符号和文字符号来表示。识读电气施工图时，首先要了解和熟悉这些符号的形式、内容、含义及它们之间的相互关系。

电气施工图中的文字符号和图形符号均按国家标准规定绘制。我国在20世纪60年代初制定了一套符号标准，为了与国际标准一致，在2000年又颁布了一套新的符号标准。现行的工程图全部使用新符号。

在照明平面图上应该标出配电箱、开关、灯具的具体位置及照明配线的具体走向。配电箱应该按照作用及楼层分别编号，进出配电箱的配电线路应该按照回路编号。干线及分支线要标注导线规格型号、敷设方式及敷设部位。照明灯具的位置和安装高度应该标出，并标明灯具内部的光源类型、功率和数量。照明平面图上不能表现灯具、开关等的具体形状，只能反映照明设备的具体位置。

1. 电气施工图中的图形符号和文字符号

（1）图形符号

图形符号是电气技术领域的重要信息语言。

（2）文字符号

图形符号提供了一类设备和元件的共同符号，为了更明确区分不同的设备和元件，尤其是区分同类设备和元件中不同功能的设备和元件，还必须在图形符号旁标注相应的文字符号。文字符号通常由基本符号、辅助符号和数字序号组成。文字符号中的字母为英文字母。

① 基本符号，用来表示设备、元件及线路的基本名称、特性，分为单字母符号和双字母符号。

a. 单字母符号用来表示按国家标准划分的23大类设备和元件。

b. 双字母符号由单字母符号后面另加一个字母组成，目的是更详细和更具体地表示设备和元件的名称。

② 辅助符号用来表示设备、元件、线路的功能、状态和特征。

（3）文字符号的组合

文字符号的组合形式一般为基本符号+辅助符号+数字序号，如FU2表示第二组熔断器。在读文字符号时，同一个字母在组合中的位置不同，可能会有不同的含义，

即文字符号只有明确在组合中的具体位置才有意义。如F表示保护器件，U表示调制器，这两个意思组合起来是无意义的，只有两个字母组合为FU，才有熔断器的意义。

（4）专用文字符号

在电气施工图中，一些特殊用途的接线端子、导线等常采用一些专用文字符号标注。

（5）设备、元件的型号

对电气施工图中的设备、元件除了标注文字符号，有些还标注型号，型号中的字母为汉语拼音字母，即国家标准产品型号。进口产品、合资企业产品的型号与国家标准产品型号不同，型号含义需要参见厂家的产品说明书。

2. 电气图形符号

电气图形符号包括一般符号、符号要素、限定符号和方框符号。

① 一般符号用来表示一类产品或其特征的简单符号，如电阻、开关、电容等。

② 符号要素是一种具有确定意义的简单图形，一般不能单独使用，只有按照一定的方式组合起来才能构成完整的符号。符号要素的不同组合可以构成不同的符号。

③ 限定符号用于提供附加的信息，一般不代表独立的设备和元件，仅用来说明某些特征、功能和作用等。限定符号一般不单独使用，当一般符号加上不同的限定符号后，可得到不同的专用符号。

④ 方框符号用于表示元件和设备的组合及其功能，既不给出元件和设备的细节，也不考虑所有连接。方框符号在框图中使用最多。

3. 电气设备图例

智能家居电气施工图中常用电气设备图例见表2-1。

表2-1 智能家居电气施工图中常用电气设备图例

名　称	图　例	名　称	图　例
手动开关		电度表	Wh
断路器		箱（盒）一般符号	
熔断器		连接盒或接线盒	
刀熔开关		照明配电箱	AL

4. 导线根数和敷设方式的表示

(1) 导线根数表示

导线根数的表示方法：只要走向相同，无论导线的根数有多少，都可以用 1 根图线表示 1 束导线，同时在图线上画短斜线表示根数；也可以画 1 根短斜线，在旁边标注数字表示根数，所标注的数字不小于 3。导线根数表示见表 2-2。

表 2-2 导线根数表示

导线根数		图形符号	备注
1 根导线		———	可以表示导线、电缆。 可以标注附加信息，如电压、导线根数、每根导线的截面积等。 标注截面积可用“×”隔开，若截面积不同，则用“+”隔开
2 根导线		—//—	
3 根导线	形式 1	—///—	
	形式 2	—/—（3）	
4 根以上导线		—/—（n）	

平面图中导线根数的确定：

① 水平敷设管内导线的根数，通过导线上标注的斜短线数量或导线旁边的数字即可判断。

② 连接开关竖直管内的导线根数：

a. “联”数加一，如双联开关有 3 根导线；

b. “极”数翻倍，如单极开关有 2 根导线，双极需要 4 根导线。

③ 插座穿线管内的导线根数，由 n 联中极数最多的插座决定。

(2) 导线走向表示

导线走向表示见表 2-3。

表 2-3 导线走向表示

名称	图例	名称	图例
导线引上去		导线由上引来并引下	
导线引下来		导线由下引来并引上	
导线引上并引下		电源引入线	

（3）导线敷设表示

电气线路在平面图中采用线条和文字标注相结合的方法，表示线路的走向、用途、编号，导线的型号、根数、规格，线路的敷设方式和敷设部位。线路敷设方式代号见表2-4。线路暗敷部位代号见表2-5。

表2-4　线路敷设方式代号

代　　号	线路敷设方式	代　　号	线路敷设方式
FPC	穿阻燃半硬塑料管敷设	MR	金属线槽敷设
SC	穿焊接钢管敷设	CT	电缆桥架敷设
PR	穿塑制线槽敷设	PR	塑料线槽敷设
PC	穿硬质塑料管敷设	PC	穿可挠金属保护管敷设
MT	穿电线管敷设	KPC	穿塑料波纹管敷设
CE	混凝土排管敷设	TC	电缆沟敷设

表2-5　线路暗敷部位代号

代　　号	线路暗敷部位	代　　号	线路暗敷部位
BC	暗敷在梁内	CC	暗敷在墙面内或顶棚内
CLC	暗敷在柱内	FC	暗敷在地面或地板内
WC	暗敷在墙内	SCE	吊顶内敷设

5. 灯具的标注

灯具在平面图中采用图形符号表示，在图形符号旁的标注文字用于说明灯具的名称和功能，在灯具旁按灯具标注规定标注灯具的数量、型号、光源数量和容量、悬挂高度和安装方式。灯具光源按发光原理可分为热辐射光源（如白炽灯和卤钨灯）和气体放电光源（如荧光灯、高压汞灯、金属卤化物灯）。灯具的标注格式如下。

一般标注格式为

$$a—b\,\frac{c\times d\times l}{e}f \tag{2-4}$$

灯具吸顶安装标注格式为

$$a—b\,\frac{c\times d\times l}{—}f \tag{2-5}$$

式中，a为同类灯具个数；b为灯具的型号；c为灯具中的光源数；d为光源的功率（W）；e为灯具安装高度（m）；f为灯具安装方式；l为光源的种类（一般不标注）。

例如，5—YZ402×40/D，表示5盏YZ40直管形荧光灯，每盏灯具中装设2根功率为 40W 的灯管，灯具的安装为吸顶安装。

如果灯具为吸顶安装，那么安装高度可用“—”表示。在同一房间内的多盏相同型号、相同安装方式和相同安装高度的灯具可以标注在一处。

例如，20—YU601×60/3SW，表示 20 盏 YU60 型 U 形荧光灯，每盏灯具中装设 1 根功率为 60W 的 U 形灯管，灯具采用线吊式安装，安装高度为 3m。

灯具的类型及代号见表 2-6。灯具的安装方式及代号见表 2-7。

表 2-6　灯具的类型及代号

灯具的类型	代　号	灯具的类型	代　号
普通吊灯	P	防爆灯	EX
壁灯	W	局部照明灯	LL
花灯	L	应急灯	E
吸顶灯	CD	密闭灯（防水、防尘灯）	EN
筒灯	R	圆球灯	G

表 2-7　灯具的安装方式及代号

安 装 方 式	代　号	安 装 方 式	代　号
线吊式	SW	支架上安装	S
链吊式	CS	柱上安装	CL
管吊式	DS	台上安装	T
壁装式	W	座装	HM
墙壁内装式	WR		

光源的类型及代号见表 2-8。

表 2-8　光源的类型及代号

光源的类型	代　号	光源的类型	代　号
白炽灯	PZ	光谱灯	GP
荧光灯	YZ	氖灯	NE
金属卤化物灯	JLZ	紫外线灯	ZW
汞灯	GGY	照明 LED 模块	SSL
钠灯	NG		

灯具图例见表 2-9。

表 2-9　灯具图例

灯　　具	图　　例	灯　　具	图　　例
荧光灯一般符号	├───┤	应急疏散指示标志灯（向右）	[→]
三管荧光灯	├═══┤	应急疏散指示标志灯（向左）	[←]
五管荧光灯	5 ├───┤	应急疏散指示标志灯（向左、向右）	[⇄]
专用电路上的事故照明灯	✕	投光灯	(⊗
自带电源的事故照明灯	☒	聚光灯	(⊗⇉
应急疏散指示标志灯	[E]		

6. 灯具开关的分类

灯具开关按照面板上的开关数量分为单联开关、双联开关、三联开关、四联开关和五联开关；按照安装方式分为明装式开关、暗装式开关、半暗装式开关；按照控制方式分为单控开关、双控开关；按照操作方式分为拉线开关、翘板开关、声控开关、节能开关；等等。灯具开关图例见表 2-10。

表 2-10　灯具开关图例

灯具开关	图　　例	说　　明	灯具开关	图　　例	说　　明
开关		单联单控开关一般符号	带指示灯单极开关		带指示灯单联单控开关
单极开关	★	根据需要，“★”用下述文字区别不同类型开关：EX—防爆开关；EN—密封开关；C—暗装开关			带指示灯双联单控开关
		双联单控开关			带指示灯三联单控开关
		三联单控开关		n	带指示灯 n 联单控开关，n 大于 3
	n	n 联单控开关，n 大于 3	双控开关		双控单极开关
	t	单极限时开关	多位开关		多位单极开关
		单极拉线开关	双极开关		双极开关

灯具开关分解图及开关功能件分解图如图 2-9 所示。

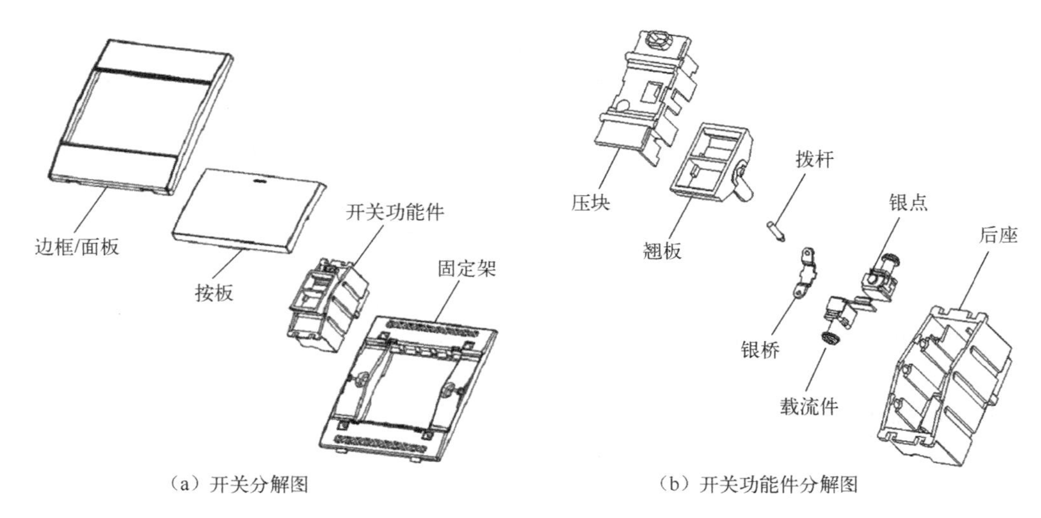

（a）开关分解图　　（b）开关功能件分解图

图 2-9　灯具开关分解图及开关功能件分解图

灯具开关的表示及含义如下：

① 开关“极”数的意义：开关一次能同时控制的线路数，单极开关一次只能控制一个线路，双极开关一次能同时控制两个独立的线路，在平面图中用开关符号上的短线数来表示，一根短线表示单极开关，两根短线表示双极开关，依次类推。

② 开关“联”数的意义：表示开关能分别独立控制的线路数，等于开关面板上的按板数，也可理解为几个独立开关联在一起。两联开关表示可以分别独立控制两路灯具，开关面板上有两个按板，分别独立工作，在照明平面图上用数字标注在开关旁边。

③ 开关“控”数的意义：表示几个开关可以同时控制一个线路，如楼梯的双控开关就表示楼梯的某一盏灯具可以由两个开关分别控制，卧室灯具的双控开关，表示在进门处可以控制，在床头也可以控制。

7. 插座文字表述及符号

插座按插孔形状分为：

① 扁插：二极扁插、三极扁插，使用的国家有中国、日本等亚洲国家，美国、加拿大等北美洲国家。

② 方插：二极方插、三极方插，使用的国家和地区有英国、新加坡、澳大利亚、印度、中国香港等。

③ 圆插：二极扁圆插、三极圆插，主要在欧洲一些国家使用。

插座按额定电流分为 10A 二极扁圆插座、16A 三极插座、13A 带开关方脚插座、

16A 带开关三极插座等。

扁插、方插、圆插的插头如图 2-10 所示。

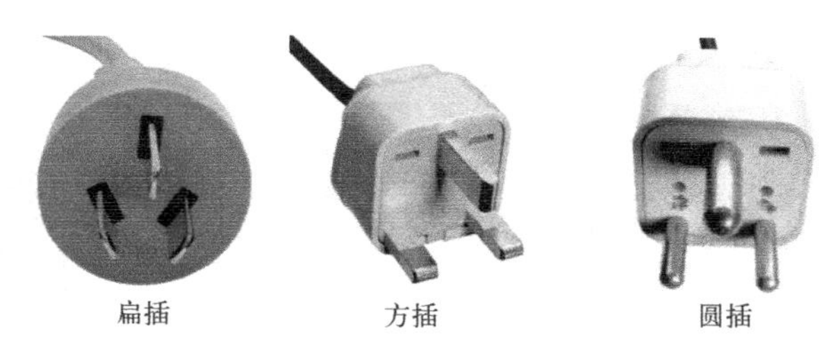

扁插　　方插　　圆插

图 2-10　扁插、方插、圆插的插头

插座的一般符号见表 2-11。

表 2-11　插座的一般符号

插　座	符　号	插　座	符　号
单相插座		带保护极的电源插座	
多个（电源）插座，3 表示 3 个插座	3或	单相二、三电源插座	
不带保护极的电源插座：根据需要，在“★”处用下述文字区别不同类型的插座：1P——单相（电源）插座；3P——三相（电源）插座；1C——单相暗敷（电源）插座；3C——三相暗敷（电源）插座；1EX——单相防爆（电源）插座；3EX——三相防爆（电源）插座；1EN——单相密闭（电源）插座；3EN——三相密闭（电源）插座		带保护极的电源插座：根据需要，在“★”处用下述文字区别不同类型的插座：1P——单相（电源）插座；3P——三相（电源）插座；1C——单相暗敷（电源）插座；3C——三相暗敷（电源）插座；1EX——单相防爆（电源）插座；3EX——三相防爆（电源）插座；1EN——单相密闭（电源）插座；3EN——三相密闭（电源）插座	
带滑动保护板的（电源）插座		带单极开关的（电源）插座	
带保护电极的单极开关（电源）插座		带连锁开关的（电源）插座	
带隔离变压器的插座			

插座分解图及插座功能件分解图如图 2-11 所示。在 TN-S 供电系统中，插座接线示意图如图 2-12 所示。常用插座接线如图 2-13 所示。

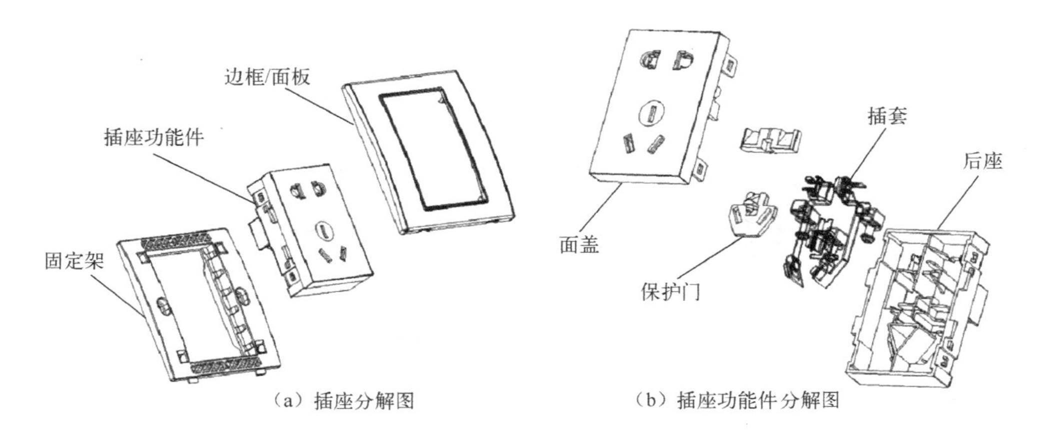

图 2-11　插座分解图及插座功能件分解图

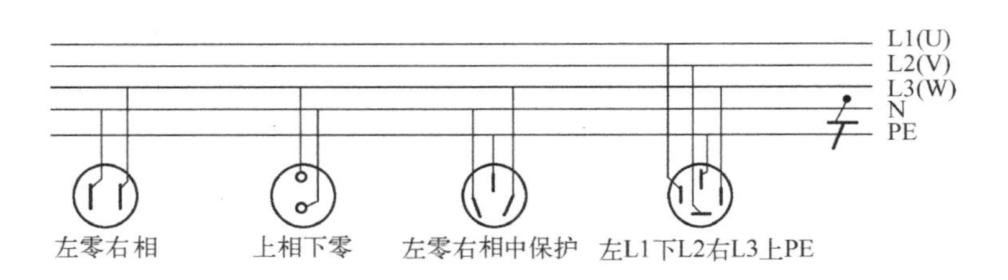

图 2-12　TN-S 供电系统中插座接线示意图

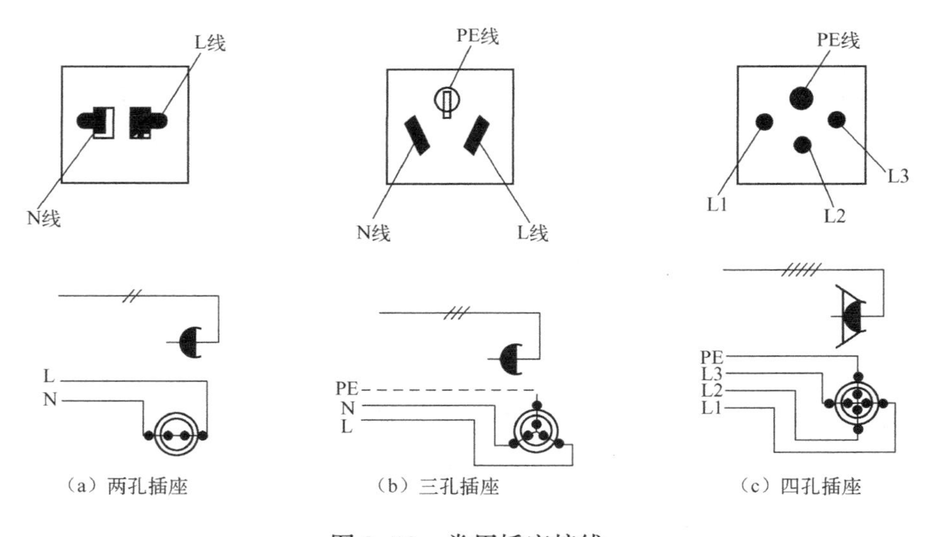

图 2-13　常用插座接线

2.2　识读电气施工图技能

2.2.1　识读电气施工图的基础知识

① 图幅尺寸。一个完整的图面由边框线、图框线、标题栏、会签栏等组成。由边框线所围成的图面被称为图纸的幅面。幅面的尺寸共分五类：A0～A4。A0、A1、A2图纸一般不得加长，A3、A4 图纸可根据需要加长（可按照 $L/8$ 的倍数加长），各种图纸一般不加宽。

② 标题栏又名图标。标题栏是确定图纸的名称、图号、有关人员签署等内容的栏目，主要内容包括图纸的名称、比例、设计单位、制图人、设计人、校审人、审定人、电气负责人、工程负责人、会签栏和完成日期等。标题栏一般在图纸的下方或右下方，也可放在其他位置。标题栏中的文字方向为看图方向，即图中的说明、符号均应以标题栏的文字方向为准。标题栏的格式在我国还没有统一的规定，各设计单位的标题栏格式都不一样。会签栏用于相关的给排水、采暖通风、建筑、工艺等相关专业设计人员在会审图纸时签名。

③ 图线。图纸中使用的各种线条，根据不同的用途可分为以下 8 种。

粗实线：建筑图的立面图、平面图与剖面图的截面轮廓线、图框线等。

中实线：电气施工图中的干线、支线、电缆线及架空线等。

细实线：电气施工图中的底图线。建筑平面图要用细实线，以便突出用中实线绘制的电气线路。

粗点画线：通常用在平面图中大型构件的轴线等处。

点画线：用于轴线、中心线等，如电气设备安装大样图的中心线。

粗虚线：适用于不可见的轮廓线。

虚线：适用于不可见的轮廓线。

折断线：用在被断开部分的边界线。

此外，电气专业常用的线还有接地母线、避雷线等特殊形式。

④ 图幅分区。图幅分区的方法是将图纸相互垂直的两边各自等分。分区的数目视图的复杂程度而定。每边必须为偶数。竖边方向用大写拉丁字母从上到下标注。横边方向用阿拉伯数字从左往右编号。分区代号用字母和数字表示，字母在前，数字在后。

⑤ 尺寸标注。工程图纸上标注的尺寸通常采用毫米（mm）作为单位，只有总平面图或特大设备用米（m）作为单位。电气图纸一般不标注单位。

⑥ 比例和方位标志。电气施工图常用的比例有1:200、1:100、1:60、1:50等。大样图的比例可以用1:20、1:10、1:5。外线工程图常用小比例。在做概算、预算统计工程量时就需要用到这个比例。电气平面图中的方位按照国际惯例，通常是采用上北下南、左西右东表示建筑物和设备的位置和朝向。有时为了使图面布局更加合理，也可能采用其他方位，但必须标明指北针。

⑦ 标高。在电气平面图中，电气设备和线路的安装高度是用标高来表示的。标高有绝对标高和相对标高两种表示方法：

a. 绝对标高是我国的一种高度表示方法，是以我国青岛外黄海平面作为零点确定的高度尺寸，又可称为海拔，如海拔1000m，表示该地高出海平面1000m。

b. 相对标高是选定某一参考面为零点确定的高度尺寸。建筑工程图上采用的相对标高一般是选定建筑物室外地坪面为±0.00m。

电气平面图中的标高通常是相对标高，一般将±0.00设定在建筑物首层室内地坪面，往上为正值，往下为负值。电气图纸中设备的安装标高是以各层地面为基准的。室外电气安装工程常用绝对标高。

⑧ 平面图定位轴线。凡是建筑物的承重墙、柱子、主梁及房架等都应设置轴线。纵轴编号从左起用阿拉伯数字表示，横轴用大写英文字母自下而上标注，轴线间距由建筑结构尺寸确定。通过定位轴线可以了解电气设备和其他设备的具体安装位置，部分图纸的修改、设计变更通过定位轴线可以很容易找到。在电气平面图中，为了突出电气线路，通常只在外墙外面绘制横竖轴线，不在建筑平面内绘制。

⑨ 图例。为了简化制图，国家有关标准和一些设计单位有针对性地对常见的材料构件、施工方法等规定了一些固定画法式样，有的还附有文字符号标注。要看懂电气施工图，就要明白图中这些符号的含义。电气施工图中的图例如果是由国家统一规定的，则称为国标符号，由有关部委颁布的，则称为部标符号，一些大的设计院还有内部的补充规定，则称院标或习惯标注符号。电气符号的种类很多，国际上通用的图形符号标准是IEC（国际电工委员会）标准，中国新的国家标准图形符号（GB）和IEC标准是一致的，国标序号为GB4728。这些通用的电气符号在电气施工图中都有，故在电气施工图中就不再介绍名称及含义了。但如果电气施工图采用了非标准符号，就应列出图例表。

⑩ 设备材料表。为了便于施工单位计算材料、采购电气设备、编制工程概（预）

算及编制施工组织计划等，在电气施工图上应列出主要设备材料表。在主要设备材料表内应列出全部电气设备、材料的规格、型号、数量及有关的重要数据，要求与图纸一致，而且要按照序号编写。

⑪ 设计说明。电气施工图用文字叙述的方式说明一个建筑工程（如建筑用途、结构形式、地面做法及建筑面积等）和电气设备安装有关的内容，主要包括电气设备的规格型号、工程特点、设计指导思想及使用的新材料、新工艺、新技术和对施工的要求等。

2.2.2　识读电气施工图的程序

识读电气施工图不但要具有一定的电工基础知识，还要掌握有关电气施工图绘图的基础知识，了解各种电气图形符号、电气施工图的种类，弄清图例、符号所代表的内容、特点及在电气工程中的作用，电气施工图的基本规定和常用术语，建筑物的基本情况，如房屋结构、房间分布与功能等。

1. 识读家居电气施工图的程序

识读家居电气施工图必须掌握电气施工图的基础知识（表达形式、通用画法、图形符号、文字符号）和家居电气施工图的特点，同时掌握一定的识读方法，还应该按照一定的识读程序进行识读，才能比较迅速全面地读懂图纸，实现读图的意图和目的。一套电气施工图所包括的内容比较多，往往有很多张图纸，有时还要进行相互对照识读。识读电气施工图的方法没有统一的规定，当拿到一套家居电气施工图时，通常可按以下顺序识读：

① 看图纸目录及标题栏，了解工程名称、项目内容、设计日期、图纸内容、按目录核对图纸数量、图纸涉及的标准图等。

② 看设计说明，了解工程概况、施工所涉及的内容、设计的依据、施工注意事项及图纸未能表达清楚的事宜。设计说明表达了图中无法表示或不易表示，但又与施工有关的问题，如供电电源的来源、电压等级、线路敷设方式，设备安装高度及安装方式，补充使用的非国标图形符号及其他施工注意事项等。

③ 看设备材料表，了解工程中所使用的主要设备、材料的型号、规格和数量，是编制工程预算及编制购置主要设备、材料计划的重要参考资料。

④ 看电气系统图，可以了解建筑物内部电气配电系统的全貌。电气系统图是进行电气安装调试的主要图纸之一，用于表示配电系统的供电方式、配电回路分布及其之间的相互联系，能集中反映配电方式，导线或电缆的型号、规格、数量、敷设方式及

穿管管径的规格型号等，再对照电气平面图识读电气系统图，分析线路的连接关系，即可明确配电箱的位置、相互关系及配电箱内电气设备的安装情况。识读电气系统图还可了解进户线规格型号、干线数量和规格型号、各支路的负荷分配情况和连接情况。识读时一般从进线开始，经过配电箱后，一个支路一个支路地识读。

⑤ 看电气平面布置图。电气平面布置图是电气施工图中的重要图纸之一，如电气设备安装平面图（还应有剖面图）、电力平面图、照明平面图、防雷与接地平面图等，都是用来表示设备安装位置、线路敷设部位、敷设方法及所用导线型号、规格、数量，管径大小的图纸，在识读电气系统图，并了解电气系统组成概况之后，就可依据电气平面布置图编制工程预算和施工方案。识读电气平面布置图时，一般可按进线→总配电箱→干线→支干线→分配电箱→用电设备顺序识读。

电气平面布置图主要用来表示电源进户装置、照明配电箱、灯具、插座、开关等电气设备的数量、规格型号、安装位置、安装高度，表示配电线路的敷设位置、敷设方式、敷设路径、导线的规格型号等。仔细识读电气平面布置图，可了解和掌握电气设备的布置位置、线路编号、走向及导线规格、根数及敷设方法，可分析上下、内外、干支线的关系，明确配电箱含有的电气设备等。

导线的走向始终按照进户线—配电盘（板）—干线—支线—用电设备敷设，在识读电气平面布置图时，可以沿着导线布置循序渐进，了解电气设备的规格、型号、数量及线路的起始点、敷设部位、敷设方式和导线根数等，熟悉电气设备、灯具等在建筑物内的分布及安装位置，明确负荷支路，弄清支路之间的连接关系。

由于电气平面布置图只表示设备和线路的平面位置，很少反映空间高度，因此在识读电气平面布置图时，必须建立空间概念，防止在编制工程预算时造成垂直敷设管线的漏计。

相互对照、综合看图可避免电气设备、电气线路在安装时发生位置冲突。

⑥ 识读电路图和接线图，可了解各系统中用电设备的电气控制原理，指导设备的安装和控制系统的调试工作。因电路图多是采用功能布局法绘制的，因此在看图时，应依据功能关系从上至下或从左至右一个回路、一个回路地识读。若能熟悉电路中各电气设备的性能和特点，则对读懂图纸将是有很大帮助的。识读接线图可了解设备的布置与接线。

⑦ 看安装大样图，对照详图、标准图，可了解电气设备的具体安装方法、安装部件的具体尺寸等。

⑧ 识读有关土建方面的图纸（如标高）。首先看懂图纸和说明文字，这是编制材

料计划单的依据，此外还应看懂一般建筑施工图。这是因为灯具、插座、配电箱及管线等与土建结构的关系十分密切。它们的布置与建筑平面图、立面图有关，线路走向与建筑构件中的梁、柱等的位置有关，安装方法与墙的结构、楼板材料有关，特别是需要暗装的设备，需要与建筑施工同时进行。在编制材料计划单时，特别要清楚各层层高及各用电设备的安装高度等，以便计量。

识读工程图纸的顺序并没有统一的硬性规定，可以根据自己的需要灵活掌握，并应有所侧重。有时一张图纸需反复识读多遍。为更好地利用图纸指导施工，使安装质量符合要求，在识读图纸时，应配合识读有关施工及检验规范、质量检验评定标准、全国通用电气装置标准图集，详细了解安装技术要求及具体安装方法。识读家居电气施工图的程序框图如图 2-14 所示。

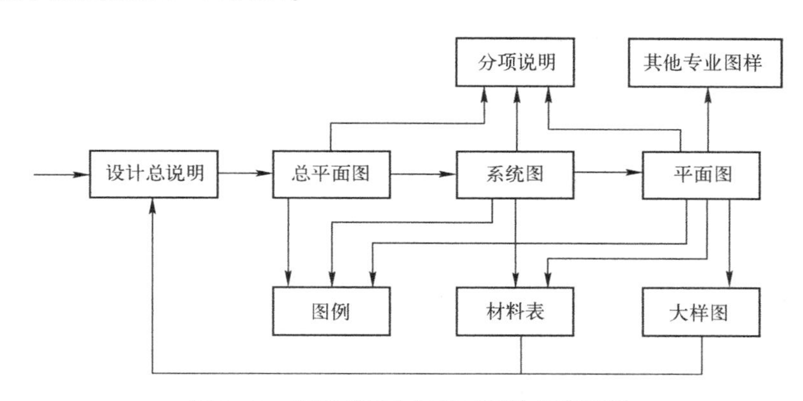

图 2-14　识读家居电气施工图的程序框图

2. 识读电气施工图的要点及注意事项

识读电气施工图应抓住的要点有：

① 建筑概貌、结构类型及其他专业工程情况简介，在明确负荷等级的基础上，了解供电电源的来源、引入方式及路数。

② 了解设计范围、供电方式和相数、电能的计量方式、低压配电系统的接地形式，单相还是三相，进户方式，电源是由总配电箱引入的还是由单元配电箱引入的。

③ 明确各配电回路的相序、路径、管线敷设部位、敷设方式及导线的型号和根数。

④ 明确电气设备、灯具的布置、安装方式、安装高度及平面位置。

⑤ 等电位连接及防雷接地设施的布置。

识读电气施工图时应注意以下事项：

① 电气施工图中有较多的图例符号，在识读前必须熟悉电气施工图的图例、符号、

代号、标注、画法、含义。

② 电气施工图有很强的原理性，且首尾连贯，识读时可按主干线路、支干线路、分支线路、用电设备的顺序进行识读。

③ 电气施工图是以建筑施工图为基础绘制的，对建筑构造不清楚时要查阅有关建筑图，识读时要结合建筑施工图，找到各用电设备在建筑物中的位置，并弄清楚电源来源，建立空间思维，正确确定线路走向。

④ 电气施工图与土建图对照识读。

⑤ 明确电气施工图识读的目的。电气施工图总体反映一个建筑的电气设备布置情况，而电气设备内部结构性能、详细安装方法，在电气施工图中不可能一一列出，施工时还要参见产品说明及有关电气安装规范、规定。

⑥ 善于发现电气施工图中的问题，以便在施工中加以纠正。

2.2.3 识读电气施工图的实例

1. 识读配电系统图的实例

某住宅的配电系统图如图2-15所示。配电系统的三相四线制电源采用架空引入，将三根35mm²加一根25mm²的橡皮绝缘铜线（BX）引入后，穿过直径为50mm的水煤气管（SC）引入第一单元的总配电箱。

第二单元总配电箱的电源是从第一单元总配电箱通过导线穿管埋地板引入的，导线为三根35mm²加两根25mm²的塑料绝缘铜线（BV），35mm²的导线为相线，两根25mm²的导线：一根为工作零线；另一根为保护零线。穿管均是直径为50mm的水煤气管。其他三个单元总配电箱电源的引入与上述相同。这里需要说明一点，经重复接地后的工作零线引入第一单元总配电箱后，必须在该箱内设置两组接线板：一组为工作零线接线板，各个单元回路的工作零线必须由此接出；另一组为保护零线接线板，各个单元回路的保护零线必须由此接出。两组接线板的接线不得接错，不得混接。最后将这两组接线板的第一个端子用25mm²的塑料绝缘铜线可靠连接起来，形成TN—C—S保护方式。

（1）照明配电箱

首层的照明配电箱采用XRB03—G1(A)型改制，其他层采用XRB03—G2(B)型改制，主要区别是前者有单元总计量电度表，并增加了地下室照明和楼梯间照明回路。

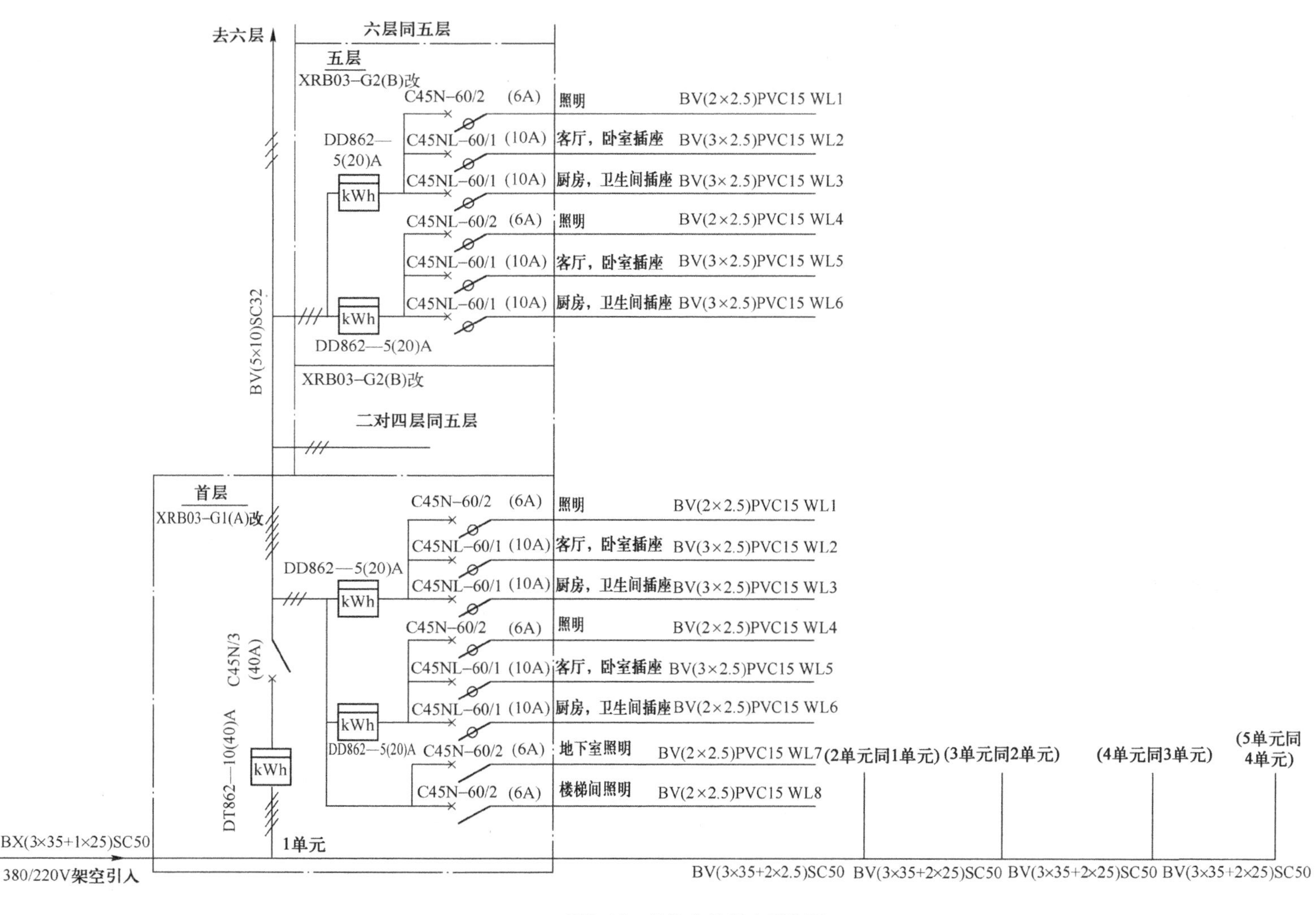

图2-15　某住宅的配电系统图

XRB03—G1(A)型配电箱配备三相四线总电度表一块，型号为DT862—10(40)A，额定电流为10A，最大电流为40A；配备总控三极空气开关一个，型号为C45N/3(40A)，整定电流为40A。该配电箱有三个回路。其中两个配备电度表的回路分别是供首层两个住户使用的，另一个没有配备电度表的回路是供该单元各层楼梯间及地下室公用照明使用的，供住户使用的回路配备单相电度表一块，型号为DD862—5(20)A，额定电流为5A，最大电流为20A，不设总开关。

每个回路又分三个支路：

① WL1：照明。

② WL2：客厅及卧室插座。

③ WL3：厨房及卫生间插座。

支路标号为WL1、WL2、WL3、WL4、WL5、WL6。照明支路设双极空气开关作为控制和保护，型号为C45N—60/2，额定电流为6A；另外两个插座支路均设单极空气漏电开关作为控制和保护，型号为C45NL—60/1，额定电流为10A。

公用照明回路分两个支路，分别供地下室和楼梯间照明，支路标号为WL7和WL8。每个支路均设双极空气开关作为控制和保护，型号为CN45—60/2，额定电流为6A。

从配电箱引入各个支路的导线均采用塑料绝缘铜线并穿阻燃塑料管（PVC），管径为15mm。其中，照明支路均为两根2.5mm^2的塑料绝缘铜线，即一零一相，插座支路均为三根2.5mm^2的塑料绝缘铜线，即相线、工作零线、保护零线各一根。XRB03—G2(B)型配电箱不设总电度表，只分两个回路，供每层两个住户使用。每个回路又分三个支路。其他内容与XRB03—G1(A)型相同。

（2）相序分配

该住宅为六层，在相序分配上，A相为一、二层，B相为三、四层，C相为五、六层，一层至六层竖直管路内导线分配如下：

① 进户四根线：三根相线、一根工作零线。

② 一、二层管内五根线：三根相线（A、B、C，一、二层使用A相）、一根工作零线、一根保护零线。

③ 二、三层管内四根线：二根相线（B、C，三层使用B相）、一根工作零线、一根保护零线。

④ 三、四层管内四根线：二根相线（B、C，四层使用B相）、一根工作零线、一根保护零线。

⑤ 四、五层管内三根线：一根相线（C，五层使用C相）、一根工作零线、一根保护零线。

⑥ 五、六层管内三根线：一根相线（C，六层使用C相）、一根工作零线、一根保护零线。

这里需要说明一点，如果支路采用金属保护管，则管内的保护零线可以省掉，利用金属管路作为保护零线。

2. 识读照明平面图的实例

（1）在一个建筑物内，若有许多灯具和插座，则插座、灯具的接线方法一般有两种：

① 直接接线方法。开关、灯具、插座直接从电源干线引接，导线中间允许有接头。直接接线方法适用于瓷夹配线、瓷柱配线等。直接接线方法如图2-16所示。

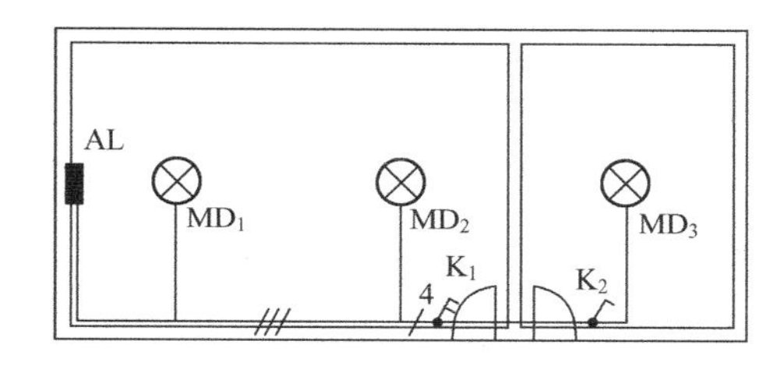

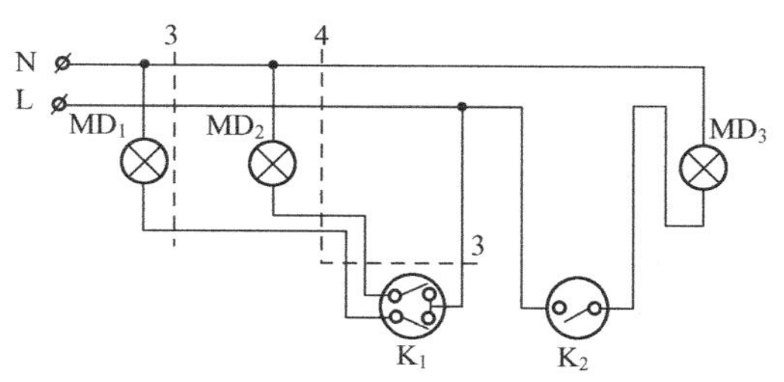

图2-16　直接接线方法

② 共头接线方法。目前工程中广泛采用的是电线管配线、塑料护套线配线，电线管内不准有接头，导线的分路接头只能在开关盒、灯头盒、接线盒中引出。这种接线方法被称为共头接线方法，比较可靠，耗用导线较多，变化复杂，当灯具和开关的位置改变、进线方向改变、开关的位置改变时，都会使导线根数发生变化。共头接线方法如图2-17所示。

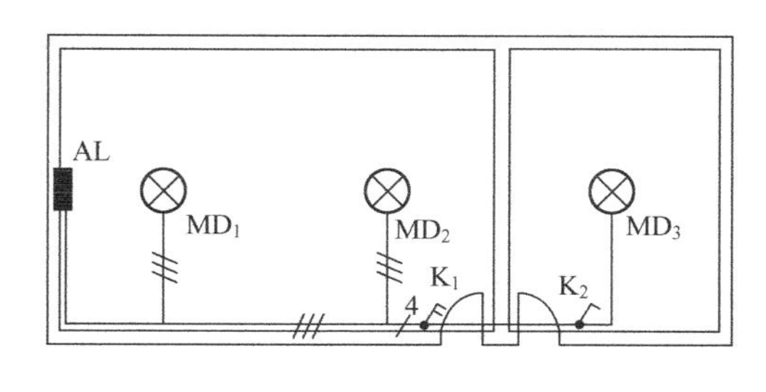

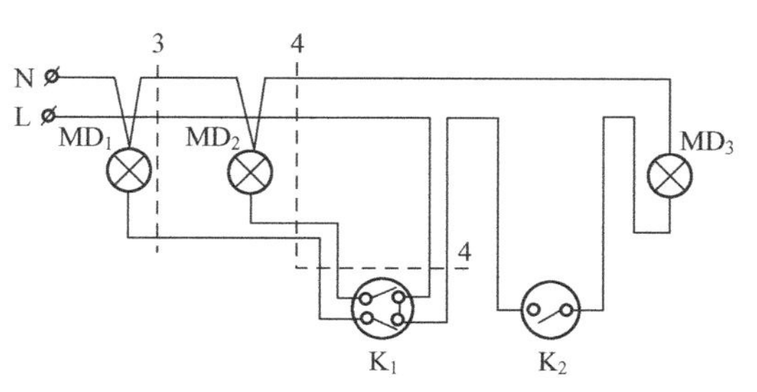

图2-17　共头接线方法

（2）常见的照明控制基本线路有下面几种：

① 一个开关控制一盏灯或多盏灯。

在一个房间内，一个开关控制一盏灯如图2-18所示。这是最简单的照明布置图，采用电线管配线。图2–18（a）为照明平面图，到灯座的导线及灯座与开关之间的导线都是两根；图2–18（b）为系统图，简单明了；图2–18（c）为透视接线图，到灯座的两根导线，一根为中线（N），另一根为控制线（G）；图2–18（d）为原理图。通过分析原理图，在实际布线和接线中就能掌握导线根数的变化规律。

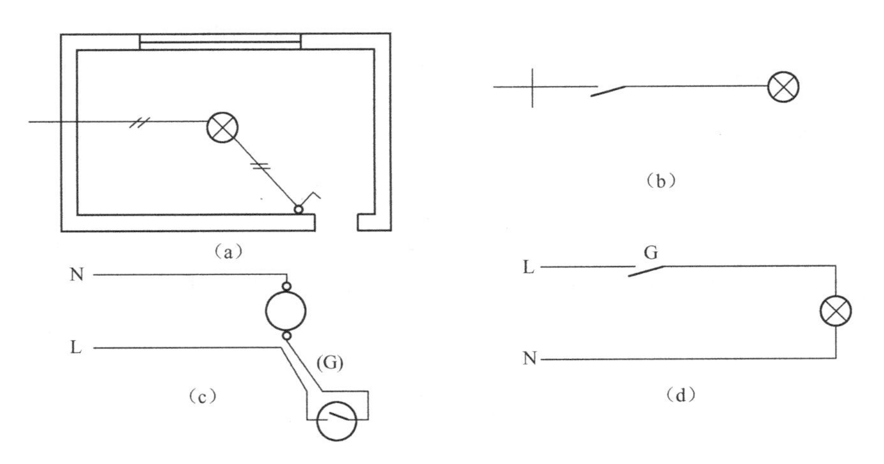

图2–18　一个开关控制一盏灯

一个开关控制两盏灯如图2–19所示。

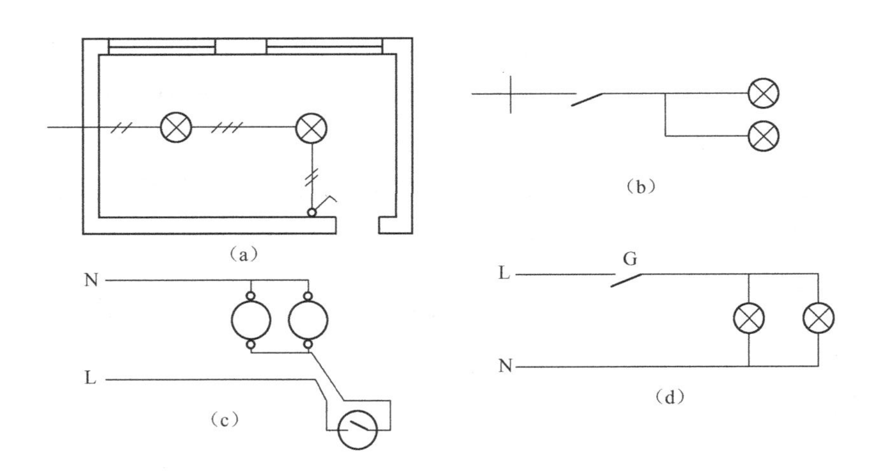

图2–19　一个开关控制两盏灯

分析图2–19可知：

a. 电源进线是两根线，接入开关和灯座的也是两根线。

b. 开关必须串接在相线上，一进一出，出线接灯座，零线不进开关，直接接灯座。

c. 一个开关控制多盏灯时，几盏灯均应并联接线。

② 多个开关控制多盏灯。

图 2-20 是两个房间的照明图，有一个照明配电箱、三盏灯、一个单控双联开关和一个单控单联开关，采用电线管配线方式。图 2-20（a）为平面图。图 2-20（a）中，左边两盏灯之间为 3 根线，中间一盏灯与单控双联开关之间为 3 根线，其余都是两根线，因为电线管的中间不允许接头，所以接头只能放在灯盒内或开关盒内。图 2-20（b）为系统图，简单明了。图 2-20（c）为原理图。如图 2-20（d）为透视接线图。通过分析原理图，在实际布线和接线中就能掌握导线根数的变化规律。

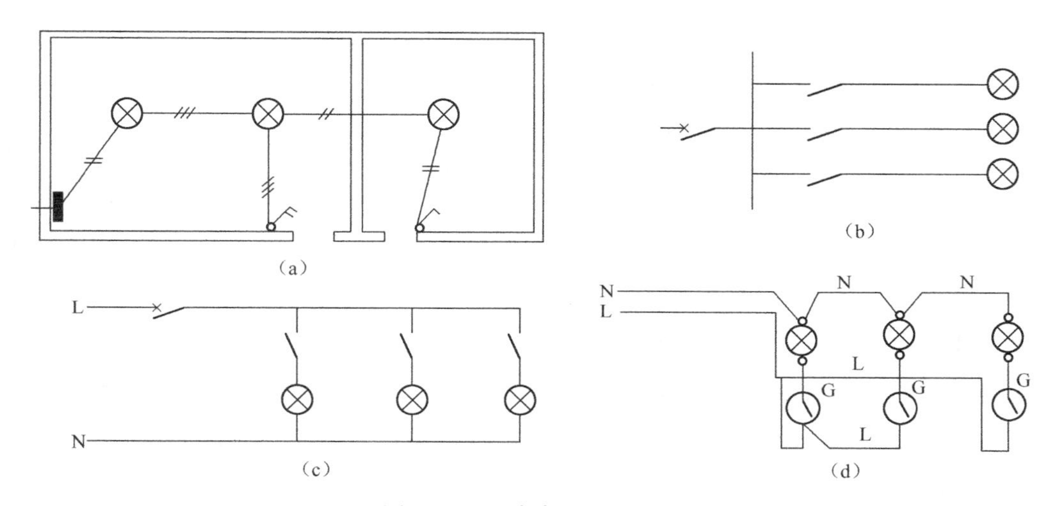

图 2-20 两个房间的照明图

③ 两个开关控制一盏灯。

用两个双控开关在两处控制一盏灯，通常用在楼梯和走廊照明，在走廊两端用两个双控开关控制一盏灯的平面图如图 2-21（a），原理图如图 2-21（b）所示，透视接线图如图 2-21（c）所示。

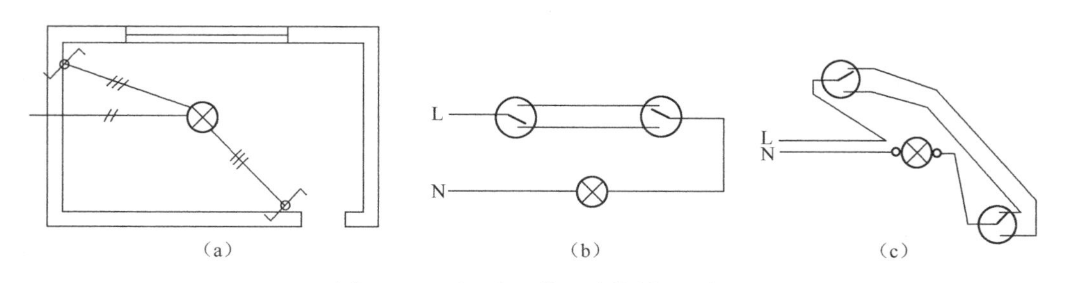

图 2-21 用两个双控开关控制一盏灯

2.3 智能家居布线材料的选用

2.3.1 PVC电线管的分类及选用

1. PVC电线管

现代家居的电气线路一般都采用电线穿PVC电线管暗敷设，为了安全和防止电气火灾，当电线敷设在墙内、楼板内和吊顶内时要穿管敷设，护套绝缘电线虽在正常环境下可以直敷，但不能直敷在吊顶、墙壁和顶棚内。PVC电线管与传统金属管相比，具有自重轻、耐腐蚀、耐压强度高、卫生安全、节约能源、节省金属、使用寿命长、安装方便等特点。家居电气工程中常用的是PVC电线管和PVC波纹管。PVC电线管通常分为普通聚氯乙烯PVC电线管、硬聚氯乙烯（PVC—U）电线管、软聚氯乙烯（PVC—P）电线管、氯化聚氯乙烯（PVC—C）电线管。

PVC全名为Poly Vinyl Chlorid，主要成分为聚氯乙烯，另加入其他成分以增强耐热性、韧性、延展性等。PVC电线管是由聚氯乙烯树脂与稳定剂、润滑剂等配合后，用热压法挤压成型的，是无毒无味的环保制品。

2. PVC电线管的性能

电气线路穿管保护的作用在于防止电气线路的绝缘层受高温、潮湿或腐蚀等影响而失去绝缘能力，避免绝缘层陈旧老化或受损致使线芯裸露。现代家居在电线埋墙敷设时必须穿电线管保护，一般可选的有金属电线管和PVC电线管两种：金属电线管比较贵，抗干扰性能强于PVC电线管，不怕火，对电线的保护性能强于PVC电线管，如使用PVC电线管，则可能在以后往墙上钉钉子的时候不小心被打穿；PVC电线管价格实惠，拐弯比金属电线管容易，绝缘性能好，可以隔离电线电缆与可燃物接触，抑制火灾蔓延。

（1）PVC电线管的分类

PVC电线管根据管形可分为圆形、槽形、波形。圆形PVC电线管实物图如图2-22所示。

PVC电线管根据管壁的薄厚可分为轻型、中型、重型3种：轻型—205，外径为ϕ16mm～ϕ50mm，主要用于挂顶；中型—305，外径为ϕ16mm～ϕ50mm，主要用于明装或暗装；重型—405，外径为 ϕ16mm ~ ϕ50mm，主要用于埋在混凝土中。家居电气工程主要选择轻型和中型 PVC 电线管。

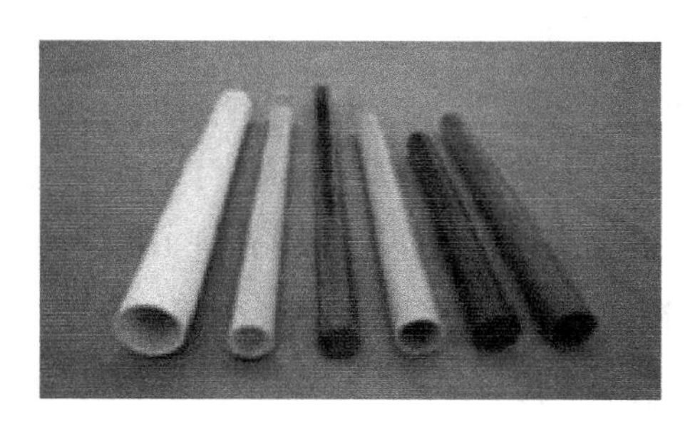

图 2-22　圆形 PVC 电线管实物图

PVC 电线管根据颜色可分为灰色、白色、黄色、红色等。

(2) PVC 电线管的性能指标

PVC 电线管的性能指标见表 2-12。

表 2-12　PVC 电线管的性能指标

性能指标	JG/T3050—1998 标准要求
外观	套管内外表面应光滑，无明显的气泡、裂纹及色泽不均匀等缺陷，端口垂直平整，颜色为白色
尺寸	最大外径量规自重能通过；最小外径量规自重不能通过；最小内径量规自重能通过
抗压性能	相应载荷，加载 1min，变形<25%；卸载 1min，变形<10%
冲击性能	在-15℃或-5℃低温下，相应冲击能量，12 根试样至少 9 根无肉眼可见裂纹
弯曲性能	在-15℃或-5℃低温下，弯曲，无可见裂纹
弯扁性能	弯管 90°，固定在钢架上，在 60℃±2℃条件下，量规能自重通过
耐热性能	在 60℃±2℃条件下，直规 5mm 的钢珠施以 2kg 压力在管壁上，表面压痕直径<2mm
跌落性能	无震裂、破碎
电绝缘强度	在 20℃±2℃水中，2000V、AC、50Hz 保持 15min 不被击穿
绝缘电阻	在 60℃±2℃水中，500VDC，电阻>100MΩ
阻燃性能	离开火焰后，30s 内熄灭
氧指数	≥32

(3) PVC 电线管的特点

① 阻燃性能好。PVC 电线管在火焰上烧烤离开后，自燃火能迅速熄灭，可避免火势沿管道蔓延；同时，由于传热性差，在火灾情况下，能在较长时间内有效地保护线路，保证电气控制系统运行，便于人员疏散。

② 绝缘性好，能承受高压而不被击穿，可有效避免漏电、触电危险。

③ 耐腐蚀、防虫害。PVC 电线管具有耐一般酸碱性能，不含增塑剂，无虫鼠

危害。

④ 拉压力强。PVC 电线管可以明装，也可以暗装，能承受强压力不爆裂。

⑤ 施工简便。PVC 电线管重量轻，便于车辆运输和人工搬运，施工安装时轻便省力。PVC 电线管容易弯曲，可热弯，也可冷弯。冷弯时，只要插入一根弯管弹簧，即可以在室温下人工弯曲成形。剪接方便，用剪管器可以方便地剪断直径在 32mm 以下的 PVC 电线管，用黏合剂和有关附件可以迅速方便地把 PVC 电线管连接成所需的形状。

（4）PVC 电线管的壁厚

PVC 电线管公称外径分别为 16mm、20mm、25mm、32mm、40mm，产品厚度如下：

① 16mm 外径的轻型、中型、重型厚度分别为 1.00（轻型允许差+0.15）mm、1.20（中型允许差+0.3）mm、1.6（重型允许差+0.3）mm。

② 20mm 外径的中型、重型（没有轻型的）厚度分别为 1.25（中型允许差+0.3）mm、1.8（重型允许差+0.3）mm。

③ 25mm 外径的中型、重型（没有轻型的）厚度分别为 1.50（中型允许差+0.3）mm、1.9（重型允许差+0.3）mm。

④ 32mm 外径的轻型、中型、重型厚度分别为 1.40（轻型允许差+0.3）mm、1.80（中型允许差+0.3）mm、2.4（重型允许差+0.3）mm。

⑤ 40mm 外径的轻型、中型、重型厚度分别为 1.80（轻型、中型允许差+0.3）mm、2.0（重型允许差+0.3）mm。

（5）PVC 电线管的型号及规格

PVC 电线管的型号及规格见表 2-13。

表 2-13　PVC 电线管的型号及规格

型　号	规格（mm）	每根米数	型　号	规格（mm）	每根米数
F521L16	ϕ16	3.03m	F521M32	ϕ32	3m
F521L20	ϕ20	3.03m	F521M40	ϕ40	3m
F521L25	ϕ25	3.03m	F521M50	ϕ50	3m
F521L32	ϕ32	3m	F521G16	ϕ16	3.03m
F521L40	ϕ40	3m	F521G20	ϕ20	3.03m
F521L50	ϕ50	3m	F521G25	ϕ25	3.03m
F521M16	ϕ16	3.03m	F521G32	ϕ32	3m
F521M20	ϕ20	3.03m	F521G40	ϕ40	3m
F521M25	ϕ25	3.03m	F521G50	ϕ50	3m

3. PVC电线管的质量检测

家居电线管应选用性价比高、质量优的PVC电线管，在选用时可采取直观法检测PVC电线管的质量，也可参照以下内容检查PVC电线管的质量

① 阻燃测试。用明火连续燃烧PVC电线管3次，每次25s，间隔5s，撤离火源后自熄为合格。

② 弯扁测试。PVC电线管内穿入弯管弹簧，将PVC电线管弯曲90°，弯曲半径为管径的3倍，弯曲处外观应光滑。

③ 冲击测试。用圆头锤子敲击PVC电线管应无裂缝（可用于现场检查）。

④ PVC电线管外壁应有间距不大于1m的连续阻燃标记和厂家标记。

⑤ PVC电线管制造厂应具有消防认可的使用许可证。

优质的PVC电线管具有以下特性：

① 观察PVC电线管的外观，表面的光泽度较好且油性很大的为优质产品。质量优的PVC电线管，其内、外壁应平滑，无明显气泡，无裂纹及色泽不均等缺陷，内、外表面应没有凸棱及类似缺陷。

② 观察管壁厚度（管壁较厚），PVC电线管的壁厚应均匀，壁厚要求达到手指用劲捏不扁至少在1.2mm以上。管壁越薄，力学性能越差，燃烧性能越好（加入的阻燃抑烟剂越多），管壁容易出现脆、裂、断的现象。

③ 用脚踹和车碾只会扁，不会裂开也不会碎。

④ 管口边缘应平滑，韧性较好，管体弯曲时不会造成管体起皱或开裂。

劣质的PVC电线管具有以下特性：

① 由于钙粉添加量过大（钙粉廉价），因此颜色发白。

② 用脚踹和车碾都容易碎裂。

③ 管壁很薄。

④ 弯曲时容易裂口。

4. PVC电线管的选用要点

PVC电线管除了需要满足一定的机械应力条件外，还应满足消防安全要求，常出现的缺陷是抗压强度等理化性能不过关、氧指数偏低、烟密度超标等，在选用PVC电线管时应注意以下几点：

① 检查PVC电线管外壁是否有生产厂标记和阻燃标记，无上述两种标记的PVC电线管不能采用。

② 要选用符合国家标准或行业标准的产品。

③ 检验生产厂家当年或上一年的有效检验报告。

④ 观察PVC电线管的外观。

⑤ 比较电气力学性能和燃烧性能，包括抗压能力、抗冲击能力、抗弯曲能力、抗弯折能力、耐热能力、电气绝缘性能及氧指数、水平燃烧性能、烟气密度等级等。

⑥ 选购质量信誉度高的企业生产的产品。

5. 操作PVC电线管应注意的事项

① 弯曲PVC电线管时，管内应穿入弯管弹簧。试验时，把PVC电线管弯成90°，弯曲半径为3倍的管径，弯曲后，外观应光滑。

弯曲PVC电线管时应注意以下事项：

a. 弯曲应慢慢进行，否则易损坏PVC电线管及弯管弹簧。

b. 弯管弹簧未取出之前，不要用力使PVC电线管恢复，以防损坏弯管弹簧。

c. 弯管弹簧不易取出时，可一边逆时针旋转弯管弹簧，一边向外拉弯管弹簧。

d. 当PVC电线管较长时，可在弯管弹簧两端系上绳子。

e. 在寒冷天气施工时，可在PVC电线管弯曲处适当升温后再进行弯曲操作。

② PVC电线管超过下列长度时，中间应装设分底盒或放大管径：

a. 全长超过20m，无弯曲时。

b. 全长超过14m，只有一个弯曲时。

c. 全长超过8m，有两个弯曲时。

d. 全长超过5m，有三个弯曲时。

③ 预埋PVC电线管时，禁止用钳子将管口夹扁、拗弯，应用符合管径的PVC塞头封盖管口，并用胶带绑扎牢固。

④ 有接头时必须在接头处留暗盒扣面板，方便日后更换和维修。

⑤ 不同电压等级、不同信号的电线不能穿在同一根PVC电线管内，以避免相互干扰。

6. PVC电线管的常用附件

由于PVC电线管管径不同，因此其附件的口径也不同。根据布线的要求，附件主要有底盒。

暗装底盒一般在新建项目和装饰工程中使用。暗装底盒常见的有金属底盒和塑料底盒两种。塑料底盒一般为白色，一次注塑成型，表面比较粗糙，外形尺寸比面板小一些，常见尺寸为长 80mm、宽 80mm、深 50mm，5 面都预留有进出线孔，方便进出线，底面上有两个安装孔，用于将底盒固定在墙面上，正面有两个 M4 螺孔，用于固定面板，如图 2-23（a）所示。金属底盒一般一次冲压成型，表面都进行电镀处理，避免生锈，尺寸与塑料底盒基本相同，如图 2-23（b）所示。

（a）暗装塑料底盒

（b）暗装金属底盒

（b）地面金属底盒

图 2-23　暗装底盒

需要在地面安装插座时，盖板必须具有防水、抗压和防尘功能，一般选用 120 系列金属面板，配套的底盒宜选用金属底盒，一般金属底盒比较大，常见规格为长 100mm、宽 100mm，中间有两个固定面板的螺丝孔，5 个面都预留有进出线孔，方便进出线，如图 2-23（c）所示。地面金属底盒安装后一般应低于地面 10～20mm（这里的地面是指装修后的地面）。

优质底盒应具有以下特性：

① 表面光滑，无毛边。

② 棱角分明。

③ 壁厚。

④ 重量相比较重。

⑤ 不易破裂，韧性较好。

劣质底盒：

① 做工粗糙。

② 棱角不分明，壁厚较薄。

③ 重量较轻。

④ 韧性不好，比较脆，易破裂。

2.3.2　电线的分类及选用

1. 电线的分类

电线一般可分为以下几种：

① 塑铜线：一般配合电线管一起使用，多用于建筑装修电气施工中的隐蔽工程。为区别不同线路的零线、相线、地线，设计有不同的表面颜色，一般多以红线代表“相”线，双色线代表“地”线，蓝线代表“零”线，由于不同场合的施工和不同的条件要求，颜色的区分也不尽相同。

② 护套线：一种双层绝缘外皮的电线，可用于露在墙体之外的明线施工，因有双层护套，因此绝缘性能和防破损性能大大提高，但是散热性能相对塑铜线有所降低，所以不提倡将多路护套线捆扎在一起使用，会大大降低护套线的散热能力，时间过长会使护套线老化。

③ 橡套线：又称水线，顾名思义是可以浸泡在水中使用的电线。它的外层是一种工业用的绝缘橡胶，可以起到良好的绝缘和防水作用。橡套线是专为室外施工使用的，良好的防破损性能和防水性能被许多建筑、工业、航空航天、航海等部门广泛应用。

家居常用的电线按适用范围分为绝缘电线、耐热电线、屏蔽电线。

① 绝缘电线，用于一般动力和照明线路，如型号为BLV—500—25的电线。

② 耐热电线，用于温度较高的场所，可为交流500V以下、直流1000V以下的电工仪表、电信设备、电力及照明配线，如型号为BV—105的电线。

③ 屏蔽电线，用于交流250V以下的供电线路，如型号为RVP的铜芯塑料绝缘屏蔽软线。

2. 电线的型号、名称及规格

电线型号的含义如图2-24所示。家居常用电线的型号、名称及规格见表2-14。

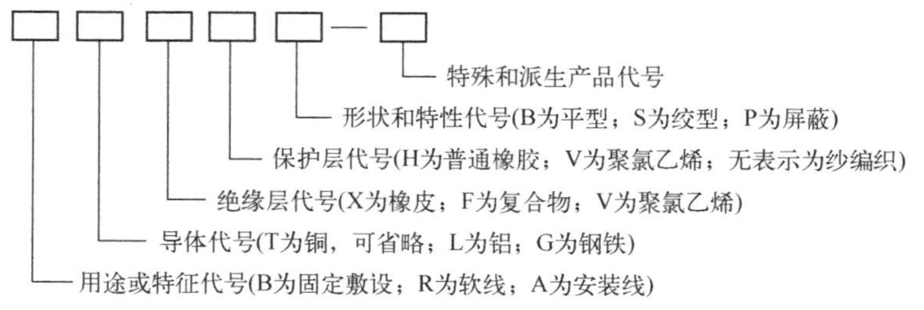

图2-24　电线型号的含义

表 2-14 家居常用电线的型号、名称及规格

型 号	名 称	额定电压（V）	芯 数	规格（mm²）
BV	铜芯聚氯乙烯绝缘电缆（电线）	300/500	1	0.5~1
		450/750	1	1.5~400
BLV	铝芯聚氯乙烯绝缘电缆（电线）	450/750	1	2.5~400
BVR	铜芯聚氯乙烯绝缘软电缆（电线）	450/750	1	2.5~70
BVV	铜芯聚氯乙烯绝缘聚氯乙烯护套圆型电缆	300/500	1	0.75~10
			2，3，4，5	1.5~35
BLVV	铝芯聚氯乙烯绝缘聚氯乙烯护套圆型电缆	300/500	1	2.5~10
BVVB	铜芯聚氯乙烯绝缘聚氯乙烯护套扁型电缆（电线）	300/500	2，3	0.75~10
BLVVB	铝芯聚氯乙烯绝缘聚氯乙烯护套平型电线	300/500	2，3	2.5~10
BV—105	铜芯耐热105℃聚氯乙烯绝缘聚电线	450/750	1	0.5~6
RV	铜芯聚氯乙烯绝缘连接软电缆（电线）	300/500	1	0.3~0.1
		450/450		1.5~70
RVB	铜芯聚氯乙烯绝缘平型连接软电缆（电线）	300/300	2	0.3~1
RVS	铜芯聚氯乙烯绝缘绞型连接软电缆（电线）	300/300	3	0.3~0.75
RV—105	铜芯耐热105℃聚氯乙烯绝缘连接软电线	450/750	1	0.5~6
RVV—105	铜芯耐热105℃聚氯乙烯绝缘和护套软电线	300/300	2，3	0.5~0.75
		300/500	2，3，4，5	0.75~2.5

家居常用电线的型号有：

① BV：铜芯聚氯乙烯绝缘电线（单股铜芯线），线芯比较硬，走线容易成型，与开关连接时容易溢扣，操作不方便，适用于交流额定电压为450~750V及其以下的动力、日用电器、仪器仪表及电信设备等的配线。铜芯聚氯乙烯绝缘电线长期允许工作温度不超过70℃。

② BVR：铜芯聚氯乙烯绝缘软电线（多股铜线，比RV的股数少），线芯杂质较少，中等软硬，走线较容易，适用于交流额定电压为450~750V及其以下的动力、日用电器、电气工程装配、仪器仪表及电信设备等的配线，多用于家居布线。铜芯聚氯乙烯绝缘软电线长期允许工作温度不超过70℃。

③ RV：铜芯聚氯乙烯绝缘连接软电线（多股铜线），线芯杂质很少，线芯比较软，适用于交流额定电压为450~750V及其以下的动力、日用电器、仪器仪表及电信设备等的配线，多用于电气工程装配及家居布线。铜芯聚氯乙烯绝缘连接软电线长期允许工作温度不超过70℃。

3. 电线的技术参数

① 允许载流量。允许载流量是指电线在额定工作条件下，允许长期通过的最大电流。不同材质、截面积、敷设方法、绝缘材料、环境温度和穿不同材料的保护管都会影响电线的载流量。

② 导体电阻。国家有关规定明确指出，电线中的铜芯应该使用电解铜，而不合格的电线，由于铜芯使用的是再生铜，杂质过高，致使电阻严重超标，电线发热量大，易引发火灾。

③ 绝缘层厚度、绝缘层最薄点厚度。某些电线生产厂生产设备陈旧，生产出来的电线绝缘层厚薄不均，随着使用时间的推移或日晒雨淋，绝缘层断裂，露出铜芯，极易发生触电危险，造成短路、停电、损坏电气设备等严重事故。

④ 70℃时绝缘电阻、浸水电压试验。一些企业由于生产条件差，绝缘层含有杂质或气泡孔，降低了电线的安全防护等级，无法经受70℃时绝缘电阻、浸水电压试验。

⑤ 老化前的拉力试验。电线所使用的绝缘材料应达到国标APS塑料的要求，原本起漏电保护作用的绝缘层，如果使用再生塑料或含杂质较高的材料制成，则抗拉强度和断裂伸长率均无法达到标准要求，安装时极易出现绝缘层断裂，使铜芯裸露。

4. 电线的选择

如果装修的是旧房，则原有的铝线一定要更换成铜线，因为铝线极易氧化，接头易打火，据调查，使用铝线电气火灾的发生率为铜线的几十倍。如果只换开关和插座，那会为住户今后的用电埋下安全隐患。

家居中使用的电线一般为单股铜芯线，也可以选用多股铜芯线，比较方便穿线。其截面积主要有1.5mm^2、2.5mm^2、4mm^2和6mm^2。1.5mm^2的电线一般用于灯具和开关布线。2.5mm^2的电线一般用于插座和部分支路的布线。4mm^2的电线用于电路主线和空调、电热水器等的专用线。

电线选择的主要内容如下：

① 型号，反映电线的材质和绝缘方式。

② 截面积，直接影响电线的使用安全和工程造价。

③ 电压，电线的绝缘电压必须等于或大于线路的额定电压。

④ 在选择电线时还要考虑机械强度。

5. 电线颜色的选择

电线的颜色要有区别，用于识别不同功能或相位，既有利于施工，又方便日后检修。保护地线和零线的颜色是国际统一认同的，其他电线的颜色国际上并未强制要求统一。我国电力供电线路和大量国内电气设备的电线颜色尚未采用国际上建议采用的颜色（相线 L1、L2、L3 用黑色、棕色、灰色），一直沿用相线 L1、L2、L3 采用黄色、绿色、红色的标准。在《09DX001_建筑电气工程设计常用图形和文字符号》中对电线颜色的标识见表 2-15。

表 2-15　电线颜色的标识

名　　称	颜 色 标 识	备　　注
交流系统 L1 相	黄色（YE）	
交流系统 L2 相	绿色（GN）	
交流系统 L3 相	红色（RD）	
中性导体零线	淡蓝色（BU）	
保护导体保护地线	绿/黄双色（GNYE）	
交流系统保护地线	全长绿/双黄色，终端另用淡蓝色标识； 全长绿淡蓝色，终端另用绿/双黄色标识	两种标识选一种
直流系统的正极	棕色（BN）	
直流系统的负极	蓝色（BU）	
直流系统的接地中线	淡蓝色（BU）	

在 GB/T4026—2019/IEC60445:2017 通则中规定，黑色、棕色、红色、橙色、黄色、绿色、蓝色、紫色、灰色、白色、粉红色、青绿色等颜色允许用于电线的标识。

（1）单色使用

① 允许的颜色。按照 GB/T4026—2019/IEC60445:2017 中 6.3.2～6.3.6 的规定，仅在与保护电线不太可能发生混淆的地方，允许使用单一的绿色和黄色。

② 中性导体或中间导体（中性导体：与电力系统中性点连接并能起传输电能作用的导体，用符号 N 表示。中间导体：与电力系统中性点连接并能用于配电的导体）。电路中包含一个中性导体或中间导体时，应使用蓝色作为颜色标识，为了避免与其他颜色产生混淆，推荐使用不饱和蓝色，通常称为淡蓝色。在可能产生混淆时，蓝色不应用于标识其他任何导体。

在没有中性导体或中间导体的情况下，可用蓝色标识线路中除保护导体以外的其他任何导体。如果标识用作中性导体或中间导体的裸导体，则应在每个单元或外壳或易触及的部位使用 15～100mm 宽的蓝色条纹，或从头至尾使用蓝色。

③ 交流系统中的线导体（相导体，正常运行时带电，并能用于输电或配电，不是中性导体或中间导体）。交流系统中的线导体优先使用黑色、棕色或灰色标识。

④ 直流系统中的线导体。直流系统中的线导体优先使用的颜色包括：正极用红色，负极用白色。

⑤ 功能接地导体（用于功能接地的接地导体，功能接地：出于电气安全的目的，将系统装置或设备的一点或多点接地）。功能接地导体优先使用粉红色作为颜色标识，颜色只适用于终端和连接点。

（2）双色组合的使用

① 允许的颜色。在不会造成混淆的地方，允许使用黑色、棕色、红色、橙色、黄色、绿色、蓝色、紫色、灰色、白色、粉红色、青绿色中任何两种颜色构成组合色。为了避免混淆，除了绿黄双色组合，绿色和黄色不应与其他颜色组合。

② 保护导体。保护导体应使用绿黄组合标识。绿黄双色是唯一公认的用于标识保护导体的颜色组合。绿黄双色组合应做到：在使用颜色标识的任何15mm长导体上，一种颜色覆盖导体表面的30%~70%，另一种颜色覆盖其余表面。

如果使用裸导体作为保护导体，则应在导体全长或每个区段或每个单元或每个易接触的部位使用绿黄双色标识。如果使用胶带，则只能使用绿黄双色胶带。

对于从形状、结构或位置上容易识别的保护导体，例如同心导体，则不需要在导体全长使用颜色标识，宜用图形符号“保护接地”⏚（IEC60417-5019）或绿黄双色或字母数字符号PE，在其端部或易触及的部位清晰标识。如果外部导电部分用作PE导体，则不需要使用颜色标识。

③ PEN导体（保护接地中性导体，兼有保护接地导体和中性导体功能）。绝缘的PEN导体应使用下述方法之一标识：

a. 全长使用绿黄双色，终端和连接点另用蓝色；

b. 全长使用蓝色，终端和连接点另用绿黄双色。

在满足下述情况之一时，可省略终端和连接点上附加的蓝色：

a. 在电气设备中，如果特定的产品标准或电工技术委员会已经包括了相关要求；

b. 在布线系统中使用时，例如工业布线系统，则应由相关技术委员会决定。

④ PEL导体（保护接地导体，兼有保护接地导体和线导体功能）。绝缘的PEL导体应在全长使用绿黄双色标识，终端和连接点用蓝色标识，在满足下述情况之一时，可省略终端和连接点上附加的蓝色：

a. 在电气设备中，如果特定的产品标准或电工技术委员会已经包括了相关要求；

b. 在布线系统中使用时，例如工业布线系统，则应由相关技术委员会决定。

如果PEL导体易与PEN或PEM导体混淆，则应按GB/T4026—2019中7.3.5规定的字母数字在终端和连接点标识。

⑤ PEM导体（保护接地中间导体，兼有保护接地导体和中间导体功能）。绝缘的PEM导体应在全长使用绿黄双色，终端和连接点用蓝色标识，在满足下述情况之一时，应省略终端和连接点上附加的蓝色：

a. 在电气设备中，如果特定的产品标准或电工技术委员会已经包括了相关要求；

b. 在布线系统中使用时，例如工业布线系统，则应由相关技术委员会决定。

如果PEM导体易与PEN或PEL导体混淆，则应按GB/T4026—2019中7.3.6规定的字母数字标识终端。

⑥ 保护联结导体（用于保护等电位联结的保护导体）。保护联结导体应按GB/T4026—2019中6.3.1的规定使用绿黄双色标识。

（3）导体和端子的颜色、字母数字和图形符号标识

导体/端子的颜色、字母/数字和图形符号标识见表2-16。

表2-16　导体/端子的颜色、字母/数字和图形符号标识

导体/端子	字母/数字		颜　色		图形符号
	导　体	端　子			
交流导体	AC	AC			
线1	L1	U	●	BK[d]	
线2	L2	V	●	BN[d]	
线3	L3	W	●	GY[d]	
中间导体	M	M	●	BU[e]	无推荐
中性导体	N	N			
直流导体	DC	DC			⎓

续表

导体/端子	字母/数字		颜色		图形符号
	导体	端子			
正极	L+	+		RD	+
负极	L-	-		WH	-
中间导体	M	M		BU[e]	无推荐
中性导体	N	N			
保护导体	PE	PE		GNYE	
PEN 导体	PEN	PEN		GNYE[1]	无推荐
PEL 导体	PEL	PEL			
PEM 导体	PEM	PEM		BU[1]	
保护联结导体	PB	PB		GNYE	
接地	PBE	PBE			无推荐
不接地	PBU	PBU			
功能接地导体[h]	FE	FE		PK	
功能联结导体	FB	FB	无推荐		

6. 选择优质电线的方法

① 看电线是否符合国家电工委员会产品质量认可（或有 CCC 认证）；看有无质量体系认证书；看合格证是否规范；看有无厂名、厂址、检验章、生产日期；看电线上是否印有商标、规格、电压等；看电线是否有产品检验合格证书和产品质量专用标识。

② 电线绝缘皮包裹比较紧，包裹铜芯比较均匀，用手撸电线绝缘皮时难以撸动。

③ 高质量电线绝缘皮的光泽度佳，质地均匀，且有很好的韧性。

④ 铜芯为紫红色，有光泽，手感软，铜的纯度越高，质量越好。可取一根电线头用手反复弯曲，凡是手感柔软、抗疲劳强度好、塑料或橡胶手感弹性大，且电线绝缘体上无裂痕的均是优等品。电线外层塑料皮应色泽鲜亮、质地细密，用打火机点燃应无明火。伪劣电线的铜芯为紫黑色、偏黄或偏白，杂质多，机械强度差，韧性不佳，稍用力即会折断。检查时，先把电线一头剥开2cm，然后用一张白纸在铜芯上稍微搓一下，如果白纸上有黑色物质，就说明铜芯里杂质比较多。另外，伪劣电线绝缘层看上去似乎很厚实，实际上大多是用再生塑料制成的，时间一长，绝缘层会老化而漏电。

⑤ 检查电线直径是否达到国家规定的标准。

⑥ 看每一卷电线的长度标准，重量是否达到国家规定的标准，质量好的电线，一般都在规定的重量范围内。如截面积为1.5mm^{2}的塑料绝缘单股铜芯线，每100m重量为1.8~1.9kg；2.5mm^{2}的塑料绝缘单股铜芯线，每100m重量为3~3.1kg；4.0mm^{2}的塑料绝缘单股铜芯线，每100m重量为4.4~4.6kg。质量差的电线重量不足，要么长度不够，要么电线铜芯杂质过多。

⑦ 截取一段电线，看线芯是否位于绝缘层的正中，不居中的是由于工艺不高而造成的偏芯现象，再看绝缘层厚薄是否均匀及表面是否有气孔、疙瘩等。

第3章

智能家居强电施工操作技能

【本章主要内容】

3.1　智能家居强电布管、布线要求及施工
3.2　智能家居电线连接及操作技能
3.3　智能家居配电箱的安装及接线
3.4　智能家居灯具的安装操作技能
3.5　智能家居开关、插座安装要求及接线
3.6　智能家居电气检测及等电位连接

3.1 智能家居强电布管、布线要求及施工

3.1.1 智能家居强电布管、布线施工前的准备

1. 施工前的检查和测试

（1）配电箱的检查和测试

检查配电箱内的电度表、进线和出线。目前应用在家居的电度表有5(20)、5(30)和10(40)A等，按负载功率因数为0.85计算，分别可带3.7kW、5.6kW和7.5kW负荷。进线断路器的整定值决定了住户的最大用电负荷，在装有上述容量的电度表时，其相应进线断路器的整定值分别为20A、32A和40A才能带动上述负荷。当负荷超过时，进线断路器会跳闸。同样，当断路器电流整定值为16A时，如果负荷超过3kW，也会出现断路器跳闸，所以不能将大容量用电负荷集中装在一个支路上。出线回路的数量也很重要，在照明、插座和空调三个支路的基础上，当住户家用电器较多时，增加厨房、电热水器等支路也是必要的。除空调外的插座支路应装有漏电保护装置，用于家居的漏电开关动作电流为30mA，动作时间为0.1s，是为了保证人身安全而设定的。

配电箱检查和测试流程如下：

① 打开箱盖，用十字螺丝刀或一字螺丝刀拧出固定配电箱箱盖的螺丝，将箱盖置于稳妥的地方，为防止螺丝丢失，宜将其拧在原来的丝扣上。

② 查看原电路总负荷是多少，进线导线的线径是多大，是三相五线制的还是单相三线制的，电源分几个回路，分别是什么回路，是否有地线，地线接触是否良好，原有线路的老化程度等。

③ 若原电路有漏电保护器，则在通电状态下按动试验按钮，检查漏电保护器动作是否可靠，同时试验其他自动开关是否灵活、正常。

④ 断开总开关，用摇表摇测各线对地电阻及线与线间的绝缘电阻，检查各支路导线的绝缘电阻是否正常。

⑤ 确认各项检测正常后，装上箱盖。

（2）线路的测试

家居电气线路一般为穿电线管暗敷设，走向和状况不能直接从外观看出，因此应对线路进行测试，检查家居线路是否存在以下现象：

① 电线管在暗敷设过程中是否被压扁或堵死，致使电线无法穿过，造成局部电路不通。

② 家里插座不少，电度表容量也不小，大容量电器一开就断电，出现这种现象时应检查是否将空调、电热水器等用电量大的电器都装在同一支路。

③ 检查是否把移动电器（如电吹风、电熨斗）或潮湿场所的电器（如电热水器）接在无漏电保护的支路上。

家居电气改造的第一步是检查每一盏灯、每一个插座是否通电，电线的载荷能力是多大，电线的布置是否分色，电源插座是否左零右相。记录配电线路的现状及连接情况：哪些插座接在有漏电保护的支路上；哪些插座接在无漏电保护的支路上；测试线路的绝缘是否完好，电线间和电线对地间的绝缘电阻不得低于0.5MΩ，保护线是否接地良好（特别是旧住宅楼）。

家居配电线路导线的线径应符合以下要求：照明回路用≥1.5mm^2 的铜芯线，插座回路用≥2.5mm^2 的铜芯线，空调回路用≥4mm^2 的铜芯线。若测试后，数据不符合相关标准和要求，应告知业主。

接通照明回路电源，按每个房间的开关，看灯是否亮。如配电箱有两个或两个以上的照明回路，则确定每个回路分别对应的线路。

在检查家居原有线路的基础上，在考虑好家用电器的摆放位置和电流容量的情况下，考虑是否可以利用已经布置好的开关、插座和线路。如果位置改动不大，则在符合新家用电器技术要求的情况下，可以利用原来的插座、开关和线缆。

在家居电气改造中，照明布线改动可能较多，因各种壁灯、吊顶灯、厨柜灯等会有较多的变化，因此应与业主交流，充分考虑安全和性价比。

按照与业主交流确定的线路走向、标高及开关和插座的安装位置、开关和插座的品牌，核对图纸与实际要求是否相符，不符时应经业主同意进行相应调整，并根据设计、业主要求及使用功能计算出各房间电气设备的功率及相应的布线规格，列出材料清单。

2. 用电设备的定位准备

要求业主提供原有强电布置图、相关电路资料，并认真阅读审查。以下几个方面的图纸与用电设备的定位相关：

① 平面布置图。平面布置图用于定位开关、插座等。

② 天花布置图。天花布置图用于确定灯的位置、安装在什么地方、什么样的灯、安装的高度。

③ 家具、背景立面图。一般来说，家具中酒柜、装饰柜、书柜安装灯具的可能性较大，且大多数为射灯。

④ 电气设备示意图。该图主要用于对灯具、开关、插座进行定位，仅作为参考，具体定位以实际为准。

⑤ 橱柜图纸。橱柜图纸主要是立面图，主要用于对厨房电器进行定位，如消毒柜、微波炉、抽油烟机、电冰箱等。

结合图纸与业主进行交流、沟通，询问下列电器的功率及安装位置：

① 电热水器、炊水机、空调、计算机、电视机、音响、洗衣机、电火锅、客厅或娱乐室的电热器等位置。

② 楼上、楼下、卧室、过道等灯具是否双控或多点控制。

③ 对顶棚、墙面及柜内灯具的位置、控制方式与业主进行沟通。

家居电气工程分为包工包料和包工不包料两种。不论电工材料是包工包料还是业主自购，都需要填表。电工材料及辅助材料计划见表 3-1。开关、插座面板及辅助材料计划见表 3-2。

表 3-1　电工材料及辅助材料计划

材料名称	型号	规格	数量/m	品牌	相关说明
绝缘导线	红色	2. 5mm^2			
	蓝色	2. 5mm^2			
	黄色	2. 5mm^2			
	绿色	2. 5mm^2			
	黑色	2. 5mm^2			
	红色	4mm^2			
	蓝色	4mm^2			
	双色	4mm^2			
	黄色	4mm^2			
	绿色	4mm^2			
	黑色	4mm^2			
	红色	6mm^2			
	蓝色	6mm^2			
	双色	6mm^2			
	黄色	6mm^2			
	绿色	6mm^2			
	黑色	6mm^2			

续表

材料名称	型号	规格	数量/m	品牌	相关说明
直通		Φ16			
		Φ20			
锁扣		Φ16			
		Φ20			
线卡		Φ16			
		Φ20			
三通底盒		Φ16			
		Φ20			
四通底盒		Φ16			
		Φ20			
阻燃冷弯电线管		Φ16			
		Φ20			
黄蜡套管		Φ6			
		Φ8			
		Φ10			
		Φ12			
绝缘胶带					
防水胶带					
单联底盒					
双联底盒					
明装底盒					
146 底盒					

表 3-2 开关、插座面板及辅助材料计划

名　称	数　量	型号和规格
单联开关	个	
双联开关	个	
三联开关	个	
单联双控开关	个	
双联双控开关	个	
三联双控开关	个	
多点控制开关	个	
五孔插座	个	
单开五孔插座	个	

续表

名　　称	数　　量	型号和规格
空调插座	个	
86 盖板	个	
146 盖板	个	
塑料膨胀管	个	Φ6mm
塑料膨胀管	个	Φ8mm
开关面板螺丝	个	Φ4mm×4.5cm
自攻螺丝	个	Φ4mm×4cm
膨胀螺丝	个	Φ6mm×5cm
膨胀螺丝	个	Φ12mm×8cm
膨胀螺丝	个	Φ14mm×8cm

3.1.2　智能家居强电布线方式及用电设备的定位

1. 布线方式

家居电气布线方式主要有以下几种：

① 顶棚布线。电气线路布置在顶棚内。这种布线方式最有利于保护电线，是最方便施工的方式。电线管隐蔽在装饰面或天花板中，不必承受压力，不用打槽，布线速度快，是非常好的一种布线方式。这种方式唯一的缺点就是家中需要走线的地方需要有天花板或装饰面材才能实现这种布线方式。

② 墙壁布线。电气线路布置在墙壁内。这种布线方式的优点是电线管本身不需要承重，承重点在电线管后面的墙壁上，存在以下缺点：墙壁上有布线的区域以后不能钉东西，如果水泥工和漆工不能处理好墙面的开槽处，那么将来开槽的地方一定会出现裂纹。这种布线方式通常作为顶棚布线和地面布线的补充。

③ 地面布线。电气线路布置在地面上。这种布线方式的缺点是必须使用较为优良的穿线管，因为地面上的穿线管将要承受人体还有家具的重量（穿线管表面上那层水泥并不能完全承重，因为它不完全是一个拱桥形式，穿线管和水泥是一体的，所以必须自身要承担一定的重量），布线走地面上的优点是对于家居装修的环境没有特殊要求，不需要天花板和装饰面材。

2. 用电设备的定位

若业主没有家居电气改造施工图纸，则在施工前必须征求业主的意见，听取业主的要求，综合业主的意见和检测原电气布线的实况，确定各电器的准确位置，并用彩色粉笔（不用红色）在墙面上做好记录。

用电设备定位的相关标准和要求如下：

① 精准、全面、一次到位。

② 厨房线路定位应全面参照橱柜图纸，整体浴室的定位应结合浴室设备完成。

③ 在定位电视机电源插座时，应考虑电视柜的高度，以及业主所用电视机的类型。

④ 客厅吊灯内的灯泡个数较多，应询问业主是否采取分组控制。

⑤ 在定位空调电源插座时，应考虑是单相还是三相电源。

⑥ 在定位电热水器电源插座时，一定要明确所采用电热水器的具体类型。

⑦ 在定位卧室的开关和插座时，应询问业主床头开关、插座是装在床头柜上、柜边还是柜后，在墙面上画出准确的位置。

用彩色粉笔（不用红色）记录时，字迹要清晰、醒目，文字须写在不开槽的地方，粉笔颜色应一致，如图3-1所示。

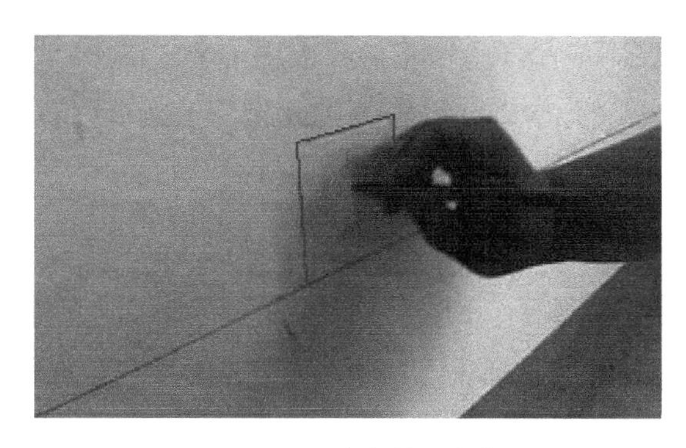

图3-1　用彩色粉笔定位

根据施工图或与业主确定的布线方案要求，确定盒、箱轴线位置，以土建标出的水平线为基准，标出盒、箱的实际安装位置。若没有施工图，则根据草拟的布线图画线。

电气线路与煤气、热水管间距应大于500mm，与其他管路间距应大于100mm。同一房间的开关、插座如无特殊要求，应安装在同一标高，同一地方的成排开关、插座安装标高应相同。为了便于施工穿线，电线管应尽量沿最短线路敷设，并减少弯曲。当电线管敷设长度超过有关规定时，应在线路中间装设底盒。电源插座底边距地面距离应为300mm，开关板底边距地面距离应为1300mm。

 3.1.3 智能家居强电布线开槽技术要求及操作技能

1. 开槽技术要求

（1）确定开槽线路

确定开槽线路应根据以下原则：

① 线路最短原则。

② 不破坏原有电线管原则。

③ 不破坏防水原则。

（2）确定开槽宽度

根据电线根数、规格确定PVC电线管的型号、规格及根数，进而确定开槽宽度，开槽宽度应为PVC电线管外径+15mm。

（3）确定开槽深度

当PVC电线管在砌体上剔槽埋设时，应采用强度等级不小于M10的水泥砂浆抹面保护，保护层厚度不应小于15mm。若选用16mm的PVC电线管，则开槽深度为31mm；若选用20mm的PVC电线管，则开槽深度为35mm。

2. 开槽工具及工艺流程

（1）开槽工具

开槽需要准备手锤、尖錾子、扁錾子、电锤、切割机、开凿机、墨斗、卷尺、水平尺、平水管、铅笔、灰铲、灰桶、水桶、手套、防尘罩、风帽、垃圾袋等工具。

（2）开槽工艺流程

① 弹线。首先要根据电器及控制电器的位置定位，如开关位置、插座位置、灯具位置等，再根据线路走向弹线，弹线必须横平竖直且清晰，如图3-2所示。根据所注明回路选择的电线及电线管，计算出开槽的宽度和深度，开槽必须横平竖直，强电与弱电开槽距离必须≥500mm。

② 开槽。可直接用凿子开槽，也可用切割机、开凿机、电锤开槽。先用切割机、开槽机切到相应深度，再用电锤或手锤凿到相应深度，并把槽边凿毛。

③ 清理。确认所开线槽完毕后，应及时清理，清理时应洒水防尘。

3. 开槽相关标准和要求

① 所开线槽必须横平竖直。

② 砖墙开槽深度为电线管外径+15mm。

图 3-2 弹上墨线示意图

③ 同一槽内有 2 根以上电线管时，电线管与电线管之间必须有≥15mm 的间缝。

④ 顶棚是空心板的，严禁横向开槽。

⑤ 混凝土上不宜开槽，若开槽，则不能伤及钢筋结构。

⑥ 开槽次序宜先地面、后顶面、再墙面，同一房间、同一线路宜一次开槽到位。

开槽打洞时，应避免用力过猛，造成洞口或线槽开得过大、过宽，以免造成墙壁破碎，甚至影响土建结构的质量。在砂灰墙体上开槽时，一定要用开槽机开槽，否则线槽周围由于电锤的震动易产生空鼓、开裂等问题。在墙立面开槽时，应用切割机，按略大于电线管直径切割线槽（严禁将承重墙体和受力钢筋切断及在墙上横向开槽）。

在墙面上开槽的规范工艺如下：

① 根据定位和线路走向弹线后，用切割机沿着弹线双面切割，线槽的深度要与管材的直径匹配，不允许开横槽，因横槽会影响墙的承受力。

② 开槽时应尽量避免影响线槽边的墙面，以免造成空鼓，留下隐患。

③ 手工开槽时，沿线槽走向先凿去砂浆层和砖角，为避免崩裂，以多次斜凿加深为宜。在混凝土结构部位开槽时，开槽深度以可埋下 PVC 电线管为标准，深度不易过深，以免切断结构层的钢筋，对结构层强度造成破坏。

④ 开槽时，在 90°角的地方应切去内角，以利于电线管敷设，如图 3-3 所示。

⑤ 线槽尽可能保持宽度一致，经修整的线槽示意图如图 3-4 所示。

⑥ 在线槽底用冲击钻钻孔，以便敲入木橛，固定电线管，木橛顶部应与线槽底平齐。

图 3-3　开槽时，在 90°角的地方切去内角示意图

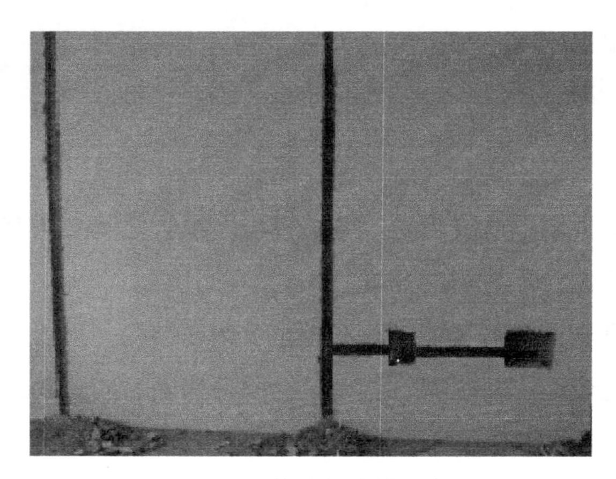

图 3-4　经修整的线槽示意图

不规范的开槽施工通常是不使用切割机切割（甚至不用弹线），直接在墙面上凿槽。这样的施工容易造成槽边的墙面松动和空鼓，导致槽面破损度较大，增加封槽的难度，在混凝土墙面（剪力墙）上开槽时，不考虑深度还会对建筑物的结构层强度产生影响。

开槽时应注意：线槽不要开得过深、过宽，否则将影响墙体的强度。线槽的深度应执行 GB50303—2015 第 12. 1. 3 中的规定：当将电线管嵌入后，应采用强度不小于 M10 的水泥砂浆抹面保护，保护层厚度不应小于 15mm。

3. 1. 4　智能家居强电布线预埋底盒的要求及操作技能

1. 底盒预埋工具及工艺流程

（1）工具的准备

底盒预埋工具有卷尺、水平尺、平水管、铅笔、钢丝钳、小平头烫子、灰铲、灰桶、水桶、手套、底盒、锁扣等。

（2）工艺流程

弹线定位→底盒安装前的处理→湿水→底盒的稳固→清理。

① 弹线定位。以开关的高度为基准，在安装底盒的每个墙面上弹一水平线，以该水平线为基准，向上或向下确定插座、开关的高度。根据图纸上开关、插座的具体位置按如下步骤施工：

a. 画框线：根据图纸确定的位置，在墙面上画出预埋底盒的位置，按照底盒大小（四周放大2~3mm）画出开凿框线（两个装盖孔应保持水平）。

b. 凿框线：用平口凿沿框线垂直凿出深沟后，从框内向框外斜凿去砖角，反复进行，注意不得崩裂框线。

c. 凿穴孔：将框内多余的砖角凿去，直至深度略大于底盒高度，不得过浅或过深。

d. 修整穴孔：凿平穴孔四周和穴底，穴孔应大于底盒的外形尺寸，以放入底盒端正、适合为宜。装在护墙板内的底盒，盒口应靠近护墙板，便于面板固定。

② 底盒安装前的处理。将底盒上对应的敲落孔敲去，装上锁扣；底盒后面的小孔须用纸团堵住；装正底盒，对准线槽，并使装盖面稍稍伸出砖砌面，低于粉刷面3~5mm。

③ 湿水。用水将安装底盒的穴孔湿透。

④ 底盒的稳固。用1∶3水泥砂浆将底盒装入穴孔中，确保平正，并与墙面平齐，底盒边不出现凹凸墙面的现象。调整位置后，在底盒的周围填上水泥砂浆，待水泥砂浆完全干固后，方可布管。

⑤ 清理。将刚稳固的底盒和锁扣里的水泥砂浆及时清理干净。

2. 底盒安装的相关标准和要求

① 底盒底边距地面为1.2~1.4m，侧边距门套线≥70mm，距门口边为150~200mm。

② 安装底盒时，开口面需与墙面平整牢固、方正，不凸出墙面，如图3-5所示。底盒安装好以后，必须用钉子或者水泥砂浆固定在墙上。

③ 在贴瓷砖的地方，应尽量装在瓷砖正中，不得装在腰线和花砖上，一个底盒不能装在两块、四块瓷砖上。

④ 并列安装的底盒与底盒之间应留有缝隙，一般为4~5mm。底盒必须与平面垂直，同一室内的底盒必须安装在同一水平线上。

⑤ 开关、插座的底盒要避开造型墙面，非装不可时应尽量安装在不显眼的地方。底盒尽量不要装在混凝土构件上，非装不可时，若遇到钢筋，标准型底盒装不进，则需将底盒锯掉一部分或明装。

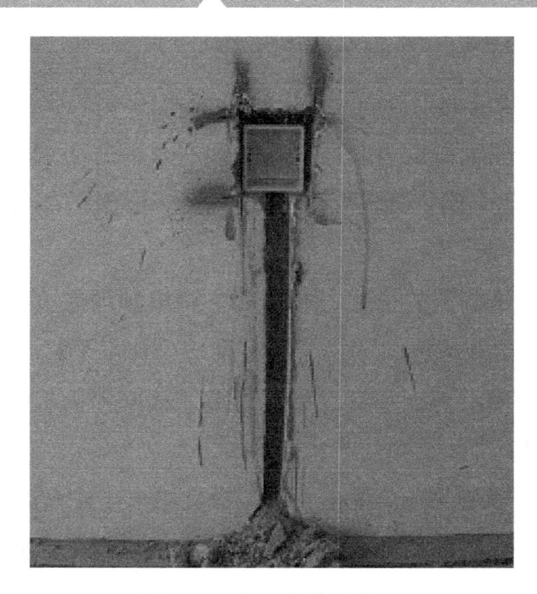

图 3-5　底盒安装示意图

⑥ 如底盒装在石膏板上，则需用至少 2 根 20mm×40mm 的木方，将其稳固在龙骨架上。

⑦ 在地面上预埋座盒时，底盒口应高出毛地坪 1. 5～2cm，以便在后期施工时依靠地插座本身的可调余量与地面找平。

3. 底盒安装的常见缺陷

底盒安装质量的通病：底盒安装标高不一致；底盒开孔不整齐；安装灯具、开关、插座时，底盒内脏物未清除；预埋的底盒有歪斜；底盒有凹进、凸出墙面现象；底盒破口；坐标超出允许偏差值。

产生的原因：安装底盒时，未参照土建施工预放的统一水平线控制标高；施工时，未计划好进入底盒电线管的数量及方向；安装灯具、开关、插座时，没有清除残存在底盒内的脏污和灰渣。

对上述缺陷采取的预防处理措施有：

① 严格按照室内地面标高确定底盒标高；对于预埋的底盒，应先用线坠找正，坐标正确后再固定；底盒口应与墙面平齐，不出现凹凸墙面的现象。

② 用水泥砂浆将底盒四周填实抹平，底盒收口应平整。

③ 穿线前，先将底盒内的灰渣清除，保证底盒内干净。

④ 穿线后，用底盒盖板将底盒临时盖好，底盒盖周边要小于开关面板或灯具底座，

大于底盒，待土建装修完成后，再拆除底盒盖，保证在安装灯具、开关、插座时底盒内干净。

3.1.5 智能家居强电布管的技术要求及操作技能

1. 布管技术要求

在家居电气施工中，不允许将塑料绝缘电线直接埋置在水泥或石灰粉层内进行暗线敷设。因埋置在水泥或石灰粉层内，电线绝缘层易被损坏，造成大面积漏电，危及人身安全，如图 3-6 所示。家居电气配线布管应采用硬质阻燃 PVC 电线管。

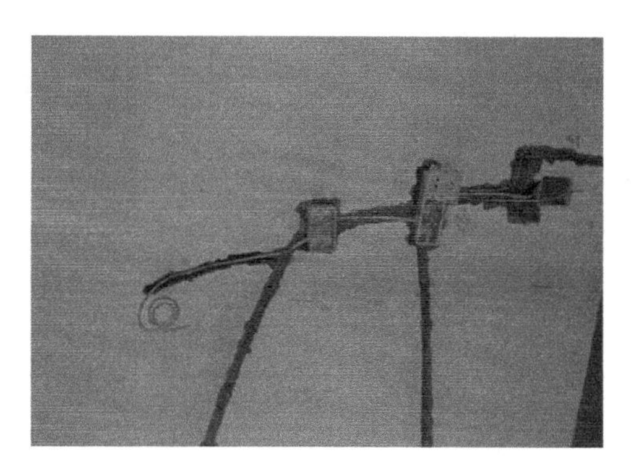

图 3-6 导线直接埋置在水泥内

硬质阻燃 PVC 电线管适用于室内或有酸、碱等腐蚀介质的场所作为导线保护管（不得在 40℃以上的场所和易受机械冲击、碰撞摩擦等场所敷设），也适用于在混凝土结构和砖混结构内布置（不得在高温场所及顶棚内敷设）。

在布管前要进行严格检查，PVC 电线管不应有折扁、裂缝，管内应无杂物，切断口应平整，管口应刮光，布管时，要尽量减少弯曲，并沿最短路径，每根 PVC 电线管大于 90°的弯曲不宜超过 3 个，直角弯曲不宜超过 2 个。当管路超过一定长度时，应加装底盒，底盒位置应便于穿线。

2. 管径的选择

PVC 电线管管径的选择依据是管内电线（包括绝缘层）的总截面积不应大于 PVC 电线管截面积的 40%。表 3-3 为 BV 塑铜线穿 PVC 电线管时的管径选择表。虽然各厂家对同一规格 PVC 电线管的产品编号不同，但外径和壁厚基本相同，如顾地牌 PVC 电线管的规格见表 3-4。

表 3-3　BV 塑铜线穿 PVC 电线管时的管径选择表

BV 塑铜线根数	BV 塑铜线截面积（mm^2）					
	1	1.5	2.5	4	6	10
	PVC 电线管管径（mm）					
2	16	16	16	16	16	20
3	16	16	16	16	16	25
4	16	16	16	20	20	25
5	16	16	16	20	20	32
6	16	16	20	20	25	32
7	16	16	20	20	25	32
8	16	20	20	25	25	32
9	16	20	20	25	25	40
10	16	20	20	25	32	40
11	16	20	20	25	32	40
12	16	20	20	25	32	40

表 3-4　顾地牌 PVC 电线管的规格

产品编号	外径 D（mm）	壁厚 S（mm）
GB16	16	1.6
GB20	20	1.8
GB25	25	1.9
GB32	32	2.2
GB40	40	2.3
GB50	50	2.8
GB63	63	3.0

3. 布管工具和工艺流程

（1）布管工具

布管工具有钢丝钳、电工刀（墙纸刀）、弯管器、剪切器、手锤、线卡、电线管直接、黄蜡套管、梯子等。

（2）工艺流程

① 弯管。弯管可采用冷煨法和热煨法。

a. 冷煨法：管径在 25mm 及其以下的 PVC 电线管可以采用冷煨法弯管。弯管前，管内应穿入弯管弹簧。弯管弹簧有四种规格：16mm、20mm、25mm、32mm，分别适用于相应的 PVC 电线管。弯管弹簧内穿入一根绳子，绳子与弯管弹簧两端的圆环打结，连接后留有一定的长度，用绳子牵动弯管弹簧，使其在PVC电线管内移动到需要弯曲的位置。弯曲时，用膝盖顶住PVC电线管需弯曲处，用双手握住PVC电线管的两端，使其慢慢弯曲，如果速度过快，易损坏PVC电线管及弯管弹簧。弯曲后，一边拉露在PVC电线管外栓弯管弹簧的绳子，一边按逆时针方向转动PVC电线管，将弯管弹簧拉出。弯管弹簧出现松股后不能使用，否则在PVC电线管的弯曲处会出现折皱。当弯曲较长的PVC电线管时，可将弯管弹簧用镀锌铁丝拴牢，以便拉出弯管弹簧。

b. 热煨法：用电炉子、热风机等均匀加热PVC电线管煨弯处，待PVC电线管被加热到可随意弯曲时，立即将PVC电线管放在木板上，固定PVC电线管一头，逐步煨出所需弯度并用湿布抹擦使弯曲部位冷却定形，然后抽出弯管弹簧。热煨法不得使PVC电线管出现烤伤、变色、破裂等现象。

标准弯管示意图如图3-7（a）所示。采用与管径不匹配的弯管弹簧进行弯管会导致PVC电线管变形、起皱、弯曲不自然，不规范弯管示意图如图3-7（b）所示。

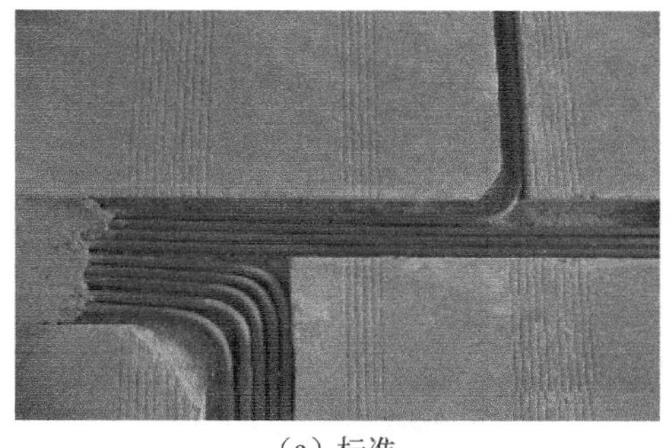

（a）标准

（b）不规范

图3-7　标准与不规范的弯管示意图

② 布管。布管时，同一槽内PVC电线管如超过2根，则管与管之间应有至少15mm的间缝。

③ 固定。布管完毕后，用线卡将其固定，效果图如图3-8所示。

④ 接头。管与管、管与箱（盒）连接时应符合下列条件：

a. 管与管之间采用套管连接，套管长度宜为管外径的1.5~3倍，管与管的对口应位于套管中心。

b. 管与器件连接时，插入深度为2cm，管与底盒连接时，必须在管口套锁扣。

c. 盒、箱孔应整齐并与管径相吻合，进入配电箱、接线盒的PVC电线管应排列整齐，一管一孔，PVC电线管要与盒、箱壁垂直，多根PVC电线管同时插入盒、箱时，管端长度要一致，管口应平齐。

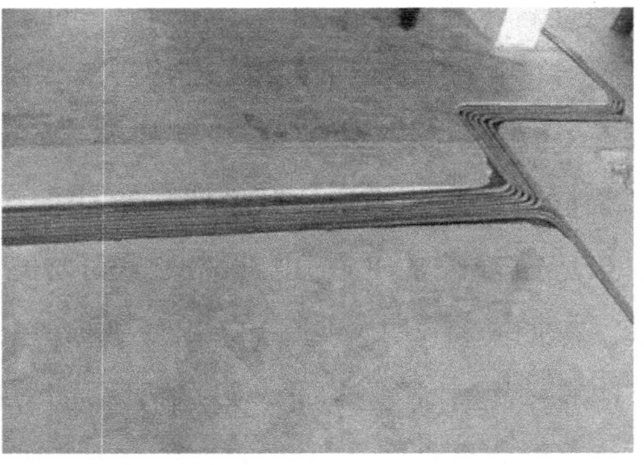

图 3-8　布管效果图

规范的底盒与 PVC 电线管连接如图 3-9（a）所示。PVC 电线管与底盒接头时必须采用锁扣（可将 PVC 电线管与底盒固定在一起），可使穿线时不容易造成挪位，避免对电线绝缘层造成损伤。底盒与 PVC 电线管接头不规范施工如图 3-9（b）。PVC 电线管与底盒连接时不采用锁扣，容易造成错位，且由于 PVC 电线管的断截面比较锋利，因此在穿线时容易划伤电线绝缘层。

（a）规范的底盒与PVC电线管连接

（b）底盒与PVC电线管接头不规范施工

图 3-9　底盒与 PVC 电线管连接

⑤ 整理。PVC 电线管的管口、连接处均应进行密封处理，线槽内的 PVC 电线管离线槽侧面的净距不应小于 15mm。PVC 电线管和箱、盒连接后，应使箱、盒端正、牢固。

4. PVC 电线管的保护

在地面敷设完 PVC 电线管后，应在敷设的 PVC 电线管两侧放置木方，或者用水泥砂浆做护坡，防止 PVC 电线管在施工时因来回走动而被踩破。

5. PVC 电线管敷设常见缺陷

PVC 电线管敷设常见缺陷：接口不严；管及箱、盒内有杂物堵塞；煨弯处出现扁、凹、裂等；在线槽内固定不牢固；离线槽侧面净距小于 15mm。

缺陷原因：接口不严是因为接口处未加套，接口太短，且未涂黏结剂；煨弯时未加热或加热不均匀，造成扁、凹、裂现象；固定线卡间距过大；线槽未达到要求的深度或管径选择过大。

预防处理措施如下：

① 在购置 PVC 电线管时，须同时购置相应的接头等附件，以及适应不同管径的弯管弹簧，以备煨弯时使用。

② 管与管连接一定要用接头并涂黏结剂，管与盒连接应用螺接并涂黏结剂。

③ 煨弯时，使用与管径匹配的弯管弹簧，必要时可将煨弯处局部均匀加热，均匀用力弯成所需弧度，减少出现扁、凹、裂现象。

④ 长距离的 PVC 电线管应尽量用整管，如果需要连接，则要用接头，接头和管要用胶黏结牢固。

⑤ 按标准要求的间距用线卡固定 PVC 电线管。管径应规范，并应根据管径开槽。

3.1.6 智能家居电线管穿带线及穿电线工艺

1. 电线管穿带线工艺

（1）管路穿带线

穿带线前应检查管路是否畅通，管路的走向及盒、箱的位置是否符合设计及施工图的要求；带线采用直径为 $\phi1.2$mm～$\phi2.0$mm 的镀锌铁丝或钢丝，应顺直无背扣、扭结等现象，并有相应的机械拉力。穿带线时，先将钢丝的一端弯成不封口的圆圈，以防止在管内遇到接头时被卡住，再利用穿线器将带线穿入管路，在管路的两端应留有 200～250mm 的余量。当穿带线受阻时，可将两根钢丝分别穿入管路，采取两头对穿的方法。其具体做法是一人转动一根钢丝，感觉两根钢丝相碰时则反向转动，待绞合一起后，一拉一送，将带线拉出。当管路较长和转弯较多时，可在敷设管路前穿好带线，并留有 20cm 的余量后，将两端的带线盘入盒内或缠绕在管头上固定好，防止被其他人随便拉出。

（2）清扫管路

布管完毕后，在穿线之前，必须对所有的管路进行清扫。清扫管路的目的是清除管路中的灰尘、泥水等杂物。其具体方法是，将布条牢固地绑扎在带线上，两人来回拉动带线，将管路内的浮锈、灰尘、泥水等杂物清除干净。

（3）护口

在清扫管路后，根据管路的直径选择相应规格的护口，将护口套入管口。穿线前，检查各个管口的护口是否齐全，如有遗漏或破损，均应补齐或更换。

2. 电线管穿电线工艺

（1）材料要求

电线的规格、型号必须符合设计要求，并应有出厂合格证、“CCC”认证标志和认证证书复印件及生产许可证。电线进场时要检验其规格、型号、外观及标识，并用卡尺检验电线直径是否符合国家标准。电线的额定电压应大于线路的工作电压。电线的绝缘应符合线路的安装方式和敷设环境条件。电线之间、电线与地之间的绝缘阻值必须大于0.5MΩ。

（2）电线与带线的绑扎

当电线根数为2~3根时，可先将电线前端的绝缘层剥去，然后将线芯直接与带线采用绑回头压实绑扎牢固，使绑扎处形成一个平滑的锥体过渡部位。

当电线根数较多或截面积较大时，可先将电线前端的绝缘层剥去，然后将线芯斜错排列在带线上，用绑线缠绕绑扎牢固，使绑扎接头处形成一个平滑的锥体过渡部位，以便于穿线。

（3）穿线和断线

① 穿线。穿线前应根据设计图对电线的规格、型号进行核对，穿线时应将电线置于放线架或放线车上，不能将电线在地上随意拖拉，更不能野蛮使力，以防损坏电线绝缘层或拉断线芯。穿线时需要两个人各在一端，一个人慢慢地抽拉带线钢丝，另一个人将电线慢慢地送入管路。如管路较长，转弯太多，则应按规定设置底盒。穿线时，不可用油脂或石墨粉作为润滑，以防渗入线芯，造成电线短路。

② 断线。剪断电线时，电线的预留长度按以下情况予以考虑：底盒、开关盒、插座盒及灯头盒内电线的预留长度应大于150mm、小于250mm；配电箱内电线的预留长度为配电箱箱体周长的1/2；干线在分支处，可不剪断电线，直接作为分支接头。

穿线时应注意下列事项：

① 必须按设计要求选用相应的电线及根数。不同回路、不同电压、交流与直流回路的电线不得穿入同一管路，下列几种情况或设计有特殊规定时除外：照明花灯的所有回路；同类照明的几个回路，可穿于同一管路，管路内电线总根数不多于8根。

② 电线在管路内不得有接头和扭结，接头应在接续底盒内连接。

③ 管路内电线包括绝缘层在内的总截面积不应大于管路截面积的40%。

④ 管口处应装设护口保护电线。

电线管中的电线应一次穿入，穿入管路的电线应分色。为了保证安全和施工方便，在电线管出口处至配电箱、总开关的一段干线回路及各用电支路应按色标要求分色，L1相为黄色，L2相为绿色，L3相为红色，N（零线）为淡蓝色，PE（保护地线）为绿/黄双色，规范施工如图3-10（a）所示，不规范施工如图3-10（b）所示。不按颜色标准使用电线会导致零线与地线无法确定（相线可以用电笔测量，零线与保护地线无法测量），如果接错，会造成电器损坏和电源跳闸，同时也给以后维修带来一定的困难。

（a）规范施工

（b）不规范施工

图3-10　电线颜色标准

凡穿入底盒的电线，其线头均需用绝缘胶带缠好，并将预留的电线卷圈放入底盒内，如图3-11所示。

图3-11　底盒内线头用绝缘胶带缠好

3. 电线接头处理方法

为了减少由于电线接头质量不好引起各种电气事故，在敷设电线时，应尽量避免在管路内有接头，接头应在底盒（箱）内。为了防止火灾和触电等事故发生，在顶棚内由底盒引向电器的绝缘电线应采用可挠金属电线保护管或金属软管等保护，电线不应有裸露部分，必须要有接头时，应采取以下方式处理。

① 套管接线。先剪一断长为3~4cm的热收缩管套在待接线的一端，再将待接线头的绝缘层分别剥去4~5cm。

② 焊锡。用50W的电烙铁将线头焊牢（用带松香芯的细焊锡丝）。

③ 加热收缩管。套上热收缩管，用电烙铁直接加热使其收缩。

4. 管路穿线常见缺陷及处理措施

管路穿线常见缺陷：先穿线后套护口或根本不套护口；电线背扣或死扣；损伤电线绝缘层；未按颜色配线；电线线芯损伤；等等。

预防管路穿线常见缺陷的处理措施如下：

① 认真查阅图纸，按照电气系统图的分相要求配线。一般规定：相线A、B、C分别为黄色、绿色、红色，零线为浅蓝色，PE保护地线为黄绿相间。根据要求穿线，既可保证分相准确，又可避免相线、零线和保护地线间混淆。

② 穿线前应套好护口，穿线时，严禁在地面任意拖拉电线，以防电线背扣。

3.1.7 智能家居强电布线封槽要求及操作技能

1. 封槽工具及工艺流程

（1）封槽工具及材料

封槽工具及材料有水平头烫子、木烫子、灰桶、灰铲、水泥、中砂、细砂、801胶等。

（2）封槽工艺流程

① 调制水泥砂浆，调制配比为1∶3（水泥∶砂）。

② 将墙、地面开槽处用水湿透。

③ 用烫子将调制好的水泥砂浆补到开槽处。

2. 规范封槽操作技能

① 补槽前，须核对电气施工图，确认布管、布线正确，与业主进行隐蔽工程验收，并要求业主签字、认可。

② 补槽前，必须确定电线管固定牢固，对松动的电线管必须进行处理，使其牢固。

③ 补槽前，在槽内喷洒一定量的水，将封槽处用水湿透，让槽内结构层充分吸水。

④ 在补槽时，首先用水泥砂浆将槽抹平，然后用搓板搓光。

⑤ 顶棚补槽时，采用801胶和水泥及30%的细砂进行操作。

⑥ 补槽不能凸出墙面，应略低于原墙面，以便通过石膏粉找平（砂浆中有一定的水分，挥发后会收缩，用石膏粉找平可避免以后线槽处开裂）。规范补槽施工如图3-12（a）所示。

不规范补槽施工如图3-12（b）所示。其原因通常是在补槽时不喷水，直接用水泥砂浆补槽（由于水泥砂浆凝固需要一定的时间，若线槽内未喷水，会导致水泥砂浆在没达到凝固时，水分就让线槽的结构层吸干了，出现补槽水泥强度不够、易开裂松动甚至脱落的现象），补槽时没有考虑槽面收光（未用搓板搓光），由于槽面高低不平，因此会给后期墙面修复带来一定的难度。

（a）规范补槽施工

（b）不规范补槽施工

图3-12　规范和不规范补槽施工

3.2　智能家居电线连接及操作技能

3.2.1　智能家居电线连接的基本要求及操作技能

1. 电线连接的基本要求

电线连接是家居电工作业中的一项基本工序，也是一项十分重要的工序。电线连接的质量直接关系到整个线路能否安全可靠地长期运行。

电线连接的基本要求如下：

① 电线连接采用哪种方法应根据线芯的材质而定。

② 连接牢固可靠。电线连接应接触紧密，接头的接触电阻小，稳定性好。与同长度、同截面积电线的电阻比应不大于1。

③ 机械强度高。电线接头的机械强度不应小于原电线机械强度的80%。

④ 电气绝缘性能好。电线接头的绝缘强度应与非连接处的绝缘强度相同。

⑤ 电线采用压接方式连接时，压接器材、压接工具和压模等应与电线线芯规格相匹配，压接深度、压口数量和压接长度应符合有关规定。

2. 电线接头包缠绝缘

电线线芯连接好后，均应用绝缘带均匀紧密包缠，以恢复绝缘。常用绝缘材料和绝缘恢复的主要性能指标有以下几项：击穿强度；绝缘电阻；耐热性；黏度、固体含量、酸值、干燥时间及胶化时间；根据各种绝缘材料的具体要求规定了相应的抗张、抗压、抗弯、抗剪、抗撕、抗冲击等各种强度指标。

绝缘包扎带主要用作包缠电线及其接头，常用的有黑胶带和聚氯乙烯带。常用的斜叠绝缘包扎法是在包缠时每圈压叠带宽的半幅，即在第一层包缠完后，再在另一斜叠方向包缠第二层，直到电压等级达到绝缘要求为止。包缠时要用力拉紧，紧密坚实。

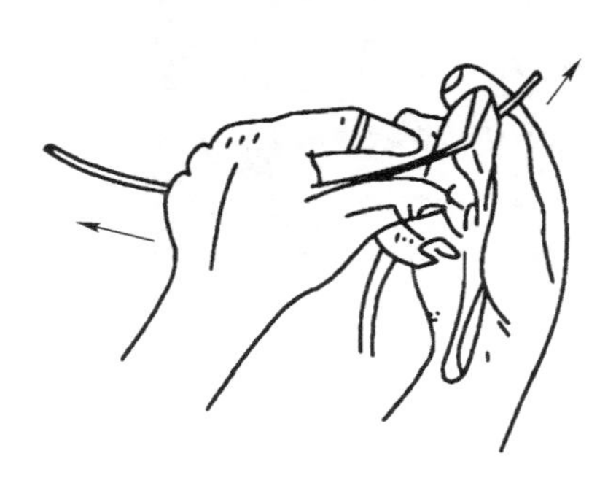

图3-13 用钢丝钳剥削绝缘层示意图

3. 电线连接的操作技能

（1）电线绝缘层的剥削

① 塑料硬线绝缘层的剥削。剥削时应注意不要损伤线芯，线芯截面积为4mm²及以下的塑料硬线，其绝缘层应用钢丝钳剥削，如图3-13所示。

② 线芯截面积大于4mm²的塑料硬线，可用电工刀剥削绝缘层，如图3-14所示。

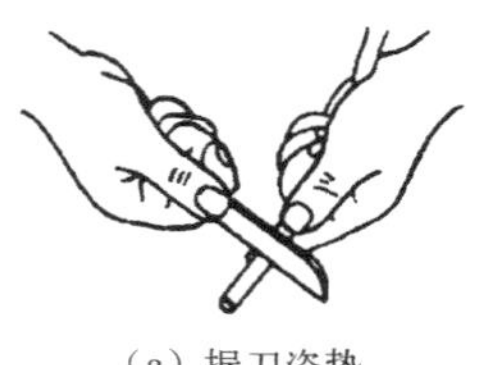

（a）握刀姿势

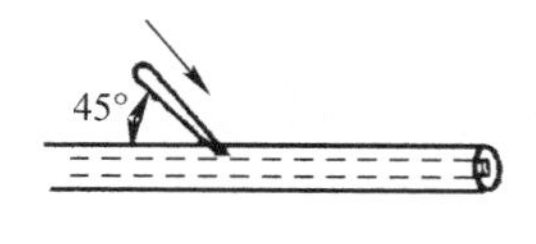

（b）刀以45°切入

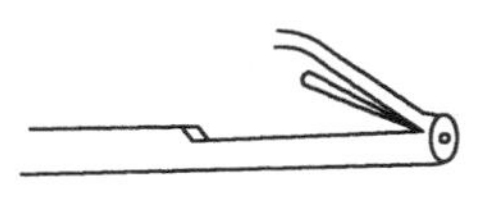

（c）刀以45°倾斜推削

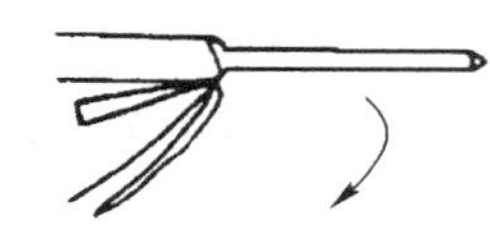

（d）扳翻塑料层并在根部切去

图3-14 用电工刀剥削绝缘层示意图

③ 多绝缘层应分层剥削。每层的剥削方法与单绝缘层相同。对绝缘层比较厚的电线应采用斜剥法，即像削铅笔一样进行剥削。

④ 塑料多芯软线绝缘层的剥削。可使用剥线钳或钢丝钳剥削塑料多芯软线的绝缘层，不要用电工刀剥削，否则容易切断线芯。

⑤ 塑料护套线绝缘层的剥削。塑料护套线只能端头连接，不允许中间连接。其绝缘层分为外层的公共护套层和内部线芯的绝缘层。公共护套层通常采用电工刀进行剥削。用电工刀剥削公共护套层示意图如图 3-15 所示。

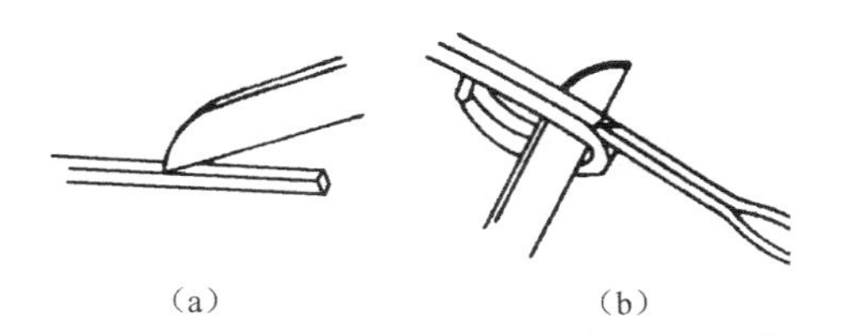

图 3-15 用电工刀剥削公共护套层示意图

⑥ 花线绝缘层的剥削。花线的结构比较复杂，多股铜质细线芯先用棉纱包扎层裹捆，接着是橡胶绝缘层，外面还套有棉织管（保护层）。剥削时，先用电工刀在线头所需长度处切割一圈，然后在距离棉织管 10mm 左右处用钢丝钳按照剥削塑料软线绝缘层的方法将橡胶层剥掉，将紧贴在线芯处的棉纱包扎层散开，并用电工刀割去。

⑦ 橡套软电线绝缘层的剥削。先用电工刀从端头任意两线芯缝隙中割破部分护套层，然后把割破并已分成两片的护套层连同线芯（分成两组）一起进行反向分拉，撕破护套层，直到所需长度，再将护套层向后扳翻，分别在根部切断。

（2）单股铜芯电线的直线连接

单股铜芯电线的直线连接步骤如下：

① 把两根线头的线芯成 X 形相交（绝缘层剥削 10cm），如图 3-16（a）所示。

② 互相绞合 2~3 圈，如图 3-16（b）所示。

③ 扳直两线头，如图 3-16（c）所示。

④ 将两线头分别在线芯上紧贴并绕 6 圈，如图 3-16（d）（e）所示，用平口钳切下余下的线芯，并钳平线芯的末端。

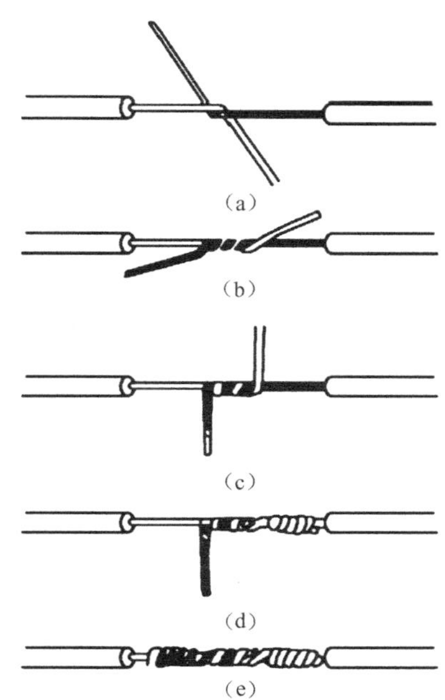

图 3-16 单股铜芯电线的直线连接

（3）单股铜芯电线的 T 字形连接

单股铜芯电线的 T 字形连接有两种方法。

方法 1，先将支路线芯与干线线芯十字相交，使支路线芯根部留出 2~5mm，然后按顺时针方向绕支路线芯，在干路线芯上缠绕 6~8 圈后，用钢丝钳切去余下的线芯，并钳平线芯末端，如图 3-17（a）（b）所示。

方法 2，较小截面积的线芯可先环绕成结状，再把支路线芯抽紧扳直，紧密地在干路线芯上缠绕 6 圈，剪去多余线芯，钳平切口毛刺（干路绝缘层剥削 3~5cm，支路绝缘层剥削 10cm），如图 3-17（c）所示。

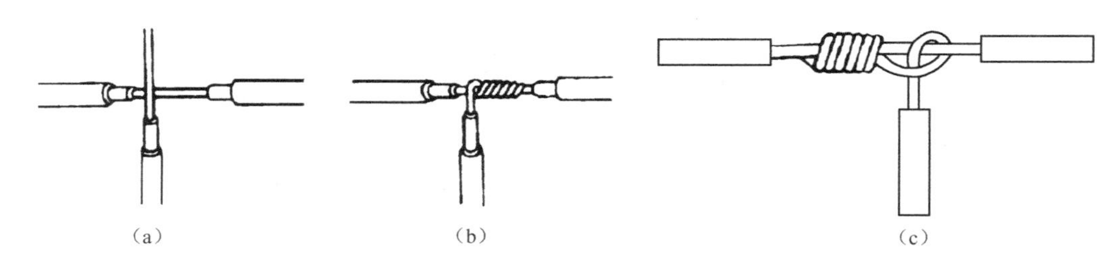

图 3-17　单股铜芯电线的 T 字形连接

（4）多股铜芯电线的直线连接

多股铜芯电线的直线连接步骤如下：

① 先将剥去绝缘层（绝缘层剥削 20~25cm）的线芯散开并拉直，再把靠近绝缘层 1/3 的线芯绞紧，然后把余下的 2/3 线芯按如图 3-18（a）所示分散成伞状并拉直。

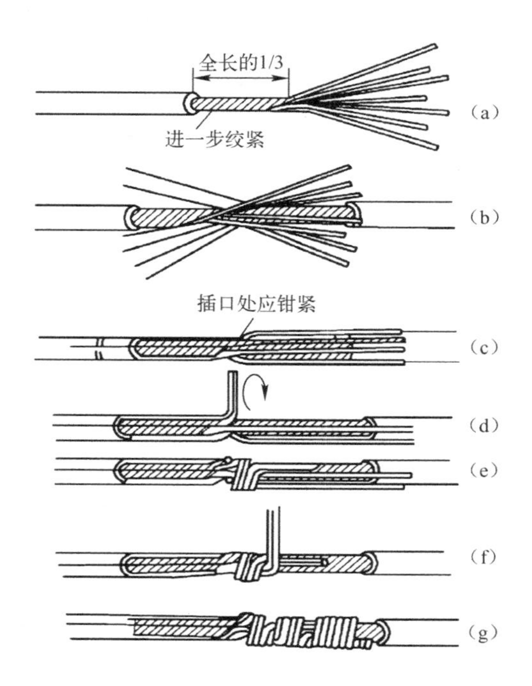

图 3-18　多股铜芯电线的直线连接

② 把两个伞状线芯隔根对插，必须相对插到底，如图3-18（b）所示。

③ 捏平插入后的两侧所有线芯，理直线芯并使线芯的间隔均匀，同时用钢丝钳钳紧插口处消除空隙，如图3-18（c）所示。先把一端的7股线芯按2、2、3根分成三组，接着把第一组2根线芯板起，按顺时针方向缠绕，如图3-18（d）所示。

④ 缠绕2圈后，将多余的线芯向右扳直，如图3-18（e）所示，再把第二组的2根线芯扳直，也按同一方向紧紧压着前2根线芯缠绕，如图3-18（f）所示。

⑤ 缠绕2圈后，将余下的线芯向右扳直，再把第三组的3根线芯扳直，按顺时针方向紧紧压着前4根扳直的线芯向右缠绕。缠绕3圈后，切去每组多余的线芯，钳平线端，如图3-18（g）所示。

⑥ 用同样的方法缠绕另一边。

（5）多股铜芯电线的T字形连接

多股铜芯电线的T字形连接步骤如下：

① 把支路线芯散开并拉直，把邻近绝缘层的1/8线芯绞紧，如图3-19（a）所示。把余下的7/8线芯分成两组，把一组放在干路线芯的前面，把另一组放在干路线芯的后面，如图3-19（b）所示。

② 把前面的一组线芯向干路右边按顺时针紧紧缠绕3~4圈，钳平线端，如图3-19（c）所示。

③ 再把后面的一组线芯向干路左边按逆时针方向缠绕3~4圈，并钳平线端，如图3-19（d）所示。

（6）单线芯与多线芯电线的T字分支连接

单线芯与多线芯电线的T字分支连接步骤如下：

① 在离多线芯电线左端绝缘层3~5mm处，用螺丝刀把多线芯分成较均匀的两组，如图3-20（a）所示。

② 把单线芯插入两组线芯中间，单线芯不可插到底，应使绝缘层切口离多线芯约为3mm，用钢丝钳把多线芯的插缝钳平并钳紧，如图3-20（b）所示。

③ 把单线芯按顺时针方向紧缠在多线芯上，缠绕10圈后，钳平切口毛刺，如图3-20（c）所示。

（7）不等径铜芯电线的对接

将细电线线芯在粗电线线芯上紧密缠绕5~6圈，弯折粗线芯端部，使其压在缠绕层上，再将细线芯缠绕3~4圈，剪去余端，钳平切口。不等径铜芯电线的对接如图3-21所示。

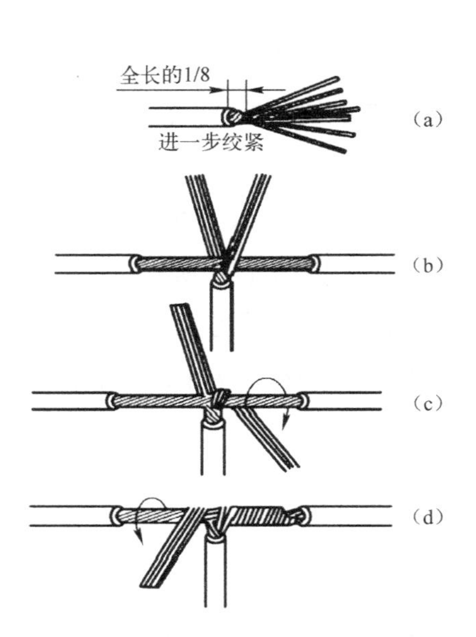

图 3-19　多股铜芯电线的T字形连接

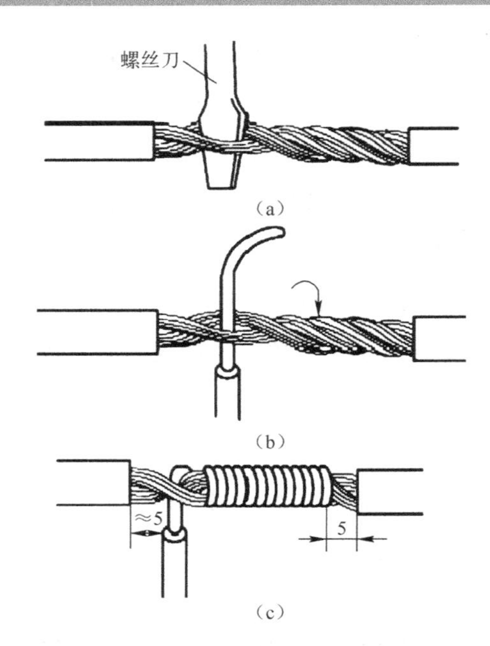

图 3-20　单线芯与多线芯电线的T字分支连接

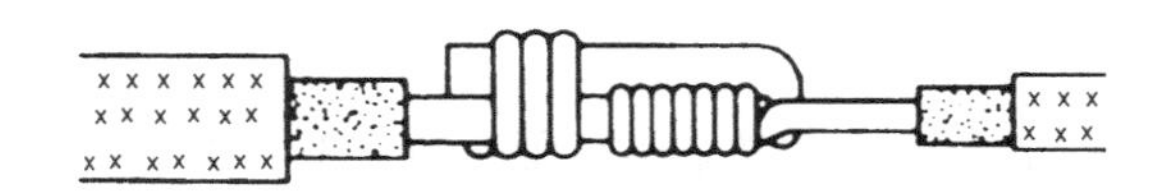

图 3-21　不等径铜芯电线的对接

(8) 多线芯软线和单线芯电线的连接

先将软线线芯拧紧变成类似单线芯电线，再在单线芯电线上缠绕7~8圈，最后将单线芯电线向后弯曲以防止脱落。多线芯软线和单线芯电线连接如图3-22所示。

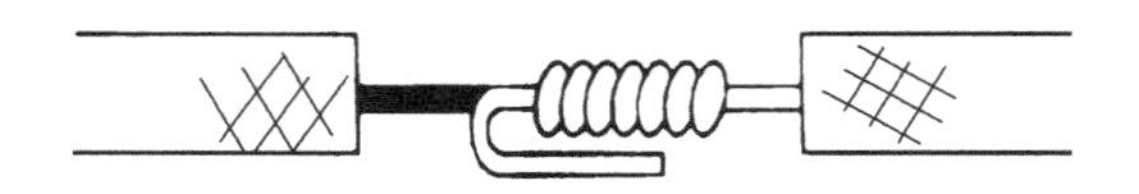

图 3-22　多线芯软线和单线芯电线连接

(9) 双线芯或多线芯电线的连接

在连接双线芯电线、三线芯电线或多线芯电线时，应尽可能将各线芯的连接点互相错开，可更好地防止线间漏电或短路。双线芯或多线芯电线的连接如图3-23所示。

(10) 电线并头连接

截面积为$4mm^2$及以下的电线并头连接可采取搪锡后包缠绝缘带、瓷接头连接和压

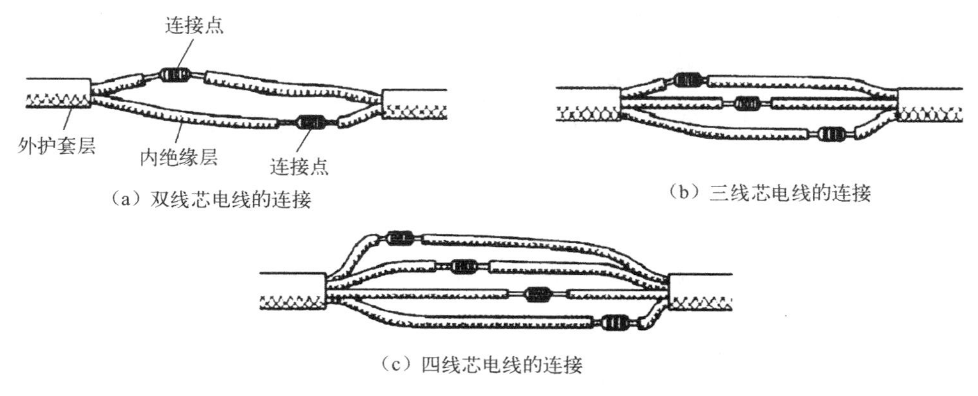

(a) 双线芯电线的连接

(b) 三线芯电线的连接

(c) 四线芯电线的连接

图 3-23 双线芯或多线芯电线的连接

接三种方法。工程实践证明，电线并头连接采用搪锡后包缠绝缘带的质量得不到保证。其原因是接头搪锡后，在包缠绝缘带前，接头部位的焊剂未能去除干净，产生的铜绿影响了接头的质量。包缠接头的绝缘带易老化（黏性与季节、出厂时间长短有关）也是影响接头质量的原因，工程中禁止用黑胶带直接包缠，若用黑胶带，则应先包缠无黏性的黄蜡带或塑料带，再包缠黑胶带。尽管如此，也容易出质量问题。

瓷接头仅局限于电源线与灯具电线之间的连接，对并联灯具电线不能用瓷接头并接，否则连接不可靠。采用压接方法并头连接电线时，接头耐压可达到2000V，接触电阻小于0.0029Ω，能经受160~200N的拉力，在工程中已得到广泛的采用。压接帽的规格见表3-5。

表 3-5 压接帽的规格

压接帽	内径（mm）	可压线规格
小号	3.0	$1mm^2×4$，$1mm^2×2+2.5mm^2×1$，$1.5mm^2×4$，$2.5mm^2×3$
中号	3.6	$1mm^2×6$，$1.5mm^2×3+1.5mm^2×2$，$1.5mm^2×4$，$2.5mm^2×3$
大号	5.4	$2.5mm^2×5$，$2.5mm^2×3+1.5mm^2×3$，$4mm^2×3$

使用压接帽时的注意事项：

① 必须使用经有关部门鉴定合格的压接帽。目前市场上有一些价廉的压接帽，未经有关部门鉴定，外壳不阻燃，且极易被压破，抗拉强度差，稍一用力，内管与外壳就分离，这类产品不能在工程中使用。

② 应用专用压接钳。使用哪一生产厂家的压接帽，就应当使用该厂配套的压接钳，严禁用钢丝钳压接。

③ 电线并头连接时，应按电线的规格和根数选用合适的压接帽：将电线逐根剥去

适当长度的绝缘层，线芯不必扭绞，直接插入压接帽，使线芯不外露。若线芯根数不足以塞满压接帽内孔，则可把线芯弯折180°后塞入，以达到塞满压接帽内孔的目的。

④ 压接时，压接帽必须放入相应的钳口内并压到底，压接后，应检查电线是否松动，如有电线未插到底而引起松动，则应予以纠正，以确保正常供电。

（11）电线连接质量通病分析及预防措施

① 电线连接的质量通病：剥削绝缘层时损伤线芯；焊接时，焊料不饱满，接头不牢固；采用多线芯电线连接设备时未用接线端子，压接头松动。

② 引起电线连接质量通病的原因：用刀刃切割电线绝缘层伤及线芯；电线焊接时，表面清理不彻底，焊接不饱满，表面无光泽；压接电线时，压得不紧，没加弹簧垫。

③ 预防电线连接质量通病的措施：剥削电线塑料绝缘层时应用专用剥线钳，剥切橡皮绝缘层时，刀刃禁止直角切割，要以斜角剥切；采用多线芯电线连接设备时，必须压接线鼻子，而且压接时必须加弹簧垫，所有电气用的连接螺栓、弹簧垫必须进行镀锌处理，不允许将多线芯自身缠圈压接。

4. 电线绝缘层的恢复

（1）单股铜芯电线接头的绝缘恢复方法

一字形连接电线接头的绝缘恢复方法按如图3-24所示：先包缠一层黄蜡带，再包缠一层黑胶带。将黄蜡带从接头左边绝缘完好的绝缘层上开始包缠，包缠两圈后，进入剥削绝缘层的线芯部分，如图3-24（a）所示。

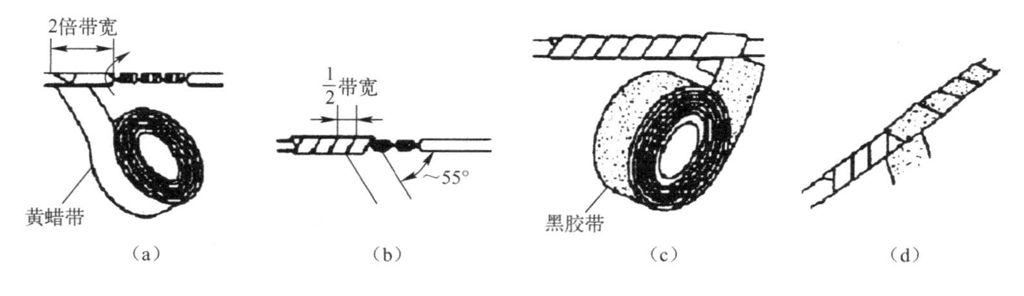

图3-24　一字形连接电线接头的绝缘恢复方法

包缠时，黄蜡带应与电线成55°左右倾斜角，每圈压叠带宽的1/2，如图3-24（b）所示，直至包缠到接头右边绝缘层完好处，再包缠两圈后，将黑胶带接在黄蜡带的尾端，按另一斜叠方向从右向左包缠，如图3-24（c）（d）所示，仍每圈压叠带宽的1/2，直至将黄蜡带完全包缠住。在包缠时应用力拉紧胶带，不可稀疏，更不能露出线芯，以确保绝缘质量和用电安全。对于220V线路，也可不用黄蜡带，只用黑胶带或塑料胶带包缠两层，在潮湿场所应使用聚氯乙烯绝缘胶带或涤纶绝缘胶带。

（2）多股铜芯电线接头的绝缘恢复方法

电线绝缘层被破坏或电线连接以后，必须恢复绝缘性能。恢复后，绝缘强度不应低于原有绝缘层。首先用橡胶绝缘胶带从电线接头处始端的完好绝缘层开始，包缠1~2个绝缘胶带带宽，再以半幅带宽重叠进行包缠，在包缠过程中应尽可能收紧绝缘胶带（一般将橡胶绝缘胶带拉长2倍后再包缠），而后在绝缘层上包缠1~2圈后再回缠，最后用黑胶带包缠，包缠时要搭接好，以半幅带宽边压边进行包缠。绝缘胶带的包缠方法如图3-25所示。

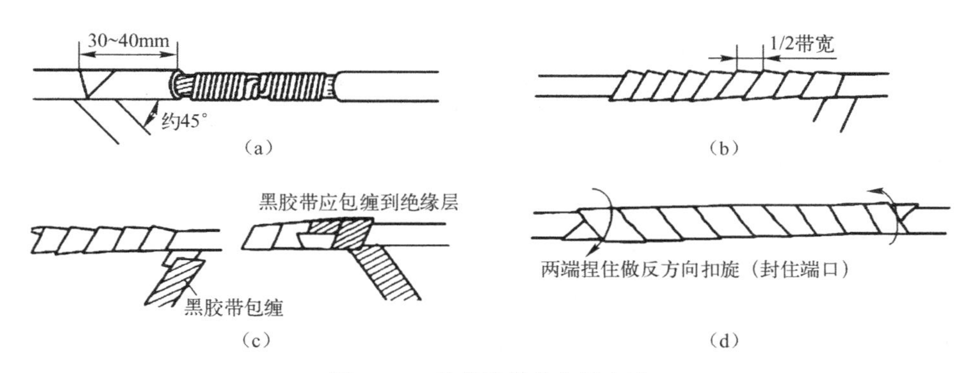

图3-25　绝缘胶带的包缠方法

（3）电线丁字分支接头的绝缘恢复方法

电线丁字分支接头的绝缘恢复方法如图3-26所示，包缠时，应使每根电线上都包缠两层绝缘胶带，每根电线都应包缠到完好绝缘层2倍带宽处。

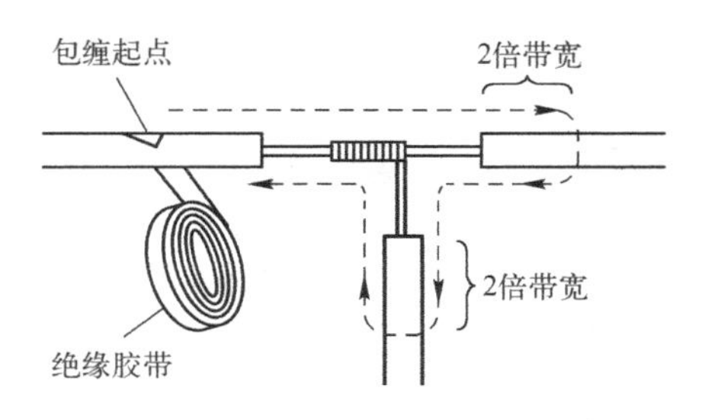

图3-26　电线丁字分支接头的绝缘恢复方法

恢复电线绝缘应注意的事项如下：

① 在380V线路上恢复电线绝缘时，必须先包缠1层或2层黄蜡带，再包缠1层黑胶带。

② 在220V线路上恢复电线绝缘时，应先包缠1层黄蜡带，再包缠1层黑胶带，或

者只包缠2层黑胶带。

③ 包缠绝缘胶带时，各层之间应紧密相接，不能稀疏，更不能露出线芯。

④ 存放绝缘胶带时，不可放在温度很高的地方，也不可被油类物质浸蚀。

5. 线路绝缘检测

电线接、焊、包全部完成后，要进行自检和互检，检查电线焊、接、包是否符合设计要求及有关施工规范和质量验评标准的规定。电线连接完毕后，应用摇表摇测线路绝缘，照明回路采用500V摇表，绝缘电阻值不小于0.5MΩ。

线路摇测应在管路穿线后在电器未安装前进行，摇测前，将底盒内的电线分开，分别摇测照明（插座）支线、干线的绝缘电阻。一人摇测，一人及时读数，摇表的摇动速度应保持在120r/min左右，读数应为1min后的读数，并应做好记录。

3.2.2 智能家居强电端接操作技能

1. 单股线芯与针孔接线端子连接

单股线芯与针孔接线端子连接时，最好按要求的长度将线头折成双股并排插入针孔，使压接螺丝在双股线芯的中间顶紧。如果线头较粗，双股线芯插不进针孔，则可将单股线芯直接插入。在将线芯插入针孔前，应朝着针孔上方稍微弯曲，以免压紧螺丝稍有松动线头就脱出，如图3-27所示。

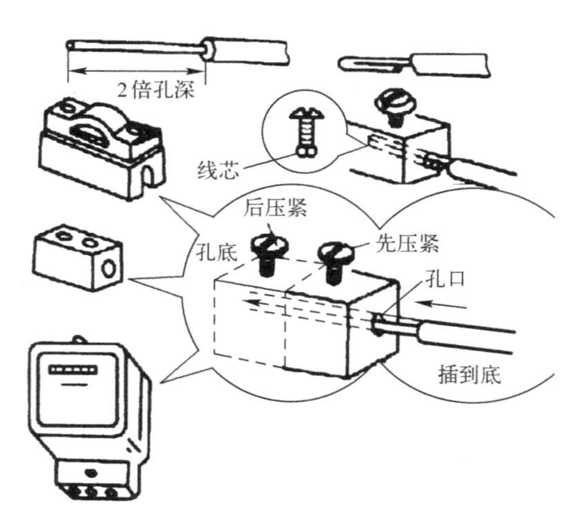

图3-27　单股线芯与针孔接线端子连接

2. 单股线芯与平压式接线端子连接

单股线芯与平压式接线端子连接时，先将线头弯成压接圈（俗称羊眼圈），再用螺丝压紧。羊眼圈弯制方法如图 3-28 所示，弯制步骤如下：

① 离绝缘层根部约 3mm 处向外侧折角。

② 按略大于螺丝直径弯曲圆弧。

③ 剪去线芯余端。

④ 修正圆圈成圆形。

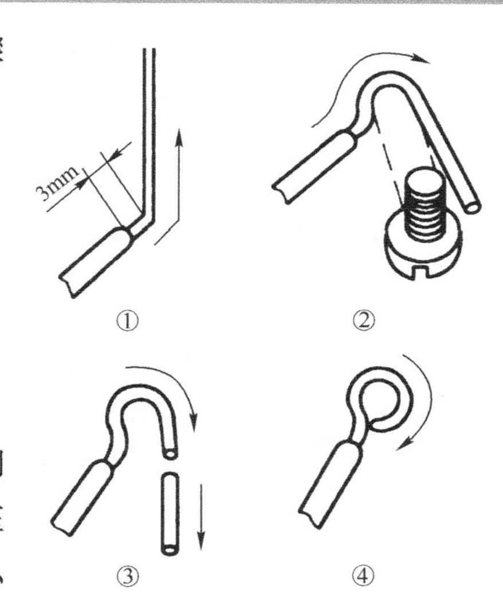

图 3-28 羊眼圈弯制方法

3. 多股线芯与针孔接线端子连接

在多股线芯与针孔接线端子连接时，应先用钢丝钳将多股线芯进一步绞紧，以保证压接螺丝顶压时不致松散。如果针孔过大，则可选一根直径大小相宜的电线作为绑扎线，在已绞紧的线头上紧紧地缠绕一层，使线头大小与针孔匹配后再进行压接。如果线头过大，插不进针孔，则可将线头散开，适量剪去中间几股后，将线头绞紧再压接。多股线芯端头的处理方法如图 3-29 所示。

图 3-29 多股线芯端头的处理方法

4. 多股线芯与平压式接线端子连接

多股线芯与平压式接线端子连接压接圈的制作方法如下：

① 先弯制压接圈，把离绝缘层根部约 1/2 处的线芯重新绞紧，越紧越好，如图 3-30（a）所示。

② 将绞紧部分的线芯在离绝缘层根部 1/3 处向左外折角，然后弯曲圆弧，如图 3-30（b）所示。

③ 当圆弧弯曲成圆圈（剩下 1/4）时，应将余下的线芯向右外折角，然后使其成圆形，捏平余下的线芯，使两端线芯平行，如图 3-30（c）所示。

④ 把散开的线芯按分成三组，将第一组线芯扳起，垂直于线芯（要留出垫圈边宽），如图 3-30（d）所示。

⑤ 将3组线芯按直线对接的自缠法缠绕，如图3-30（e）所示。

⑥ 完成后如图3-30（f）所示。

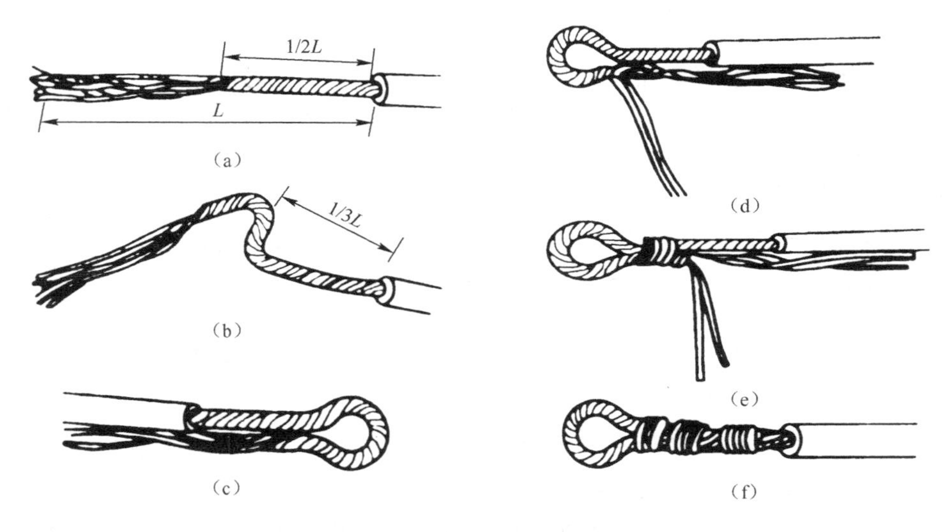

图3-30　多股线芯与平压式接线端子连接压接圈的制作方法

5. 软线线头与针孔接线端子连接

① 把多股线芯绞紧，多股线芯的端头不应有断股的线芯露出端头而成为毛刺，如图3-31（①）所示。

② 按孔深折弯线芯，使之成为双根并列状，如图3-31（②）所示。

③ 在线芯根部把余下的线芯按顺时针方向缠绕在双根并列的线芯上，排列应紧密整齐，如图3-31（③）所示。

④ 缠绕至线芯端头后剪去余端，钳平，不留毛刺，插入接线桩针孔内，拧紧螺丝，如图3-31（④）所示。

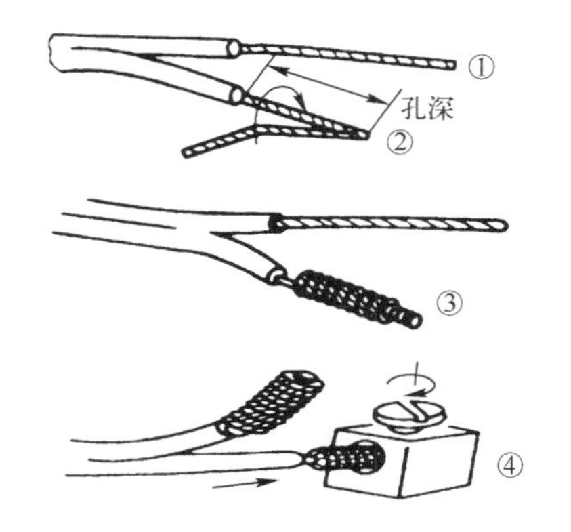

图3-31　软线线头与针孔接线端子连接

6. 电线与接线桩不规范的压接

图 3-32 为 8 种不规范压接。图 3-32（a）的压接圈不完整，接触面积太小；图 3-32（b）的线头根部太长，易与相邻电线碰触造成短路；图 3-32（c）的电线余头太长，压不紧，容易造成接触面积过小；图 3-32（d）的压接圈径太小，装不进去螺丝；图 3-32（e）的压接圈不圆，压不紧，容易造成接触不良；图 3-32（f）的余头太长，容易发生短路或触电事故；图 3-32（g）只有半个圆圈，压不住；图 3-32（h）的软线线芯未拧紧，有毛刺，容易造成短路。

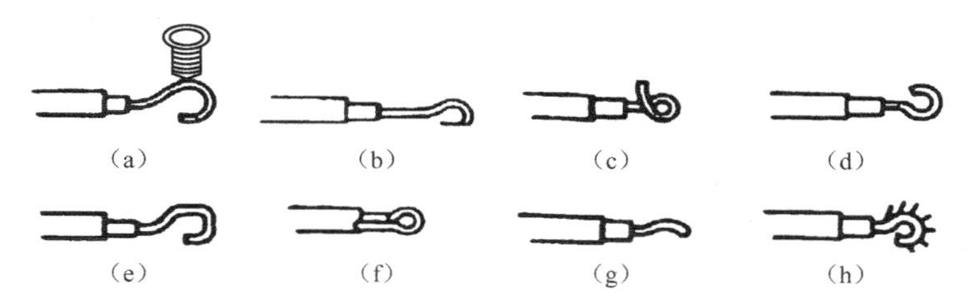

图 3-32　8 种不规范压接

7. 端接要求及检查

电线与设备的连接应符合下列规定：

① 截面积为 10mm² 及以下的单股铜芯电线和单股铝/铝合金芯电线可直接与设备的端子连接。

② 截面积在 2.5mm² 及以下的多股铜芯电线应采用接续端子或将端头拧紧，搪锡后，再与设备的端子连接。

③ 截面积大于 2.5mm² 的多股铜芯电线，除设备自带插接式端子外，应在接续端子后与设备的端子连接；多股铜芯电线与插接式端子连接前，端部应拧紧、搪锡。

④ 多股铝芯电线应采用接续端子后与设备的端子连接，多股铝芯电线在连接接续端子前，应去除氧化层并涂抗氧化剂，连接完成后，应清洁干净。

⑤ 每个设备端子的接线应不多于 2 根电线。

3.3　智能家居配电箱的安装及接线

3.3.1　智能家居配电箱的安装

1. 配电箱的配置方法

配电箱是分配电能及安装断路器、漏电保护器、计量仪表的箱子。配电箱的材质一般是金属的。前面板有塑料的也有金属的。面板上还有一个小掀盖便于打开。这个小掀盖有透明的和不透明的。配电箱的规格要根据里面的分路而定，小的有四五路，多的有十几路，应根据用电负荷的路数、容量、是否需要计量及对保护的要求等进行选配。一般配电箱内应预留一定的空位，以便日后增加电路。

一般家用总开关用2P40A、63A带漏电或不带漏电保护的断路器，各分路的工作电流为：1.5P左右壁挂空调用20A；3~5P空调柜机需要25~32A；10P左右的中央空调需要独立的40A左右；厨房、卫生间需要25A左右；插座为16~20A；照明10A就可以。总开关可以大一个等级，因为夏天用电高峰期电压会很低，分路不能大，大了起不了保护作用。

方法1：总开关用2P不带漏电保护的断路器，一般插座、厨房、卫生间的独立回路一定要带漏电保护的断路器，因为厨房、卫生间相对潮湿，电源插座是常用的，还是儿童容易接触到的地方，相对容易发生漏电危险；照明、空调不需要带漏电的，用DPN双进双出的断路器就可以。这样配置的好处：万一哪一路有问题，就跳哪一路，不会影响其他。

方法2：总开关用2P带漏电保护的断路器，分路就用DPN（相线+零线）不需要带漏电保护的断路器；缺点就是万一一路有问题，可能是总开关跳闸（因为断路器的灵敏度没有带漏电保护的高），整个房间都没电。

2. 配电箱验收

① 铁制配电箱的箱体应有一定的机械强度，周边平整无损伤，油漆无脱落，二层底板厚度不小于1.5mm，不得采用阻燃型的塑料板作为二层底板。配电箱内各种开关、电度表、漏电保护器应安装牢固，导线排列整齐，压接牢固，应为两部定点厂产品，并有产品合格证。

塑料配电箱的箱体应有一定的机械强度，周边平整无损伤，阻燃塑料二层底板的厚度不应小于8mm，并有产品合格证。

② 配电箱二层底板后的布线不要挤压太紧，不得将电线压在二层底板的边缘，接地应符合要求。配电箱内导线的颜色为黄（L1相）、绿（L2相）、红（L3相）、淡蓝（零线）、黄绿相间双色线（保护地线）。导线接头平齐，不得绞接。配电箱内的电线应绝缘良好，排列整齐，固定牢固，严禁露出线芯。

③ 配置的漏电保护器应符合装接容量，测试灵敏、可靠，断路时应同时断开相线、中性线，在配电箱内应分别设置零线和保护地线汇线排，零线和保护地线应在汇流排连接，不得绞接，应有编号。

④ 目前家居配电箱的电度表已与配电箱分体安装。电度表由供电部门统一安装，统一管理。室内配电箱内的漏电开关、自动开关应排列整齐，并标明照明、空调、插座等用电回路的名称，如图 3-33 所示。配电箱内各回路的接线应整齐、成束，不得裸露，一个端子上压接的导线不应多于 2 根，防松垫圈等部件要齐全。

图 3-33　室内配电箱

⑤ 配电箱内开关的动作应灵活可靠，漏电断路器的漏电动作电流不应大于 30mA，动作时间不大于 0.1s，有超负荷保护功能。

⑥ 配电箱的箱体及二层底板均应与保护接地的汇流排连接，接地螺栓的规格、保护地线的截面积应按规定选择。保护地线应与接地螺栓可靠连接，不允许与箱体、二层底板串接。

配电箱中的零线和保护地线端子排的设置有以下两种方式：

① 在 GB50259—2008 中规定：配电箱内应分别设置零线和保护地线汇流排，各支路零线和保护地线应在汇流排上连接，不得绞接，并应有编号。

② 质监总站 037 号中规定：民用家居照明总配电箱、盘、板内应设置零线和保护地线端子排，各照明支路零线及保护地线均应经端子排配出。层箱及户箱、盘不宜设保护地线端子排，各用电器具保护地线支线与保护地线干线应采用直接连接的方式，并包好绝缘胶带放在二层底板后。

3. 配电箱安装前的检查

① 在安装配电箱前应核对图纸，确定型号是否符合设计要求，核对配电箱内部电气部件、规格、名称是否齐全完好，检查外观有无锈蚀及损坏等，确定无误后方可进行安装。

② 应对配电箱内每个回路进行绝缘测试，并记录数值。进线电源线应根据相线、

零线、地线严格分色敷设，出线回路应按图纸的标注套上相应的异型三角塑料套管，标明回路编号。

③ 对箱体、管线和预埋质量进行检查，确定符合设计要求后再进行安装。暗装配电箱的安装高度一般为箱底边距地面不宜小于1.5m，导线引入配电箱均应套绝缘管。

照明配电箱的保护地线要连接可靠，线径符合要求，要从端子排引出，不能利用箱体构架串接。照明配电箱内的可拆卸二层底板要与保护地线汇流排可靠连接。如果照明配电箱内的可拆卸二层底板上装配有各种电器配件且不与保护地线可靠连接，则容易引发触电事故。

4. 施工准备

在安装家居配电箱前必须做好如下准备工作：

① 工具。电器仪表、铅笔、卷尺、水平尺、方尺、线坠、手锤、錾子、剥线钳、尖嘴钳、压接钳、电钻、液压开孔器、锡锅、锡勺等。

② 材料。熔丝（或熔片）、端子板、绝缘嘴、卡片框、软塑料管、木砖射钉、塑料带、黑胶带、防锈漆、灰油漆、焊锡、焊剂、电焊条（或电石、氧气）、水泥、砂子。

5. 配电箱的安装

家居配电箱的安装程序：配电箱箱体预埋→电线管与箱体连接→安装盘面→装盖板。配电箱应安装在安全、干燥、易操作的场所，如设计无特殊要求，则暗装配电箱底边距地面高度应为1.5m。安装配电箱盘面时，抹灰、喷浆及油漆工程应全部完成。配电箱箱体安装示意图如图3-34所示。

图3-34　配电箱箱体安装示意图

箱体与墙面距离为1cm（墙面抹灰层为1cm），盖板四周边缘应紧贴，墙内电线管与箱体连接应做到一管一孔，顺直入箱，露出长度小于5mm，管孔吻合，不用的敲落孔不应敲落。配电箱的进线口和出线口宜设在配电箱上端口和下端口，接口牢固，如图 3-35 所示。

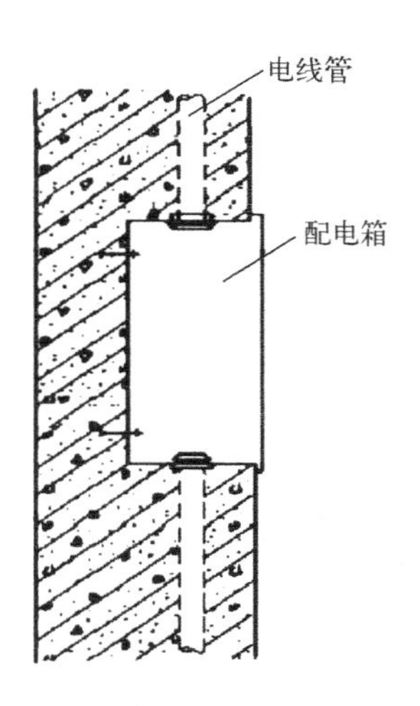

图 3-35　配电箱与电线管连接示意图

3.3.2　智能家居配电箱接线

1. 配电箱内设备的连接

在连接配电箱内的设备之前，应对箱体的预埋质量、线管的配置情况进行检查，确认符合设计要求及施工规范后，先清除箱内杂物，再进行连接。整理好电线管内的电源线和负荷电线，引入、引出线应有适当余量，以便以后检修。多回路之间的电线不应有交叉现象。电线应一线一孔穿过二层底板，并一一对应开关、电度表及漏电保护器的端子，二层底板上接线应整齐美观，同一端子上的电线应不超过 2 根，线芯压头应牢固。工作零线经过汇流排或零线端子板连接后，其分支回路排列位置应与开关或熔断位置对应，零母线在配电箱内不得串联，将引入、引出配电箱的电线理顺，分清支路和相序，绑扎成束，剥削电线端头，逐个压在对应的端子上。

按配电箱的接线图正确接线，要求电线长短适度，不能出现压皮、露线芯等现象。电线要尽量避免交叉，必须交叉时应在交叉点架空跨越，两电线间距不小于 2mm。

接线完成后，应清扫箱内杂物，绘出配电箱的单线系统图，贴在箱门的背后，或在二层底板上标出回路标志。配电箱内的接地应牢固可靠。配电箱安装完毕后进行送电调试，验收无误后方可使用。

2. 单相电度表的接线

单相电度表既可以单表安装在配电箱内或多表安装在专用电度表箱内，也可以与断路器、漏电保护器等一起安装在配电箱内。家居一般使用单相有功电度表。单相有功电度表的接线端子按进/出线有两种排列形式：一种是1、3接进线，2、4接出线；另一种是1、2接进线，3、4接出线。国产单相有功电度表统一规定采用前一种排列形式，如图3-36示。电度表接线完毕后，在接电前，应由供电部门将接线盒盖加铅封，用户不可擅自打开。单相有功电度表与电流互感器配合的接线如图3-37所示。

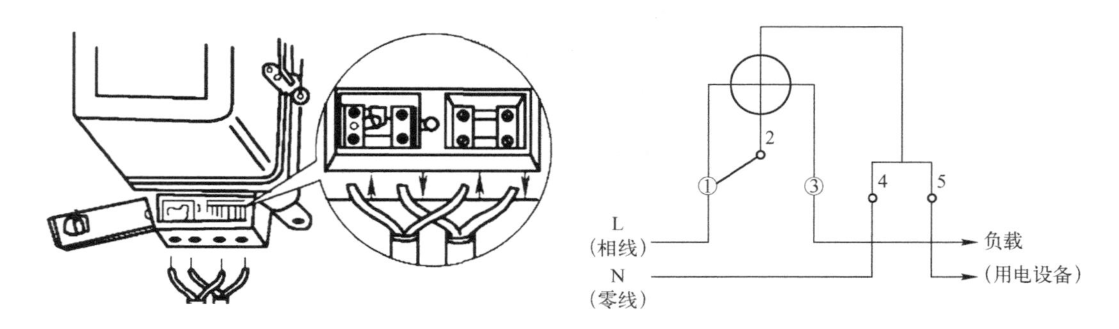

图3-36　单相有功电度表接线

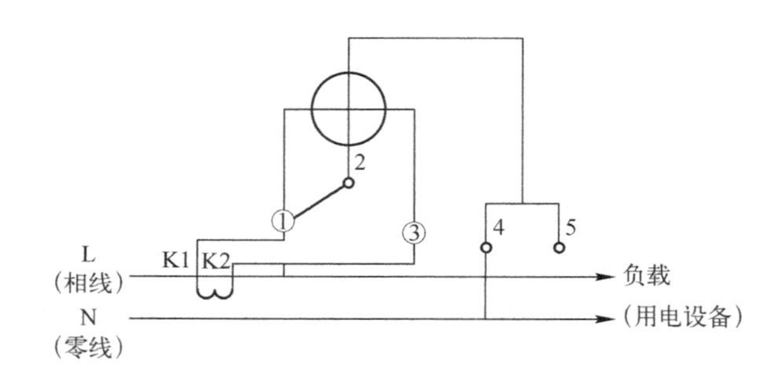

图3-37　单相有功电度表与电流互感器配合的接线

电流互感器与单相有功电度表配用时，有以下几点要求：

① 电流互感器二次侧标有“K1”或“+”的接线端子要与单相有功电度表电流线圈的进线端子连接，标有“K2”或“−”的接线端子要与单相有功电度表电流线圈的出线端子连接，不可接反，连接必须牢固可靠。

② 电流互感器的一次侧接线端子分别标有“L1”(或“+”)和“L2”(或“−”)。其中，L1接主回路的进线，L2接出线，不可接反。

③ 电流互感器二次侧的“K2”(或“−”)接线端子、外壳和铁芯都必须进行妥善而可靠的接地。

④ 电流互感器宜装在单相有功电度表的上方。

3. 标准质量

配电箱的接地保护措施和其他安全要求必须符合施工验收规范的规定。

质量检查的基本项目包括：

① 配电箱的安装位置要正确，部件齐全，箱体开孔合适，切口整齐；暗式配电箱箱盖紧贴墙面；中性线经汇流排连接，无绞接现象；回路编号齐全，保护地线不串接，牢固；电线截面积、颜色符合规范规定。

② 电线与部件之间的连接要牢固紧密，不伤线芯，压板连接时要压紧无松动；螺栓连接时，在同一端子上的电线不超过2根，防松垫圈等配件齐全。

③ 电气设备和非带电金属部件的保护接地支线连接要紧密、牢固，截面积选用正确，防腐部分涂漆均匀无遗漏，走向合理，色标准确，涂刷后不污染设备和建筑物。

4. 成品保护

配电箱安装后，应采取成品保护措施，避免碰坏、弄脏部件，安装盖板时应注意保持墙面整洁。土建二次喷浆时，注意不要污染配电箱。

3.4 智能家居灯具施工准备及安装流程

1. 施工准备

(1) 灯具准备

在安装灯具前，应与业主一起检查验收灯具，查看配件是否齐全，灯具玻璃是否破碎，和业主一起确认各个灯具的具体安装位置，并注明在包装盒上。灯具的型号、规格必须符合设计要求和国家标准规定，灯内配线严禁外露，灯具配件齐全，无机械损伤、变形、油漆剥落及灯罩破裂、灯箱歪翘等现象。所有的灯具应有产品合格证和产品说明书。

① 灯具吊钩。花灯吊钩的圆钢直径不小于吊挂销钉的直径，且不得小于6mm。

② 灯具吊管。采用钢管做灯具的吊管时，钢管内径一般不小于10mm，管壁厚度不应小于1.5mm。

③ 灯具瓷接头应完好无损，所有配件齐全。

④ 灯具支架必须是根据灯具的重量选用相应规格的镀锌材料制成的。

⑤ 灯具卡具（爪子）不得有裂纹和缺损现象。

（2）其他材料及工具的准备

① 应准备的其他材料有胀管、木螺丝、螺栓、螺母、垫圈、弹簧、吊链、线卡子、灯罩、尼龙丝网、焊锡、焊剂（松香、酒精）、橡胶绝缘胶带、黏塑料带、黑胶带、防水胶带、砂布、抹布、石棉布等。

② 应准备的工具有铅笔、卷尺、小线、线坠、水平尺、手套、安全带、扎锥、手锤、錾子、钢锯、锯条、压力案子、扁锉、圆锉、剥线钳、扁口钳、尖嘴钳、丝锥、一字改锥、十字改锥、活扳子、套丝板、电炉、电烙铁、锡锅、锡勺、台钳、台钻、电钻、冲击钻、射钉枪、验电笔、兆欧表、万用表、工具袋、工具箱、高凳等。

（3）作业条件

在安装灯具前应做好预埋工作，混凝土板应按图纸预埋螺栓，吊顶内应预装吊杆。木台、木板已油漆完，顶棚、墙面的抹灰工作、室内装饰及地面清理工作均已结束。

2. 灯具安装流程及要求

（1）安装流程

定位→打孔或开孔→接线→固定→安装灯具。

（2）安装要求

① 定位。根据图纸确定灯具的准确安装位置，并用铅笔在灯具安装位置的中心点做记号。

② 打孔或开孔。直接装在顶棚和墙面上的灯具，应根据定位确定打孔的具体点，在用铅笔做好记号后，用冲击钻打孔，将胶塞或膨胀螺丝敲进，用螺钉或膨胀钉将灯具的固定件紧固在顶棚或墙面上，嵌入式灯具固定在专设的框架上。

③ 接线。根据控制方式，接好电线。

（3）安装灯具的一般要求

① 灯具安装必须牢固，电线接头必须牢固、平整。有玻璃的灯具，在固定玻璃时，接触玻璃处须用橡皮垫垫好，螺丝不能拧得过紧。

② 开启式日光灯组合灯具，其灯管排列应整齐，金属或塑料的间距片不应有扭曲及缺陷。

③ 吊链式灯具的电线不应受拉力，长度必须超过吊链的长度，且应与吊链美观地编结在一起。

④ 在同一室内或场所成排安装灯具时，在安装前应先定位再安装，其中心偏差应≤0. 5cm。

⑤ 当灯具质量大于2kg时，应采用膨胀螺栓固定

⑥ 嵌入式灯具的安装须应符合下列要求：

a. 灯具应固定在专设的框架上，电线应长出吊顶15cm，以方便维修和拆卸。

b. 灯具的边框应紧贴顶棚且完全遮盖安装孔，不得有露光现象。圆形嵌入式灯具开孔宜用锯齿形开孔器开孔。

c. 矩形灯具的边框宜与顶棚的装饰直线平线，偏差应≤2mm。

⑦ 室内安装的壁灯、床头灯、台灯、落地灯、镜前灯等灯具的安装高度低于2.4m时，灯具的金属外壳均应可靠接地，以保证使用安全。灯具若采用带开关的灯头，则为保证使用安全，开关的手柄不应有裸露的金属部分。

⑧ 卫生间及厨房安装矮脚灯具时，宜采用瓷螺口矮脚灯具，相线（开关线）应接在中心触点端子上，零线应接在螺纹端子上。

⑨ 在吊顶的顶棚上安装灯具时，应按灯具安装说明的要求进行安装。灯具质量大于3kg时，应采用预埋吊钩或从屋顶用膨胀螺栓直接固定吊架安装（不能用吊顶的龙骨支架安装灯具）。从灯具引出的电线应用软管保护，防止电线裸露在吊顶的顶棚内。

⑩ 灯具安装方式应正确，并应牢固，吊灯、中小型吸顶灯应采用膨胀管固定，应在油工施工前开出安装灯具的开孔。

3. 灯具安装

（1）普通灯具的塑料（木）台安装

① 塑料（木）台安装。将接灯具的电源线从塑料（木）台的出线孔中穿出，将塑料（木）台紧贴建筑物表面，塑料（木）台的安装孔对准预埋灯具底盒的螺孔，用木螺丝将塑料（木）台固定牢固。

② 带底盒灯具的安装及接线。把从塑料（木）台出线孔中穿出的灯具电源线留出适当维修长度，削出线芯后，推入灯具底盒内，用灯具自带的软线在灯具电源线的线芯上缠绕5~7圈后，将灯具电源线的线芯折回压紧，用黏塑料带和黑胶带分层包缠紧密，将包缠好的接头调顺，扣在灯具底盒内，将灯具底盒与塑料（木）台的中心找正，用长度小于20mm的木螺丝（不少于2个）将灯具底盒固定在塑料（木）台上。

③ 吊灯的安装及接线。根据吊灯的安装高度及数量，把吊线全部预先留好，应保证在吊线全部放下后，吊灯底部距地面高度在800~1100mm之间，将吊线两端的绝缘层剥去，将线芯拧紧并挂锡，将吊盒盖和灯口盖分别套入吊线两端，系好保险扣后，

将吊线两端压在吊盒和灯口螺柱上。

把从塑料（木）台出线孔中穿出的灯具电源线通过吊盒座的进线孔穿入吊盒座内，将吊盒座与塑料（木）台的中心找正，用长度小于20mm的木螺丝（不少于2个）将吊盒座固定在塑料（木）台上，把进入吊盒座的电源线削出线芯，压接在吊盒座的接线端子上，拧上吊盒盖。

（2）顶棚或墙面上灯具的安装

① 根据定位确定打孔的具体位置，并用铅笔做好记号后，用冲击钻打孔，将胶塞敲进或将膨胀螺丝固定，并将固定灯架的固定件稳固安装。

② 将灯具电源线引入灯具底盒内，留出适当的维修长度，削出线芯，用灯具自带的软线在灯具电源线的线芯上缠绕5~7圈后，将灯具电源线的线芯折回压紧，用黏塑料带和黑胶带分层包缠紧密，将包缠好的接头调顺，固定在灯具底盒内。

③ 调整灯具固定件，使灯具平整并与顶棚或墙面紧贴后，配好灯泡或灯管、灯罩。

（3）壁灯的安装

先根据灯具的外形选择合适的木台（板），把灯具摆放在上面，四周留出的余量要对称，用电钻在木台（板）上开好出线孔和安装孔，在灯具的底板上也开好安装孔，将灯具的灯头线从木台（板）的出线孔中穿出，在墙壁上的灯头盒内接头，并包缠严密，将接头塞入灯头盒内。

将木台（板）对正预埋底盒，贴紧墙面。如为木台，则可用木螺丝将木台直接固定在预埋底盒的耳朵上，如为木板，则应用胀管固定。调整木台（板）或灯具底托使其平正不歪斜，再用螺丝将灯具底托固定在木台（板）上，最后配好灯泡、灯管或灯罩。

（4）吸顶灯的安装

吸顶灯是直接安装在顶棚上的，适合整体照明，通常用于客厅和卧室。

吸顶灯在安装和使用时应注意以下几点：

① 在砖石结构中安装吸顶灯时，应采用预埋螺栓或膨胀螺栓、尼龙塞或塑料塞固定，不可使用木楔，并且固定件的承载能力应与吸顶灯的质量相匹配，确保吸顶灯固定牢固、可靠。

② 当采用膨胀螺栓固定时，应按产品的技术要求选择螺栓规格，钻孔直径和埋设深度要与螺栓规格相符。固定灯座螺栓的数量不应少于灯具底座上的固定孔数，且螺栓直径应与孔径相配。底座上无固定安装孔的灯具（安装时自行打孔），每个灯具用于固定的螺栓或螺钉不应少于2个，且灯具的重心要与螺栓或螺钉的重心相吻合。

③ 吸顶灯不可直接安装在可燃物件上，有的家居为了美观，在油漆后的三夹板衬上安装吸顶灯，灯具表面高温部位靠近可燃物时存在不安全因素，对此必须采取隔热或散热措施。

④ 安装吸顶灯前，应检查引向每个灯具电线线芯的截面积，铜芯软线应不小于0.4mm^2，否则必须更换；还应检查电线与灯头的连接、灯头间并联电线的连接是否牢固、电气接触是否良好，避免电线与接线端之间因接触不良产生火花而发生危险。

⑤ 如果吸顶灯中使用的是螺口灯头，则其相线应接在中心触点端子上，零线应接在螺纹端子上，同时灯头的绝缘外壳不应有破损和漏电，以防更换灯泡时触电。

⑥ 装有白炽灯泡的吸顶灯，灯泡不应紧贴灯罩，灯泡的功率应按产品技术要求选择，不可太大，以避免灯泡温度过高、玻璃罩破裂后溅落伤人。

⑦ 与吸顶灯电源进线连接的两个线头，电气接触应良好，并分别用黑胶带包缠好，保持一定的距离，尽量不要将两个线头放在同一块金属片下，以免短路发生危险。

（5）日光灯的安装

① 吸顶日光灯的安装。根据设计图确定日光灯的安装位置，将日光灯贴紧建筑物表面，日光灯的灯箱应能完全遮盖灯头盒，对着灯头盒的位置打好进线孔，将电源线穿入灯箱，在进线孔处应套上塑料管以保护电线。找好灯头盒螺孔的位置，在灯箱的底板上用电钻打好孔，用木螺丝拧牢固，在灯箱的另一端应使用胀管螺栓加以固定。如果日光灯是安装在吊顶上的，则应该用自攻螺丝将灯箱固定在龙骨上。灯箱固定好后，将电源线压入灯箱内的端子板（瓷接头）上，把灯具的反光板固定在灯箱上，并将灯箱调整顺直，最后把日光灯灯管装好。

② 吊链日光灯的安装。根据安装高度，将全部吊链编好，把吊链挂在灯箱挂钩上，在建筑物顶棚上安装好塑料（木）台，将电线依顺序编叉在吊链内，并引入灯箱，在灯箱的进线孔处应套上软塑料管以保护电线，将电线的一端压入灯箱内的端子板（瓷接头）内，另一端与灯头盒中穿出的电源线连接，并用黏塑料带和黑胶带分层包缠紧密。理顺接头扣于法兰盘内，法兰盘（吊盒）的中心应与塑料（木）台的中心对正，用木螺丝固定。将灯具的反光板用螺丝固定在灯箱上，调整好灯脚，最后将灯管装好。

吊链式日光灯安装的常见缺陷：灯具不整齐，高度不一致；吊链上下档距不一致，出现梯形；灯具漆皮被划伤；等等。

预防上述缺陷的方法：

a. 配线定位时，先弹十字中心线，必要时，可加装灯位调节板。

b. 吊链式日光灯安装完毕，拉一水平线测定中心位置，使灯具成行，高低一致。

c. 遇见吊链式日光灯档距不一致的状况，应改变灯架吊环间距，使吊链上下一致。

d. 灯具外包装不宜过早拆除，以免在储运、安装过程中划伤灯具漆皮。

（6）各形花灯的安装

① 组合式吸顶花灯的安装。根据预埋的螺栓和灯头盒的位置，在灯具的托板上用电钻开好安装孔和出线孔，安装时将托板托起，将电源线与从灯具穿出的电线连接，并用黏塑料带和黑胶带分层包缠紧密，把电线塞入灯头盒内后，把托板的安装孔对准预埋螺栓，使托板四周和顶棚贴紧，用螺母拧紧，调整好各个灯口，悬挂好灯具的各种装饰物，装好灯管或灯泡。

② 吊式花灯的安装。将灯具托起，把预埋好的吊杆插入灯具内，把吊挂销钉插入后将尾部掰开成燕尾状并压平，将电源线与从灯具穿出的电线连接，并用黏塑料带和黑胶带分层包缠紧密，理顺后，向上推起灯具上部的扣碗，将扣碗紧贴顶棚，拧紧固定螺丝，调整好各个灯口，安装灯泡后再配上灯罩。

安装花灯常见的缺陷：灯具金属花架带电；安装不牢固，甚至脱落；灯位不准或不对称；法兰盖不住孔洞而影响美观；在木结构吊顶下安装会因防火处理不当，有烧焦木顶板现象；等等。

产生缺陷的原因：

a. 高级花饰灯具功率大，灯泡温度高，在使用过程中会因电线被烤而过早老化，致使绝缘损坏，导致金属构件长期带电。

b. 预埋吊钩过小或没有足够的安全系数，造成灯具脱落，如在木结构吊顶上安装的吸顶花灯未留气孔，开灯时间过长后，灯泡产生的温度越积越高，使木结构碳化，当达到一定温度后，易起火燃烧。

c. 在确定安装位置时，没有参阅土建工程建筑装饰图，出现安装位置不准或不对称，在装饰施工时，安装位置开孔过大等。

预防并处理安装缺陷的措施：

a. 花饰灯具的金属构件应与保护地线可靠连接，吊钩加工成形后要进行镀锌处理，并能悬挂灯具自重6倍的重物，吊钩安装要做到绝对安全可靠。

b. 加强图纸会审，施工中各专业应密切配合，凡在木结构上安装吸顶花灯，均应做到隔热防火处理。

c. 在以装饰为主的施工中，应根据装饰图核准灯具尺寸和分格中心，定出安装位置，安装吊钩。

d. 在顶板安装灯群及吊式花灯时，应先标出安装位置中心线，在吊顶夹板上开孔洞时，应先钻一个小孔，并将小孔对准灯头盒，待将吊顶夹板钉上后，再根据花灯法兰盘的大小扩孔，以保证法兰盘能盖住孔洞。

e. 灯具安装完毕，摇测各支路的绝缘电阻合格后，方可允许通电试运行。通电后，应仔细检查和巡视，检查灯具的控制是否灵活、控制顺序是否对应，如果发现问题，则必须先断电后，查找原因进行修复。

4. 灯具安装的质量标准

（1）保证项目

灯具的规格、型号及使用场所必须符合设计要求和施工规范的规定。3kg 以上的灯具必须预埋吊钩或螺栓，预埋件必须牢固可靠。低于 2.4m 以下灯具的金属外壳部分应做好接地或接零保护。

（2）检查项目

① 灯具安装牢固端正，位置正确，灯具安装在木台的中心。

② 灯具清洁干净，吊杆垂直，吊链日光灯的双链要平行，排列整齐。

③ 引入灯具的电线要绝缘良好，留有适当余量，连接牢固紧密，不伤线芯，压板连接时要压紧无松动，螺栓连接时，在同一端子上连接的电线不超过 2 根，吊链灯的引下线要整齐美观。

④ 灯具成排安装的中心线允许偏差 5mm。

（3）成品保护

搬运灯具时应轻拿轻放，以免碰坏灯具表面的镀锌层、油漆及玻璃罩。安装灯具时不要碰坏建筑物的墙面。灯具安装完毕后不得再次喷浆，以防止灯具被污染。在灯具安装过程中应注意的质量问题如下：

① 成排灯具的中心线偏差不应超出允许范围，在确定成排灯具的位置时，必须拉线，最好拉十字线。

② 木台固定不牢，与建筑物表面有缝隙。木台直径在 150mm 及以下时，应用两个木螺丝固定；木台直径在 150mm 以上时，应用三个木螺丝以三角形固定。

③ 法兰盘、吊盒、平灯口应在塑料（木）台的中心上，其偏差不应超过 1.5mm。安装时应先将法兰盘、吊盒、平灯口的中心对正塑料（木）台的中心。

④ 吊链单管无罩日光灯链长不超过 1m 时，可使用爪子链；带罩或双管日光灯及单管无罩日光灯链长超过 1m 时，应使用铁吊链。

灯具安装过程中应做的质量记录有：

① 灯具、绝缘电线出厂合格证。

② 灯具安装工程预检、自检、互检记录。

③ 设计变更洽商记录、竣工图。

④ 灯具安装分项工程质量检验评定记录。

⑤ 电气绝缘电阻测试记录。

3.5 智能家居开关、插座安装要求及接线

3.5.1 智能家居开关、插座安装准备及要求

1. 开关、插座安装准备

（1）施工准备

① 开关、插座的规格型号必须符合设计要求，并有产品合格证。

② 其他材料，如金属膨胀螺栓、塑料胀管、镀锌木螺丝、镀锌机螺丝、木砖等要备好。

③ 主要工具，如铅笔、卷尺、水平尺、线坠、绝缘手套、工具袋、高凳、手锤、錾子、剥线钳、尖嘴钳、扎锥、丝锥、套管、电钻、冲击钻、钻头、射钉枪、钢丝钳、十字螺丝刀、一字螺丝刀、试电笔、绝缘布胶带、防水胶带、电工刀（墙纸刀）等要备好。

（2）作业条件

① 各种管路已经敷设完毕，底盒已经安装完毕。

② 线路电线已穿完，并已做完绝缘摇测。

③ 墙面、油漆及壁纸等内装修工作均已完成。

2. 开关、插座安装要求

① 暗装开关的面板应端正、严密并与墙面齐平。

② 开关位置应与灯具位置相对应，同一室内开关方向应一致。

③ 成排安装的开关、插座高度应一致，高低差不大于2mm，成排安装面板之间的缝隙≤1mm。

④ 各种开关、插座应安装牢固，位置准确，高度一致。

开关接通和断开电源的位置应一致，面板上有指示灯的，指示灯应在上面，开关上有红色标记的应朝上安装，“ON”是开的标记，当面板上无任何标记时，应装成开关往上扳是电路接通，往下扳是电路切断，如图3-38所示。开关不允许横装。

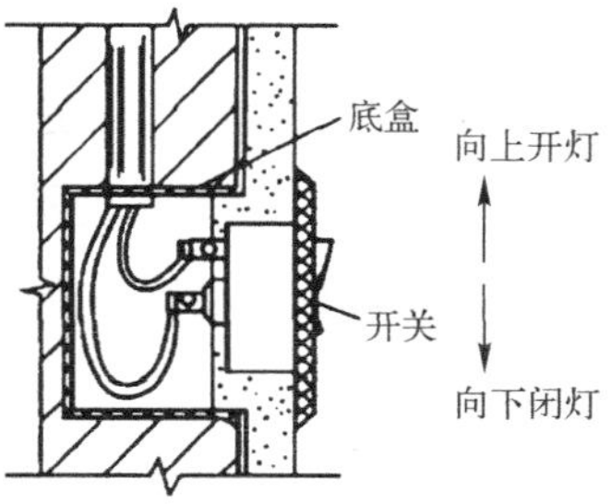

图3-38 开关安装示意图

3. 开关、插座的选择要求

选择开关、插座时应配合家居的整体风格。家居装修流行风格主要有新西式、欧式（包括田园式、欧陆风尚）和中国传统式等。安装在同一建筑物、构筑物内的开关，宜采用同一系列的产品。开关应操作灵活，接触可靠，其面板尺寸应与预埋底盒的尺寸一致，表面光洁、品牌标记明显，有防伪标记和国家电工安全认证的长城标记，阻燃，并且坚固。开关开启时手感灵活。插座铜片要有一定的厚度及弹性。

插座的规格很多，有两孔、三孔的，有圆插头、扁插头和方插头的，有10A、16A的，有中、美和英国标准的，有带开关、带熔丝、带安全门、带指示灯、防潮的，有尺寸为86mm×86mm、80mm×123mm的，等等。在选型时，要按国家标准选型，但对具体用户来说，为了避免加转换接线板，要选择与家用电器电流、插头及底盒规格相匹配的插座。

在潮湿场所（如卫生间）应采用密封良好的防水防溅插座，如图3-39所示。

图3-39 防水防溅插座

选择开关、插座的要点如下：

① 接线端子。常见的有传统螺丝端子和从日本引进并逐渐流行的速接端子两种。后者虽然生产较为困难，但使用更为可靠，且接线非常简单快速，即使非专业施工人员，只要简单地将电线插入端子孔，连接即告完成，且不会脱落。与速接端子相比，

螺丝端子接线质量容易受施工人员技术水平的影响，而且接线以后，在受到振动或外力拉拽时容易发生松动，造成虚接甚至脱落。

② 手感。手感是普通消费者判断开关好坏最简单的办法。好的开关一般弹簧较硬，在开关时比较有力度感，而普通开关则非常软，甚至经常发生开关手柄停在中间位置的现象。

③ 荧光开关。荧光开关一般有涂料型和电源发光型（如氖泡）。前者虽然价格较低，但由于荧光粉是靠有外界光源时储备的光量发光的，因此在晚间外界光源消失后，能量会很快耗尽，无法起到荧光作用。正规厂商的产品一般采用电源发光技术，可长期发光，价格相对较贵，适用于中高档装修或某些特定位置，如房间入口、厕所、楼梯等。

④ 铜材。在购买时虽然无法看清楚，但对于插座来说却至关重要。判断好坏最简单的办法就是用插头试一试插拔力度是否适中，并用手掂一下，插座是否有点沉。

⑤ 绝缘材料。绝缘材料对于开关插座的安全性来说非常重要，普通消费者较难判断，购买时，如果能对其核心部件做一下燃烧实验当然最好，如果没条件，则从外观来说，好的材料一般质地较为坚硬，很难划伤，成形后结构严密，分量较重，如采用尿素树脂材料的开关插座，具有阻燃、抗电弧、耐热、坚硬等特性。

⑥ 触点。一般好的开关触点有纯银和银锂合金两种。银的导电性虽然非常好，但由于纯银熔点低、质地软，因此在使用中容易发生高温熔化或反复使用后变形等问题。银锂合金正好可以解决这个问题，既可保证银的良好导电性，又可有效提高熔点和硬度。

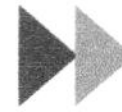

3.5.2　智能家居开关、插座的安装及接线

1. 开关、插座安装接线的工艺流程

开关、插座安装接线的工艺流程为清理→接线→安装→固定。

① 清理。用錾子轻轻将预埋底盒内残存的灰块剔掉，同时将其他杂物一并清出底盒，并用湿布将底盒内的灰尘擦净。

② 接线的一般规定：

a. 同一场所开关的切断位置应一致，且操作灵活，接触可靠。

b. 电器、灯具的相线应经开关控制。

c. 多联开关不允许拱头连接，应采用LC形压接帽压接总头后，再进行分支连接。

d. 先接开关的相线，再连接控制线端，插座的安装顺序为相线、零线、地线。

e. 连接多联开关时，一定要有逻辑标准，或者是按照灯具位置的前后顺序连接。

先将预埋底盒内穿出的电线留出维修长度，剥削线芯，注意不要碰伤线芯，将电线按顺时针方向盘绕在开关、插座对应的接线柱上后，旋紧压头。如果是独芯电线，也可将线芯直接插入接线孔内，再用顶丝将其压紧，注意线芯不得外露，将开关或插座推入底盒内（如果底盒较深，大于2.5cm时，应加装套盒），将开关或插座面板安装孔与底盒耳孔对正，用螺丝将面板平正地固定在墙面上，在拧紧固定面板的螺丝时，须用手按住面板，两个固定螺丝应交替拧紧。

安装的开关、插座应牢固，位置正确，盖板端正，表面清洁，紧贴墙面，四周无缝隙，同一房间的开关或插座高度要一致，地插座面板要与地面齐平或紧贴地面，盖板固定牢固，密封良好。

开关必须串联在相线上，零线不得串接开关。两个双控开关控制一盏灯的接线原理图如图3-40所示。三控开关的接线原理图如图3-41所示。

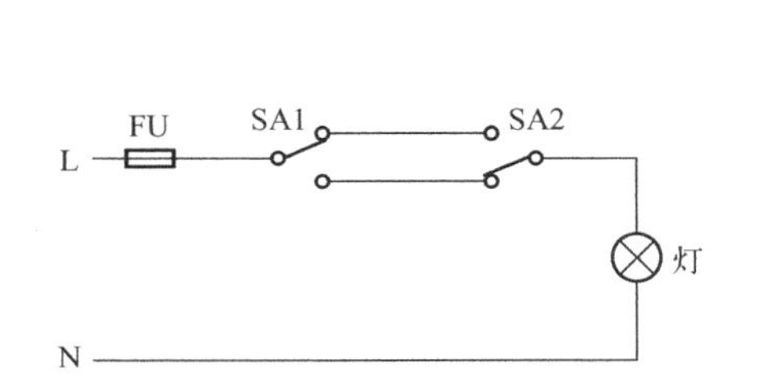

图3-40 两个双控开关控制一盏灯的接线原理图

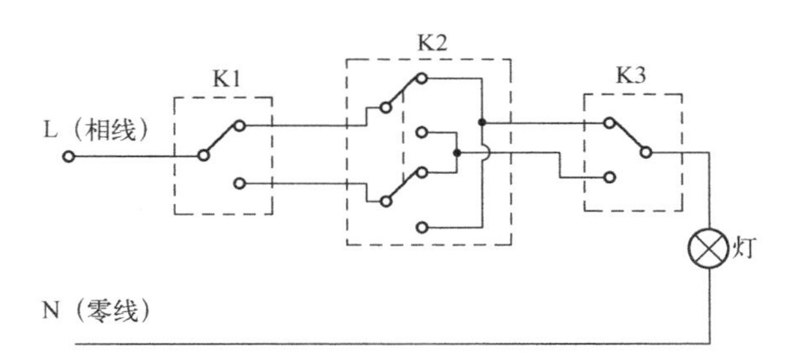

图3-41 三控开关的接线原理图

面对插座面板，左侧零线，右侧相线，如图3-42所示。确定相线、零线、地线的颜色，任何时候颜色都不能混用。

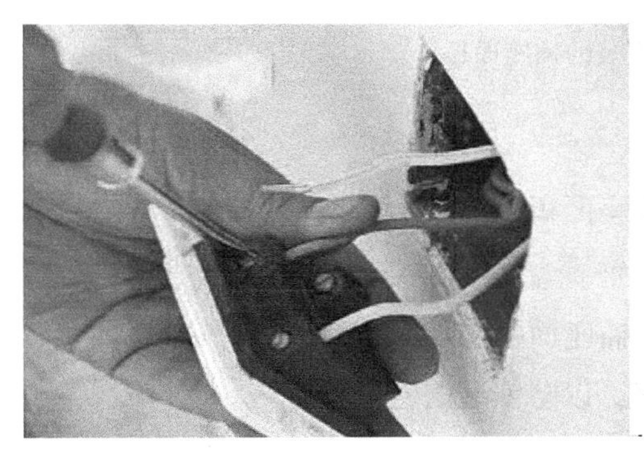
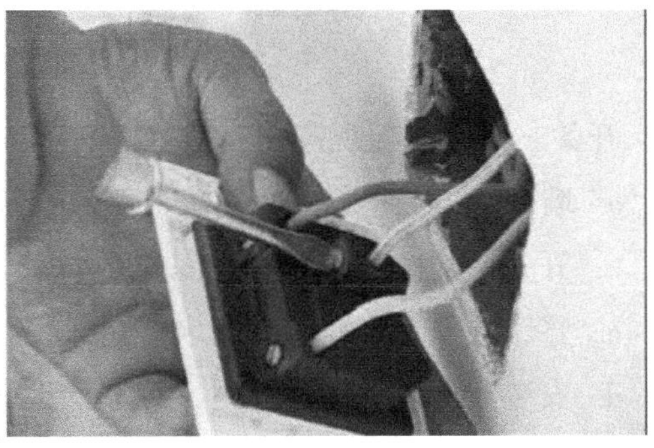

图3-42 插座接线示意图

在连接开关时，电源相线应接到静触点接线柱上，动触点接线柱连接灯具电线。双控开关有三个接线柱，其中两个分别与两个静触点连接，另一个与动触点连接。

单相两孔插座有横装和竖装两种。横装时，面对插座的右边接相线，左边接中性线；竖装时，面对插座的上边接相线，下边接中性线。单相三孔、三相四孔及三相五孔插座的接地（PE）或接零（PEN）线接在上孔。插座的接地端子不与零线端子连接。同一场所的三相插座接线的相序一致。多个插座连接时，不允许拱头连接，应采用 LC 形压接帽压接总头后，再进行分支线连接。接地（PE）或接零（PEN）线在插座间不串联连接。插座插孔排列顺序如图 3-43 所示。开关、插座安装完毕后，应通电对开关、插座进行试验，开关的通/断设置应一致，操作灵活，接触可靠；插座左零、右相，应无错接、漏接；三控开关应设置正确且一致；灯具开启工作正常。规范安装的插座面板如图 3-44 所示。

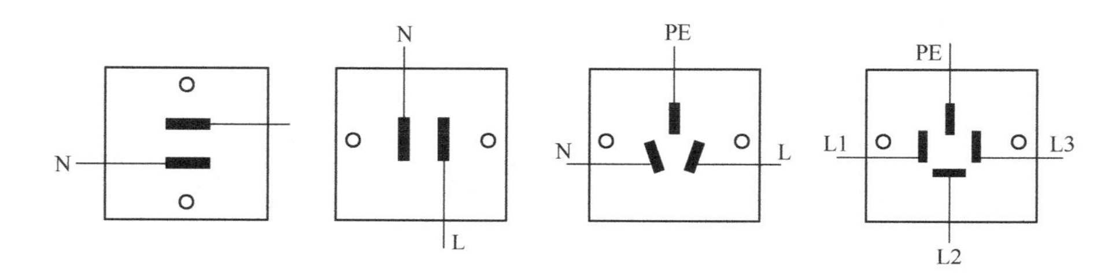

图 3-43　插座插孔排列顺序

图 3-44　规范安装的插座面板

开关、插座面板规范安装工艺如下：

a. 墙面施工完毕以后，再安装开关、插座面板。

b. 开关、插座面板与底盒固定要牢固平整。

c. 要保持开关、插座面板水平，开关、插座面板与墙面四周结合严密。

d. 安装开关、插座面板时，应戴上手套，以防安装时污染墙面。

开关、插座面板不规范施工如下：

a. 墙面未施工完毕就安装开关、插座面板。

b. 安装时不采用水平工具辅助安装，只凭目测安装。

c. 面板安装时没有采取相应的保护措施，污染墙面。

2. 开关、插座安装的质量标准

（1）主控项目

① 开关相线、中性线的连接位置必须符合施工验收规范的有关规定。

② 插座的保护地线、相线、中性线的连接位置必须符合施工质量验收规范有关规定。

③ 插座使用的漏电开关动作应灵敏可靠。

（2）一般项目

① 开关、插座的安装位置应正确，底盒内清洁，无杂物，表面清洁，不变形，盖板紧贴建筑物的表面。

② 开关切断相线，电线接入开关、插座处的绝缘良好，不伤线芯，插座的接地线单独敷设。

③ 开关、插座的面板并列安装时，高度差允许为0.5mm。

（3）成品保护

① 安装开关、插座时不得碰坏墙面，要保持墙面的清洁。

② 开关、插座安装完毕后，不得再次进行喷浆，以保持开关、插座面板的清洁。

③ 其他工种在施工时，不要碰坏和碰歪开关、插座。

开关、插座安装时应注意的质量问题如下：

① 开关、插座的面板不平整，与建筑物表面之间有缝隙，应调整开关、插座面板后，再拧紧固定螺丝，使其紧贴建筑物表面。

② 开关的相线、零线及地线应按要求接线。

③ 多灯房间的开关与控制灯具的顺序应对应，在接线时应仔细分清各灯具的电线，依次压接，并保证开关方向一致。

④ 固定开关、插座面板的螺丝应统一（有一字螺丝和十字螺丝），为了美观，应选用统一的螺丝。

⑤ 同一房间开关、插座的安装高度之差不能超出允许偏差范围。

（4）应具备的质量记录

① 各种开关、插座及绝缘导线产品应有合格证。

② 开关、插座安装工程、预检、自检、互检记录。

③ 设计变更洽商记录、竣工图。

④ 电气绝缘电阻测试记录。

⑤ 开关、插座安装分项工程质量检验评定记录。

3.6 智能家居电气检测及等电位连接

3.6.1 智能家居电气检测及验收

1. 家居电气检测

在安装配电箱、开关、插座前必须确认产品合格证，并进行检测。电气线路必须在封线槽之前进行检测，并在封线槽之前绘出强电布置图。图纸必须字迹清晰，必须有线路标高、走向及相关的配电说明和图例。

（1）接线检查

插座接线检查是一项十分重要的工作，在家居电气安装中，对插座的接线检查通常采取四种方法：电压表法、灯泡法、发光二极管法和氖泡法。这四种方法的原理相同，即检查插座三根线间的电压。工程中常用的插座接线检查器如图3-45所示。其中，图3-45（a）为国外使用的插座接线检查器；图3-45（b）为国内使用的插座接线检查器；图3-45（c）为简化的插座接线检查器。

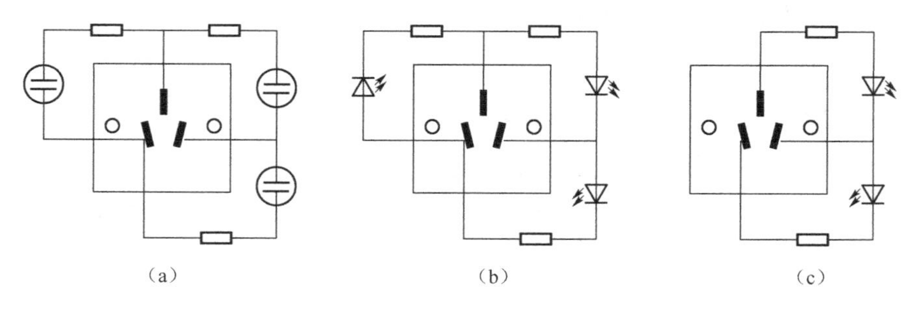

图3-45　工程中常用的插座接线检查器

利用如图3-45所示的任何一种插座接线检查器都可查出L、N线是否接反。当插座接线正确时，接在L、N线和L、PE线间的指示灯，如发光二极管、氖泡受到220V电压的作用而发光；若L、N线接反，则接在L、N线间的发光二极管、氖泡仍发光，接在L、PE线间的发光二极管、氖泡实际接在N、PE线间，不发光。

利用如图3-45所示的插座接线检查器还可查出L、PE线是否接反，当L、PE线接反时，接在L、PE线间的发光二极管、氖泡仍发光，接在L、N线间的发光二极管、氖泡实际接在N、PE线间，不发光，由此可判断L、PE线接反。

利用如图3-45所示的插座接线检查器还可查出是否断线，若PE线断，则接在L、PE线间的发光二极管、氖泡不亮；若N线断，则接在L、N线间的发光二极管、氖泡不亮；若L线断，则发光二极管、氖泡全灭。

使用如图3-45所示的插座接线检查器无法直接查出N、PE线是否接反，也无法查出N、PE线间是否短路。因为N、PE线处于同一电位，插座接线正确时，N、PE线间的发光二极管、氖泡不亮，N、PE线接反或短路时，接在N、PE线间的发光二极管、氖泡仍旧和接线正确时一样，不亮。

利用如图3-45所示的插座接线检查器分两步可判断N、PE线是否接反，即在排除L、N线和L、PE线接反及断线后，可在配电箱处人为切断总N线，再用如图3-45所示的插座接线检查器检查一遍，若显示的结果和断N线前的结果一致，则可认为N、PE线没有接错，也没有短路。

若想更快速地判断N、PE线是否短路，则可在住户配电箱内，将电源切断后，测量总开关输出端的N线和PE线之间的绝缘即可，因为标准规定，住户配电箱的总开关必须同时切断L线和N线，因此N线在电源端和地之间的联系被切断，N线和PE线之间应该是绝缘的。

利用插座接线检查器可检查PE线是否漏接或断线，无法检查PE线的接触电阻是否符合要求。检查PE线的几种错误方法如图3-46所示。这些方法不仅不正确，还会造成误判，甚至有发生电击的危险。

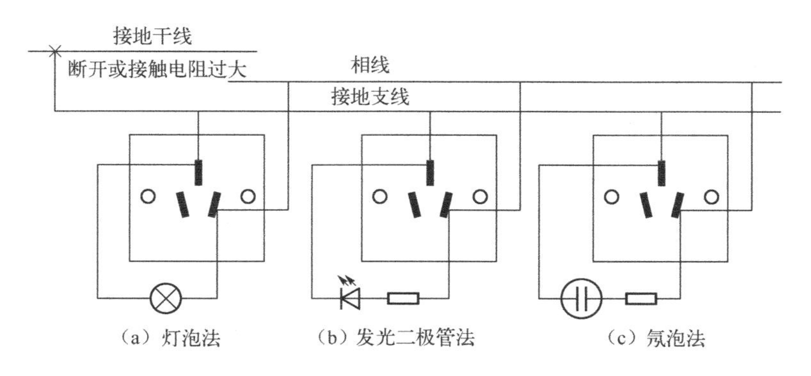

图3-46　检查PE线的几种错误方法

图3-46中，接地支线和接地干线的连接点如果发生断路，则此时若使用灯泡法检查插座的接地线，如图3-46（a）所示，则对地电压为220V的相线会通过灯泡施加到

接地支线上，由于接地支线和接地干线发生断路，因此接地支线的对地电压亦为220V，在这种情况下，人触及与接地支线相连的设备外壳就会遭到电击。

如果接地支线和接地干线的接触不良，会造成接触电阻过大，如接触电阻达到1kΩ，则此时用图3-46（b）或图3-46（c）检查，插座接线检查器的限流电阻将达到50kΩ，串入1kΩ的接触电阻，测量结果仍判为正确，线路的电阻通常要求在10Ω左右，现在电阻大了100倍，仍然认为正确，这显然是误判。为了检查插座PE线的接触电阻，应采用如图3-47所示的方法。

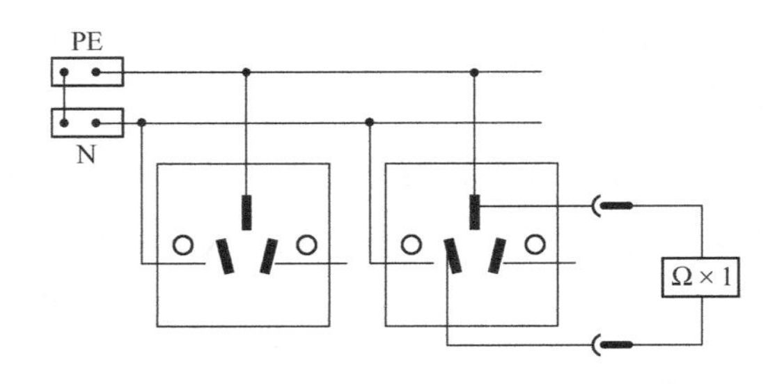

图3-47　检查插座PE线的接线电阻

在配电箱内同时切断电源L线和N线，把PE线和N线短接，用万用表R×l欧姆挡测量插座PE线和N线之间的电阻，此时读数为PE线和N线的电阻之和，若为几欧以内，则为合格。

更为简便的方法是不需要断开电源，在带电的情况下，用HT234E接地电阻测试仪测量插座PE线和N线之间的电阻。对TT系统，如图3-48所示，此时测出的读数是四项电阻之和：PE线电阻、N线电阻、PE线的保护接地电阻、与N线相连的工作接地电阻。用HT234E接地电阻测试仪带电测量时，即使误接到N线和L线之间，也不会损坏，此时显示的读数为220V，显示测量错误，发出警告信号。

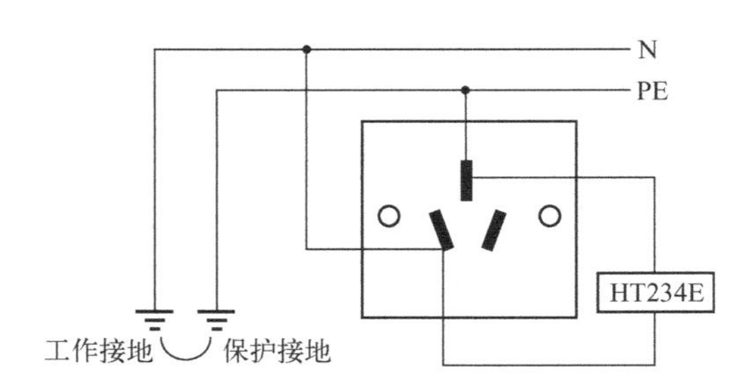

图3-48　采用HT234E接地电阻测试仪测量插座PE线和N线之间的电阻

（2）线路绝缘测量

线路绝缘测量是确保线路正常和安全的关键工作。线路绝缘若出现不良情况，轻则电气设备不能正常工作，重则短路跳闸，甚至引起电气火灾。为了保证线路绝缘良好，必须选用绝缘性能优良的电线。劣质电线主要存在的问题：单股电线的线径不符合标准或多股电线缺股；绝缘层有明显的厚薄不均或偏心；绝缘层内电线有接头。

除了选用绝缘性能优良的电线外，施工时还要避免电线绝缘层被损坏，如电线管内不准有垃圾、管口要光滑、穿线时管口要先套护圈、电线不能扭绞等。为了正确判断施工后线路绝缘是否良好，必须认真进行绝缘测试工作，不能遗漏一根电线，正确记录测试数据并妥善保存。测量线路绝缘用的兆欧表属强制性检测仪表，必须经检测合格且在检测的有效周期内使用。对照明线路的绝缘测试工作要分两步进行：第一步是在敷设电线后（如管内穿线完成）；第二步是在灯具、开关及插座接线完成而灯泡尚未装入时。

对穿管敷设的线路，因为电线并在一起，故必须逐根测试，不能遗漏。电线在金属管内敷设时，除了要测量线与线之间的绝缘，还必须测量线与金属管间的绝缘。电线在塑料管或塑料线槽内敷设时，只需测量线间绝缘。

测量绝缘时应选用精确度为0.1级的500V兆欧表，测量前，应对所用的兆欧表进行开路及短路试验，以判别该仪表工作是否正常。开路试验时，测试端子不接电线，摇动手柄至规定速度，指示值应为无穷大；短路试验时，两个测试端子用电线短接，慢慢摇动手柄，指示值应为0。

在线路敷设后测试绝缘合格，并不能保证接线后绝缘仍合格，因为在接线过程中存在使电线绝缘下降甚至短路的可能。在灯具接线时，如果相线绝缘层受损且与灯具金属外壳相碰，就可造成L、PE线间短路。如果N线绝缘受损且与灯具金属外壳相碰，就造成N、PE线间短路。在插座接线时，也会造成电线绝缘损坏、短路等情况，最常见的是在固定插座面板时，当面板螺丝过长，螺丝端又正好顶在电线上时，就会损坏电线绝缘，如果插座盒是金属的，就会使电线与地间发生短路；电线并头后，接头绝缘未处理好，如用黑胶带直接包缠接头，在采用金属接线盒时，将会造成电线与地之间的绝缘不良。

除了上述情况，还有其他可能使电线绝缘下降甚至短路，如管线受到外力破坏后造成电线短路。这些情况在安装过程中都有可能出现，为了确认线路绝缘良好，接线后必须进行绝缘测试。接线后的绝缘测试在总开关箱或分开关箱内进行，在检查照明线路时，应先切断电源，拆下照明开关箱的N线，用兆欧表测量。

① L线与PE线间绝缘电阻的测量。1kV及以下馈电线路的绝缘电阻值不应小于0.5MΩ。这是指单根电线。当同一相的相线多路输出时，如果绝缘电阻小于0.5MΩ，

就无法判别是哪一路电线对地绝缘不良，此时应把相线逐根拆下，单独进行测量。应注意的是，测量时，如果开关处于开位置，那么开关至灯具一段电线（俗称开关线）对地绝缘未测量。为了测量这一段电线的绝缘情况，可把所有灯具的开关全部扳到闭合状态，则此时的测量结果为相线和中性线的对地绝缘情况。

② N线对PE线间绝缘电阻的测量。测量前必须拆下来自电源的总N线，测量负载端N线与PE线之间的绝缘电阻，其值应为0.5MΩ以上。如果测量结果小于0.5MΩ，则首先应把N线逐根从N线排上拆下，再单独测量每根N线与PE线之间的绝缘电阻。

2. 家居电气工程验收标准

（1）验收的前提条件

暗敷电线必须用PVC电线管敷设，每户应设置分线配电箱，配电箱内应设置漏电保护器；漏电动作电流应不大于30mA，有过负荷、过电压保护功能；根据实际用途可分几路出线，各回路均应确保在设计的负荷下正常使用；各回路的绝缘阻值应≥0.5MΩ；保护地线与非金属部件连接应可靠；电线及电器的质量必须符合现行国家标准规定，有生产厂名、厂牌、产品合格证、质保书等。

（2）验收要求

① 交工验收必须有电气施工图。

② 电线敷设、电路改造必须做隐蔽验收。

③ 照明电线使用2.5mm^{2}的铜线，空调使用4mm^{2}的铜线。

④ 吊平顶内的电气配管应按明管设置，不得将配管固定在平顶吊架或龙骨上，出墙线管要用管卡与墙面固定，各种电线均不得在吊平顶内出现裸露，灯具处要有接线盒。

⑤ 接地保护应连接可靠，电线间和电线对地间的绝缘电阻值应大于0.5MΩ。

⑥ 开关、插座要有底盒，底盒应完好、无裂纹，底盒内应清洁、安装牢固，安装方式符合规定，并列安装的开关、插座必须整齐、牢固。

⑦ 漏电开关安装要正确，灵敏度试验符合规定。

⑧ 电器验收应做通电实验，灯具试亮及灯具控制性能良好，试验等应按程序逐个调试验收。

⑨ 卫生间插座应选用防水溅式。

⑩ 插座离地面一般为30cm，开关一般距地面1.4m高度。

（3）验收要求

家居电气布线在验收时应按图纸逐段检验，施工中若有变更，则要在图纸上做好记录。竣工图上应标明电气布线走向、高度、具体位置、电线规格、型号，以备一旦出现电气线路断路或再装修时确定暗敷设电线所在的位置。

所有与开关、插座、漏电保护装置、配电箱及其他用电器连接的接头都应留有一定余量，一般为15cm。电线在电线管内的截面积之和不应超过电线管内截面积的40%，电线管内的电线不得有接头和扭结。插座的相线、零线、接地线应按规定标准接线。

3.6.2　智能家居等电位连接及施工

1. 等电位连接

等电位连接，顾名思义是“使各外漏可导电部分和装置外可导电部分电位基本相等的电气连接”。等电位连接通常分为三个层次，即总等电位连接、局部等电位连接和辅助等电位连接，是IEC的最新观念，也是为了在实际工作中好操作，因为不同层次的连接，采用的导体截面积不同。

国际上非常重视等电位连接的作用，因其对用电安全、防雷及用电设备的正常工作和安全使用都是十分必要的。根据理论分析，等电位连接作用范围越小，在电气上越安全。在国家建筑标准设计图集《等电位连接安装》（02D501—2）中对建筑物等电位连接的具体做法进行了详细介绍。

在IEC标准中指出，等电位连接是内部防雷装置的一部分，用于减小由雷电流所引起的电位差。等电位是用连接导线或过电压（电源）保护器将处在需要防雷空间内的防雷装置、建筑物的金属构架、金属装置、外来导线、电气装置、电信装置等连接起来，形成一个等电位连接网络以实现均压等电位，防止防雷空间内发生火灾、爆炸、生命危险和设备损坏。

总等电位连接是将建筑物内的每一根电源进线及进出建筑物的金属管道、金属结构构件连成一体，一般设有总等电位连接端子板，由总等电位连接端子板与各辅助等电位板采用放射连接方式或链接方式连接。

总等电位连接是通过每一个进线配电箱近旁的总等电位连接母排将下列导电部分互相连通：进线配电箱的PE（PEN）母排，公用设施的上、下水及热力、煤气等金属管道，建筑物金属结构和接地引出线。总等电位连接的作用在于降低建筑物内间接接触电压和不同金属部件间的电位差，并消除自建筑物外经电气线路和各种金属管道引入危险故障电压的危害。

辅助等电位连接一般用于在电气装置某部分接地故障保护不能满足切断回路的时间要求时，两个导电部分之间进行辅助等电位连接后能降低接触电压，只要能满足 $R \leqslant 50/I_a$（R 为可同时触及外露可导电部分和装置外可导电部分之间，由故障电流产生的电压降所引起接触电压的一段线路的电阻，单位为 Ω；I_a为切断故障回路时间不超过 5s 的保护电器动作电流，单位为 A）即可。

局部等电位连接一般设置在浴室、游泳池、医院手术室等特别的危险场所，因这些场所发生电气事故危险性较大，需要更低的接触电压，在这些局部范围内有多个辅助等电位连接才能达到要求。这种连接被称为局部等电位连接。一般局部等电位连接也有一个端子板或在局部等电位连接内构成环形连接。简单地说，局部等电位连接可以看成是在局部范围内的总等电位连接。

局部等电位连接的做法是在局部范围内通过局部等电位连接端子板将下列部分用 6mm^{2}黄绿双色塑料铜芯线互相连通：柱内墙面侧钢筋、墙壁内和楼板中的钢筋网、金属结构件、公用设施的金属管道、用电设备外壳（可不包括地漏、扶手、浴巾架、肥皂盒等孤立小物件）等，要求等电位连接端子板与等电位连接范围内的金属管道等金属末端之间的电阻不超过 3Ω。

安全接地系统也包含在等电位连接含义之中，是以大地电位为参考电位的大范围等电位连接。如果在家居楼的范围内进行等电位连接，则效果当然远优于安全接地系统。等电位连接示意图如图 3-49 所示。当家居楼内有人工接地极时，接地极引入线应首先接至接地母排上。

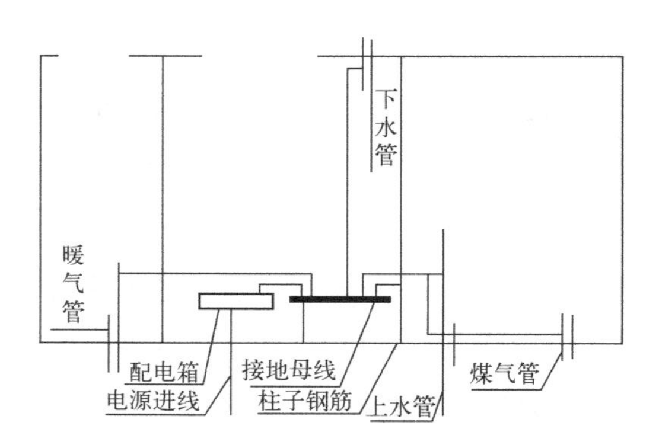

图 3-49　等电位连接示意图

为保证等电位连接可靠导通，等电位连接线和接地母排应分别采用铜线和铜板。等电位连接并不需要复杂昂贵的电气设备，所需耗用的是一些铜线、铜母排、钢材等材料，不像埋在地下的人工接地极易受土壤腐蚀而失效（实际上，在实施等电位连接的同时也实现了接地，因其所连接的水管和基础钢筋等本身已起到低电阻的接地作用），在保证电气安全上的作用远优于过去习惯采用的专门打入地下的人工接地。在发达国家，虽不要求住户打入人工接地，但家居楼内必须进行总等电位连接和浴室内的局部等电位连接。

2. 等电位连接的作用

等电位连接可起到的保护作用如下：

① 雷击保护。在IEC标准中指出，等电位连接是内部防雷措施的一部分。当雷击建筑物时，雷电传输有梯度，垂直相邻层金属构架节点上的电位差可能达到10kV量级，危险极大。采用等电位连接后，可将本层柱内主钢筋、建筑物的金属构架、金属装置、电气装置、电信装置的金属外壳等连接起来，形成一个等电位连接网络，防止直击雷、感应雷，避免火灾、爆炸、生命危险和设备损坏。

② 静电防护。静电是指分布在电介质表面及在绝缘导体表面处于静止状态的电荷。传送或分离固体绝缘物料、输送或搅拌粉体物料、流动或冲刷绝缘液体、高速喷射蒸气或气体都会产生和积累危险的静电。静电电量虽然不大，但电压很高，容易产生火花放电，引起火灾、爆炸或电击。采取等电位连接可以将静电电荷收集并传送到接地网，从而消除和防止静电危害。

③ 电磁干扰防护。在供电系统故障或直击雷放电过程中，强大的脉冲电流对周围的导线或金属物形成电磁感应，若敏感电子设备处于其中，则可以造成数据丢失、系统崩溃等。通常，屏蔽是减少电磁波破坏的基本措施，实施等电位连接可保证所有屏蔽和设备外壳之间实现良好的电气连接，最大限度地减小电位差，外部电流不能侵入系统，可有效防护电磁干扰。

④ 触电保护。在新的建设部《家居设计规范》中，有一项不太引人瞩目的条款：城镇新建家居中的卫生间宜进行等电位连接。专家通俗地解释：浴室等电位连接就是保护你不会在洗澡的时候被电着。电热水器、座浴盆、电热墙、浴霸及传统的电灯等都有漏电的危险，电气设备外壳虽然与PE线连接，但仍可能会出现足以引起伤害的电位，配电线路发生短路、绝缘老化、中性点偏移或外界雷电而导致浴室出现危险电位差时，人受到电击的可能性非常大，倘若人本身有心脑方面的疾病，则后果更严重。等电位连接使电气设备外壳与楼板、墙壁电位相等，可以极大地避免电击伤害，其原理类似于站在高压线上的鸟，因身体部位间没有电位差而不会被电击。

⑤ 接地故障保护。若相线发生完全接地短路，则PE线上会产生故障电压。等电

位连接后，与PE线连接设备外壳的电位为故障电压，因而不会产生电位差，不会引起电击危险。

3. 等电位连接用材料

等电位连接的导线及端子板虽然推荐采用铜质材料，是因为其导电性和强度都比较好，但用铜质材料与基础钢筋或地下的钢材管道相连接时应充分注意，铜和铁具有不同的电位，由于土壤中的水分及盐类形成电解液可形成原电池，产生电化学腐蚀，基础钢筋和钢管就会被腐蚀，因此在土壤中应避免使用铜线或带铜皮的钢线作为连接线，与基础钢筋连接时，建议连接线选用钢材，这种钢材最好用混凝土保护，连接部位应采用焊接，并在焊接处进行相应的防腐保护，这样与基础钢筋的电位基本一致，不会形成电化学腐蚀，在与土壤中的钢管等连接时，也应采用防腐措施。

TD22等电位连接端子箱的推出对等电位连接的施工和日常检查带来极大的方便。TD22的规格见表3-6。

表3-6　TD22的规格

使用场所（Ⅰ）（Ⅱ）、明装（M）、暗装（R）	外形尺寸（mm）			进出线端子数/路	备　注
	宽	高	深		
Ⅰ型M	300	200	10	10	适用于进线处
Ⅰ型R	320	220	10	10	适用于进线处
Ⅱ型M	165	75	4	4	适用于卫生间
Ⅱ型R	180	90	4	4	适用于卫生间

等电位连接端子箱暗装在墙内，进线为来自电源系统的PE线，出线与所有要进行等电位连接的金属体（如浴缸、毛巾架、水管等）相连。等电位连接线和等电位连接端子板采用铜质材料。等电位连接端子板截面积不得小于所连接等电位连接线的截面积，常规端子板的规格为260mm×100mm×4mm或260mm×25mm×4mm。等电位连接板采用螺栓连接，便于定期检查时拆卸。

等电位连接应符合下列要求：

① 扁钢的搭接长度不小于宽度的2倍，三面焊接（当扁钢宽度不同时，搭接长度以宽的为准）。

② 圆钢的搭接长度不小于直径的6倍，双面焊接（当直径不同时，搭接长度以直径大的为准）。

③ 扁钢与圆钢连接时，其搭接长度不小于圆钢直径的6倍。

④ 等电位连接线与金属管道的连接采用抱箍，抱箍与金属管道接触表面须刮干净，

安装完毕后，刷防护涂料，抱箍内径等于管道外径。

等电位连接线应有黄绿相间的色标，在等电位连接端子板上应刷黄色底漆并标以黑色记号，其符号为“▽”。金属管道连接处用BVR多股铜芯软导线（≥4mm^2）作为接地跨接线，采用专用接地卡，管与管、管与线盒必须可靠连接。卡箍连接应去除连接处的油污或油漆，确保接地跨接处的可靠性。等电位连接的螺栓、垫圈、螺母等应进行过热镀锌处理，螺栓连接时应紧固，并有防松（弹簧垫）措施。

等电位连接是现代雷电防护的重点，只有做好等电位连接，在浪涌电压产生时才不会在各金属物或系统间产生过高的电位差，并保持与地电位基本相等的水平，从而使设备及人员受到保护。在做好外部雷电防护工程的基础上，要将所保护的设备做好等电位连接才能有效地对设备起到保护作用。在《规范》中引入防雷分区的概念，并要求“穿过各防雷区界面的金属物和系统，以及在一个防雷区内部的金属物和系统均应在界面处做符合要求的等电位连接”。

在施工时，应按规范规定选用符合要求的等电位连接线，将系统内所有可导电的金属物以最短的路径与等电位连接带进行多次连接。为达到良好的连接效果，一般选用4~16mm^2的铜质多股导线将建筑内的水管、气管、金属支架、等电位带等可导电物在防雷分区的界面处进行连接。同一防雷区内独立的金属物可与其相距最近的已做等电位连接的其他金属物连接，以达到等电位的目的。

4. 等电位连接的施工工艺

（1）适用范围及材料要求

等电位连接工艺标准适用于一般工业与民用建筑电气装置防间接接触电击、防接地故障引起的爆炸及火灾的等电位连接工程。用于等电位连接的材料应有材质检验证明及产品出厂合格证。等电位连接线和等电位连接端子板宜采用铜质材料、热镀锌钢材，如圆钢、扁钢、螺栓、螺母、垫圈等。

（2）作业条件

① 在进行厨房、卫生间等房间等电位连接施工前，厨房、卫生间的金属管道、厨卫设备等应安装结束。

② 家居金属门窗的等电位连接施工应在门窗框定位后，墙面装饰层或抹灰层施工之前进行。

（3）工艺流程

总等电位端子箱→局部等电位端子箱→等电位连接线→连接工艺设备外壳等。

（4）操作工艺

① 总等电位端子箱、局部等电位端子箱施工。根据设计图纸要求，确定各等电位端子箱的位置，如设计无要求，则总等电位端子箱宜设置在电源进线或进线配电盘处。

② 等电位连接线施工。等电位连接线可采用 BV-4mm^{2}塑料绝缘导线穿塑料管暗敷设，或用镀锌扁钢、镀锌圆钢暗敷设。等电位连接示意图如图 3-50 所示。

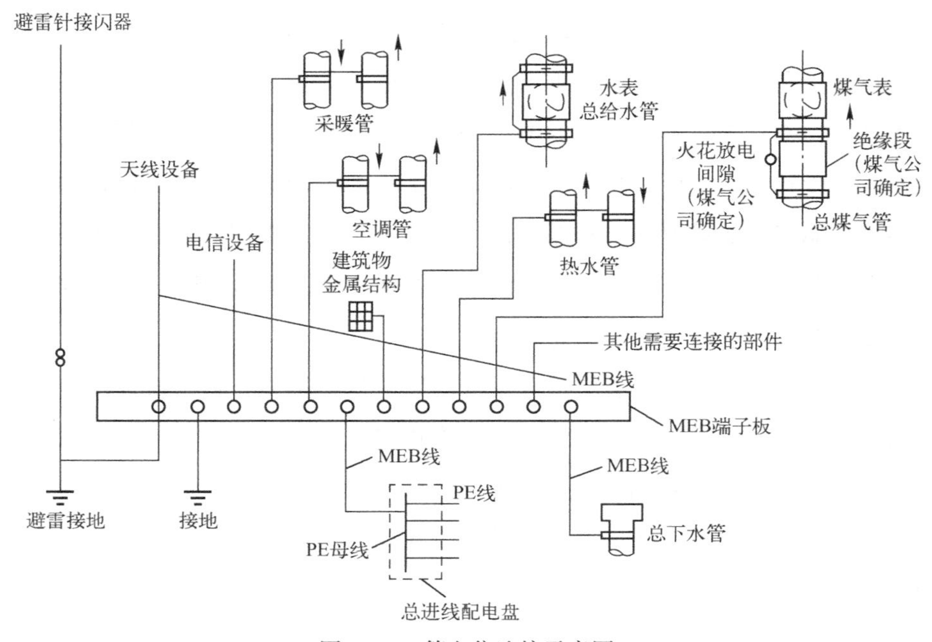

图 3-50　等电位连接示意图

③ 厨房、卫生间的等电位施工。

厨房、卫生间的等电位施工方法有以下两种：

a. 在厨房、卫生间内便于检测的位置设置局部等电位端子板，端子板与等电位连接干线连接。地面内钢筋网宜与等电位连接线连通，当墙为混凝土墙时，墙内钢筋网也宜与等电位连接线连通。厨房、卫生间内金属地漏、下水管等设备通过等电位连接线与局部等电位连接板连接。等电位连接线应采用 4mm^{2}以上的塑料绝缘铜导线穿 PVC 电线管暗敷设在地面或墙内。厨房、卫生间的等电位连接示意图如图 3-51 所示。

b. 在厨房、卫生间地面或墙内暗敷由不小于 25mm×4mm 镀锌扁钢构成的环状等电位连接线。地面内钢筋网宜与等电位连接线连通，当墙为混凝土墙时，墙内钢筋网也宜与等电位连接线连通。厨房、卫生间内金属地漏、下水管等设备通过等电位连接线与扁钢环连通。连接时，抱箍与管道接触处的接触表面须刮拭干净，安装完毕后，刷防护漆。抱箍内径等于管道外径，等电位连接线采用截面积不小于 25mm×4mm 的镀锌扁钢。

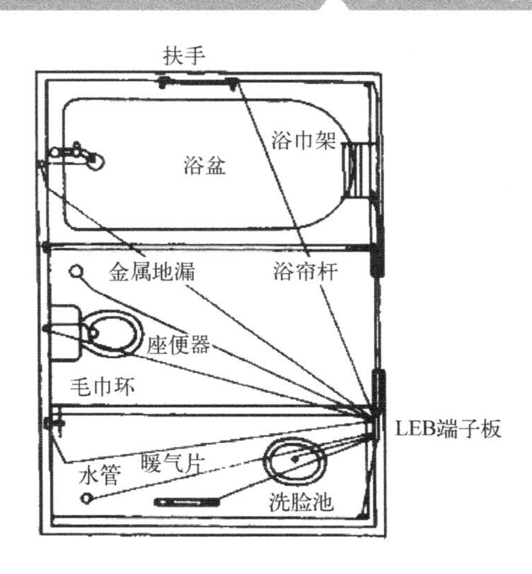

图 3-51 厨房、卫生间的等电位连接示意图

④ 金属门窗等电位施工。根据设计图纸在建筑物的柱内或圈梁内预埋铁件，预埋铁件应预留在柱角或圈梁角处，并与柱内或圈梁内主钢筋焊接。使用 Φ10mm 镀锌圆钢或 25mm×4mm 镀锌扁钢做等电位连接线连接预埋件与钢窗框、固定铝合金窗框的铁板或金属门框的铁板，连接方式采用双面焊接。采用圆钢焊接时，搭接长度≥100mm。所有连接导体宜采用暗敷设，并在门窗框定位后、墙面装饰层或抹灰层施工前进行。

等电位连接安装完毕应进行导通性测试，测试用电源可采空载电压为 4~24V 的直流或交流电源，测试电流不应小于 0.2A，当测得的等电位连接端子板与等电位连接范围内的金属管道等金属体末端之间的电阻不超过 3Ω 时，可认为等电位连接是有效的，如不合格，则应做跨接线。等电位连接投入使用后应定期进行测试，检验等电位连接的可靠性。

（5）等电位连接施工质量标准

① 家居等电位连接干线应从与接地装置有不少于两处直接连接的接地干线或总等电位箱引出，等电位连接干线或局部等电位箱间的连接线构成环形网络，环形网络应就近与等电位连接干线或局部等电位箱连接，支线间不应串联连接。

② 家居内的外裸露导体或其他金属部件、构件与等电位支线连接应可靠，若采用熔焊、钎焊或机械紧固方式，则应连接牢固，电气导通正常。家居室内装饰的金属部件或零件应采用专用接线螺栓与等电位连接支线连接，且应有标识，连接处的螺帽应紧固，防松部件齐全。

第 4 章

智能家居布线系统解决方案及线缆选用

【本章主要内容】

4.1　智能家居布线系统

4.2　智能家居弱电布线系统组成模块及组网技术

4.3　智能家居弱电布线系统解决方案

4.4　智能家居弱电布线系统线缆的选用

4.1 智能家居布线系统

4.1.1 智能家居布线系统的标准和等级

1. 家居综合布线系统

家居综合布线系统是指将家居的网络、电视、电话机、多媒体影音等设计进行集中控制的电子系统。家居综合布线系统由家用信息接入箱（或称配线箱）、信号线和信号端口模块组成。各种线缆被信息接入箱集中控制，信号线和信号端口模块是各种应用系统的“神经”和“神经末梢”。

智能家居布线是随着信息化社区的发展及人类正在逐步步入信息社会而形成的一种布线方式，除支持数据、语音、视频、多媒体应用外，还可提供对家居的保安管理和对家用电器的自动控制及能源自控等。智能家居布线与其他智能大厦布线系统相比，主要区别在于智能家居是独门独户，且每户都有许多房间，因此布线系统必须是以分户管理为特征的。一般来说，智能家居每一住户每一个房间的配线区都应当是独立的，住户可以方便地自行管理自己的房间。另外，智能家居和办公智能大厦布线一个较大的区别是，智能家居需要传输的信号种类较多，不仅有语音和数据，还有有线电视、楼宇对讲、安防等。因此，智能家居每一个房间的信息点较多，需要的接口类型也比较丰富。

2. 标准与规划

就目前信息技术发展而言，智能家居布线将成为今后一段时间内布线系统的新热点。这其中有两个原因：

① 标准已经成熟，1998年9月，TIA/EIATR-41委员会的TR-41.8.2工作组正式修订及更新了智能家居布线的标准，并重新命名为EIA/TIA570-A家居电信布线标准。

② 市场的推动，即有越来越多家居办公或在家上网的需求，并且多数家居已不止一部电话机和一台电视，对带宽的要求也越来越高，所以家居也需要一套系统来有效管理这些接线。智能家居布线正是针对这样的一个市场提出来的。

智能家居布线由房地产开发商在建楼时投资，增加智能家居布线项目只需多投入1%的成本，而这将为房地产开发商带来几倍的客户。至于智能家居布线的安装，目前在国外已经出现家居布线集成商行业，专门从事智能家居布线的安装与维护，此外也可由系统集成商安装。

对中国用户来说，目前在家办公、上网等多媒体需求的用户还不多。但必须看到，一个住宅投资至少是 10 年、20 年以上，而信息技术飞速发展，如果现在建设中的住宅不规划设计智能家居布线系统，将来在有这些应用需求时，再增加布线将会很麻烦，所以在现代化智能住宅规划设计中，要结合信息技术的发展和人们对各类信息的需求规划设计现代住宅，使其可满足 10~20 年对各类信息的需求。

3. 智能家居布线的等级

智能家居布线系统主要分为两个等级：

① 等级一。等级一是一个可满足电信服务最低要求的通用布线系统，可提供电话、有线电视和数据服务，按照星状拓扑，采用非屏蔽双绞线（非屏蔽双绞线必须满足或超过 EIA/TIA-568A 规定的 3 类电缆传输特性要求）和一根 75Ω 的同轴电缆，并必须满足或超过 SCTEIPS-SP-001 的要求，以便传输有线电视信号。其规划设计应具有一定的超前意识，若选用 5 类非屏蔽双绞线（UTP），则可方便未来升级。

② 等级二。等级二是一个满足基础、高级和多媒体电信服务的通用布线系统，可提供当前和正在发展的家居电信服务。等级二布线的最低要求为一根或两根四对八芯非屏蔽双绞线（四对八芯非屏蔽双绞线必须满足或超过 EIA/TIA-568A 规定的 5 类线缆性能要求）和一根或两根 75Ω 的同轴电缆，且此同轴电缆必须满足或超过 SCTEIPS-SP-001 的要求。选择的光缆必须满足或超过 ANSI/ICEAS-87-640 的传输特性要求。

4. 智能家居布线技术

在智能家居布线系统中，每一个家居必须安装一个分布装置（DD）。分布装置是一个交叉连线的配线架，主要端接所有的电缆、跳线、插座及设备连线等。分布装置配线架主要提供用户增加、改动电信设备的需要，并提供连接端口为服务供应商提供不同的系统应用，必须安装在一个干燥、清洁、便于安装和维护的地方。配线架可以使用跳线、设备线提供互连方案，长度不超过 10m。电缆长度从配线架开始到用户插座不可超过 90m。如两端加上跳线和设备连线后，则总长度不可超过 100m。所有新建筑从插座到配线架的电缆必须埋藏在管道内，不可使电缆外露。主干必须采用星状拓扑方法连接。介质包括光缆、同轴电缆和非屏蔽双绞线，并使用管道保护。通信插座的数量必须满足需要，具体的布置应结合居室的特点和布局有选择性地布置。插座必须安装在固定的位置上，如果使用非屏蔽双绞线，则必须使用八芯 568A（或 568B）接线方式。如果某些网络及服务需要连接一些特别的电子部件，如分频器、放大器、匹配器等，则必须安装在插座外。

5. 智能家居布线系统的优势

智能家居布线系统与传统的布线系统相比有许多优越性，主要表现在以下几个方面：

① 兼容性。所谓兼容性，是指设备或程序可以用于多种系统。智能家居布线系统将语音信号、数据信号与监控设备的图像信号经过统一规划和设计，采用相同的传输介质、信息插座、交联设备、适配器等，综合到一套标准的布线系统中，与传统布线系统相比，可节约大量的物质、时间和空间。使用时，用户可不用定义某个工作区信息插座的具体应用，只把某种终端设备接入信息插座，在管理间和设备间的交联设备上进行相应的跳线操作，就可接入系统中。

② 开放性。在传统布线系统中，用户选定了某种设备，也就选定了与之相适应的布线方式和传输介质。如果更换另一种设备，则原来的布线系统就要全部更换。这样就增加很多麻烦和投资。智能家居布线系统由于采用开放式的体系结构，符合多种国际上流行的标准，因此几乎对所有著名的厂商都是开放的，如IBM、DEC、SUN的计算机设备，AT&T、NT、NEC等交换机设备，并对几乎所有的通信协议也是开放的，如EIA-232-D、RS-422、RS-423、ETHERNET、TOKENRING、FDDI、CDDE、ISDN、ATM等。

③ 灵活性。在智能家居布线系统中，由于所有信息系统皆采用相同的传输介质、物理星状拓扑结构，因此所有信息通道都是通用的。每条信息通道均可支持电话、传真、多用户终端。10Base-T工作站及令牌环工作站（采用5类连接方案，可支持100Base-T及ATM等）所有设备的开通及更改均不需改变系统布线，只需增减相应的网络设备及进行必要的跳线管理即可。另外，系统组网也可灵活多样，甚至在同一房间可有多个用户终端、10Base-T工作站、令牌环工作站并存，为用户组织信息提供必要的条件。

④ 可靠性。智能家居布线系统采用高品质的材料和组合压接方式构成一套高标准的信息通道，所有器件均通过UL、CSA及ISO认证，每条信息通道都采用物理星状拓扑结构，点到点端接，任何一个线路故障均不影响其他线路的运行，同时为线路的运行维护及故障检修提供极大的方便，从而可保障系统的可靠运行。各系统采用相同的传输介质，因而可互为备用，提高备用冗余。

⑤ 先进性。智能家居布线系统采用光纤与双绞线混布方式，极为合理地构成了一

套完整的布线系统，通过主干通道可同时传输多路实时多媒体信息，采用的物理星状布线方式为将来发展交换式的网络奠定了坚实的基础。

⑥ 经济性。智能家居布线系统比传统布线系统具有经济上的优点，因智能家居布线系统可适应相当长时间的需求，可避免因布线改造浪费时间、耽误工作造成的损失。

4.1.2 智能家居布线子系统

实现智能化（小区、家居）的各种功能需要一个基础平台，有了基础平台才能表演各种节目。智能家居布线系统建立的就是这样的一个基础平台。一般家居都有水电基础设施，就像人的血液和供氧（能量）系统。智能家居布线系统就是人的神经系统。

智能家居布线系统的各信息子系统及其布线方法如下。

（1）数据网络子系统

目前已实现光纤到小区（社区）机房，从小区机房到楼道（FTTB）就是光纤或5类（6类）数据线。在楼道配线箱经过配接分配到户，进入家居信息接入箱一般用5类线，部分小区已实现光纤到户。举例来说，一个1000户的小区有100个楼道，数据网光缆从城市中心机房到小区（边远机房）为千兆网，一般为两根单模光纤（4芯或6芯，备用一根），经过光收发器分配出100根2芯（或4芯）多模光纤（1芯备用）到楼道配线箱，速率为100Mbps，从楼道配线箱经光收发器分配出10根5类数据线到每户家居信息接入箱，速率为10Mbps，从而“实现千兆到小区，百兆到楼道，十兆到户”的网络格局。

从家居信息接入箱经集线器分配出数根5类数据线到信息插座，从信息插座到电脑网卡用5类跳线连通。在家居内部，从进线、转接头、集线器、线缆、信息插座模块、设备跳线、整个数据链路都要达到10Mbps速率才能保证10Mbps上网。只要有一个环节（如插头）达不到10Mbps，那么整个链路的速率就只能是最低环节的速率。

根据家居装饰的平面布置，在计算机的下方（上方、旁边）应设置信息插座（与电源插座并排考虑），一般选用2孔信息插座，留一孔为今后增容使用，因为目前所敷设的5类4对双绞线实际只用2对双绞线。

（2）电话语音子系统

目前，电话语音子系统的分配方式处于新老交替时期。老的形式是通过大对数电话电缆分配，有600对电缆到小区，再分配25对电缆到楼道配线箱，每户分配1对或2对电话线。新的方式是光缆到小区，分配后，用25对大对数电缆到楼道（也有光纤到楼道的形式)，再分配给用户为2对4芯电话线。根据家居装饰的平面布置，在需要安装电话机的桌（几）的下方（上方、旁边）设置电话机信息插座。

（3）有线电视（含卫星电视）子系统

有线电视子系统也有新老形式。老的形式是通过同轴电缆传输的信号电平经放大后分配到楼道，在保证每个频道信号电平≥70dB情况下，从楼道分配到户。新的形式是通过光纤到小区，经同轴电缆到楼道（也有光纤到楼道的形式）再到户。根据家居装饰的平面布置，在需要放电视机的柜子上方设置有线电视插座。

（4）音/视频分配子系统

音/视频分配子系统主要为录像机、VCD等服务，将音/视频源通过分配后送到需要的位置，实现一台VCD播放，在多个房间可同时观看的目的，在较大型户型中安装背景音响系统可创造家居氛围。音箱一般安装在家居公共场所（如走廊、过道、客厅、楼梯、餐厅、厨房、别墅门外、花园地灯柱等）的墙、顶等处。

（5）防盗安防报警子系统

防盗探头一般有红外线探头、磁性探头、微波探头等，目前应用在家居的有被动式室内用单（双）红外线（微波）探头，安装在客厅、过道和楼梯的墙面或吸顶处，只要有人走动就能探测到。还有主动式单（多）光束红外线探头，警戒距离为15~250m不等，收和发两探头为一组，室内应用在门窗等处，室外应用在围墙上、阳台外、窗外等处。如有人非法侵入就会探测到。门磁、窗磁探头安装在门、窗闭合处，一旦门、窗被打开，就会探测到，并即时报警。另外，作为完善的防盗系统还可选用高速照相机，一旦发生报警，将自动拍照现场，有1画面和16画面方式可供选择。

（6）防灾报警子系统

防灾探头有煤气泄漏探头、温感探头、烟感探头等，只要探测范围内温度升高或烟雾弥漫，温感（烟感）探头就会探测到，并即时报警。如有消防喷淋系统，就自动进行喷淋。家居的各类报警系统都有可直接与小区保安中心保持联系的紧急按钮，可在床头、书房甚至卫生间内安装紧急按钮，一旦发生紧急情况，可向保安中心快速求救。

（7）可视对讲（含报警器）门禁子系统

在门厅（玄关）、书房等处安装可视对讲门铃可看到门外来客，并可与之交谈，决定是否开门，并在家居的外门安装密码锁、指纹锁、IC卡锁、普通电动锁等，用2芯或4芯线将门锁信号输入至家居信息接入箱中，再转接到网络锁具设备上，在方便开关的地方安装手动开关装置，以实现自动化控制和手动控制双功能。

(8) 三表（四表）远程抄收子系统

煤气表、电表、水表、暖气表等可通过家居信息接入箱引到户外，与小区或煤气公司、电力公司、自来水公司、暖气公司等联网，实现远程抄收。

(9) 闭路监控摄像子系统

家居监控主要用于家中有老人、小孩等需要照顾的情况，在老人、小孩房内及客厅等处安装摄像头，可观察到所要照顾人的实时状况。

(10) 网络家用电器控制子系统

今后的家用电器，包括电动窗帘，都会有数据接口，可以通过网络实现远程遥控，所以在可能需要网络远程遥控家用电器的电源插座边应并排安置数据信息插座，以实现家用电器的远程控制。

(11) 灯光集中控制子系统

在较大户型的家居中，安装灯光集中控制子系统可创造家居氛围，可在背景灯光和背景音乐下开家庭“派对”，背景灯一般安装在家居公共场所（如走廊、过道、客厅、楼梯、餐厅、厨房、别墅门外、花园地灯柱等）的墙、顶等处。

4.1.3　智能家居布线系统的组成

智能家居布线系统主要由信息接入箱、信号线和信号端口（信息插座及模块）组成。

信息接入箱的作用是控制输入和输出的数据信号。信号端口的作用是接驳终端设备，如电视机、电话机、电脑、照明系统、音乐系统、网络电器等。

1. 信息接入箱

依据标准化智能家居布线原理，所有的外接进线和终端口的出线都应经过信息接入箱，因此智能家居布线系统的核心是信息接入箱，在选用信息接入箱时，应选用箱体和模块分离的标准化产品，以方便日后升级和扩展。因信号传输最怕干扰，所以必须考虑双屏蔽结构（外层铁箱屏蔽，内层各模块独立屏蔽），彻底解决外部和内部对信号的干扰，应选用通过信息产业部检测认证的箱体。

所选用信息接入箱的空间应足够大，以方便安装宽带路由器和交换机等。另外，信息接入箱不能设有强电电源，只能引入低压电源。家居的各种信号线路可以在信息接入箱内跳接达成通路，即在智能家居布线系统投入使用以后，可按需要在信息接入箱内通过跳线，实现线路的具体属性和作用，这样就可以不必更改线路甚至破坏原有装修。

普通的信息接入箱至少能控制有线电视信号、电话语音信号和网络数字信号。较高级的信息接入箱还能控制视频、音频信号。如果所在社区提供了相应的服务，则还可以实现电子监控、自动报警及远程抄水、电、煤气表等一系列功能。各种信号在信息接入箱中都有相应的功能接口模块管理各自线路的连接。信息接入箱管理原理与电脑网络中心机柜非常类似。

HIB-21A、B系列小型家用信息接入箱由预埋底箱、可卸式门框、门、核心模块组成，有数据系统（电脑区）、语音系统（电话区）和图像系统（有线电视区）三个功能区。

（1）电脑区

① HIB-21A系列小型家用信息接入箱由2个3口电脑模块组成，分别为1进2出，如用跳线将2个模块连接，则可实现1进3出（只能有1台电脑上网，3台电脑不能同时上网使用。）。

② HIB-21B系列小型家用信息接入箱由1个4口集线器（HUB）组成，可同时有3台电脑上网，但因是有源设备，因此需要电源模块支持。

（2）电话区

① 将信息接入箱中的内置开关1拨到左边时：2组1进4出（4个同线电话机），每路出线可控，以便将暂时不用的电话机关闭。

② 将信息接入箱中的内置开关1拨到右边时：2组合二为一，1进8出（8个同线电话机），每路出线可控，以便将暂时不用的电话机关闭。

（3）有线电视区

信息接入箱为1进4出的分配方式，同时连接4台电视机。如有不用的端子，则应旋接上阻抗端子。

SIMON（西蒙）电气多媒体信息接入箱采用优质材料制成，如图4-1所示：首先考虑的是满足家居生活的安全需求，美观的外形、齐全的规格，给不同的居住环境和不同的家居结构提供了便利的选择；配置的功能件主要有数据端口、电话分支、电视模块、影音共享、监控模块、交换机、集线器及扩展接口等，主要具有接入、分配、转接和维护管理等功能。SIMON（西蒙）电气多媒体信息接入箱分为S型、M型、L型、B型等，一般家居可选用S（小）型、M（中）型。

西蒙电气多媒体信息接入箱标配有三个基本的“三网”模块条，也是智能家居布线系统中必选的信息接入箱模块，其他的模块条用户可自行选配。

① 数据端口模块条（SNBT-SJ6）如图 4-2 所示，具有 6 个 5 类 RJ45 标准接口，为免打线模块，符合 ISO/IEC11801、TIA/EIA568A/568B 等标准，将提供上网服务信息点的线缆分别打进数据端口模块，用网络跳线将小型交换机或宽带路由器的交换口与模块上的 RJ45 口连接。

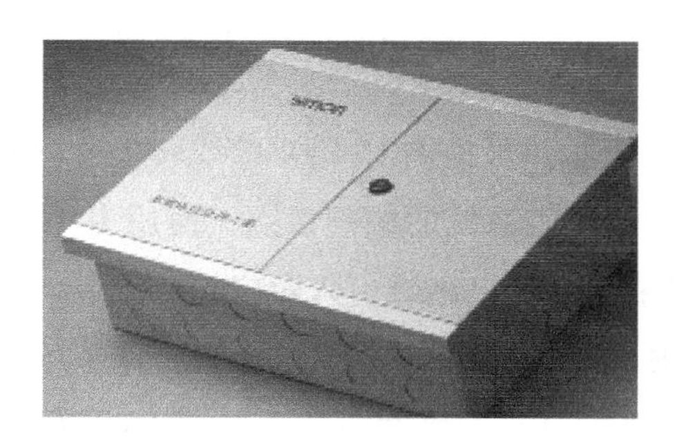

图 4-1　SIMON（西蒙）电气多媒体信息接入箱

图 4-2　数据端口模块条（SNBT-SJ6）

② 语音模块条（SNBT-GX7）如图 4-3 所示，通过 1 进 7 出共享电话分支，5 类 RJ45 标准接口用于 1 进 7 出的电话机连接，采用并联连接，1 部电话机通话，其他电话机可监听。

③ 视频模块条（SNBT-DS4）如图 4-4 所示，提供 1 分 4 有线电视分配器，F 型同轴电缆接头（75Ω），5～1000MHz 宽频，可用于有线电视接入和分配。

图 4-3　语音模块条（SNBT-GX7）

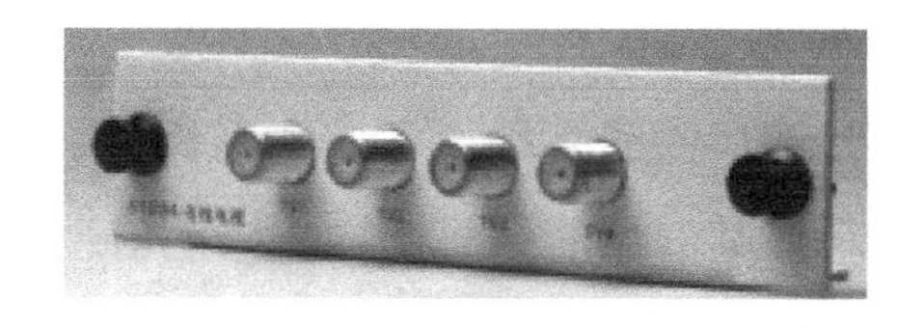

图 4-4　视频模块条（SNBT-DS4）

④ 音/视频模块条如图 4-5 所示，由 1 进 3 出的 4 组音/视频螺丝接线排组成，每一组输出均由对应的开关控制，将输入信号线和输出信号线（R：右声道，L：左声道，V：视频）分别接入黄铜螺丝接线排，拧紧螺丝。面板上有 3 组 3 位小开关，分别控制 3 组输出信号的通、断。用户可根据需要将相应开关闭合，用于多个房间共享一台 VCD/DVD 的音/视频播放及家居影院后置音箱和背景音乐的连接。

⑤ 对讲门禁信号采集模块条如图 4-6 所示，可提供 12 路 RVV 软线转换，黄铜螺丝压接口，用作门铃、对讲、家居门禁等信息的中间接点。

图 4-5　音/视频模块条

图 4-6　对讲门禁信号采集模块条

⑥ 安防报警抄表信号采集模块条如图 4-7 所示，可提供 10 路双绞线转接、110 卡接口，用作安防、火警等设备和水、电、气、热抄表系统的中间接点，需用专用的打线工具将外线打入标有数字的卡口中，再将连接内部设备的线打入对应的卡口中。

⑦ 监视模块条如图 4-8 所示，有 3 组高质量的双通 BNC 射频同轴连接器（75Ω），用于可视与监视探头信号的连接，将户内和户外线分别端接在附带的 L 型 BNC 连接器上后，对应卡接在功能件同一组 BNC 连接器的两端即可。

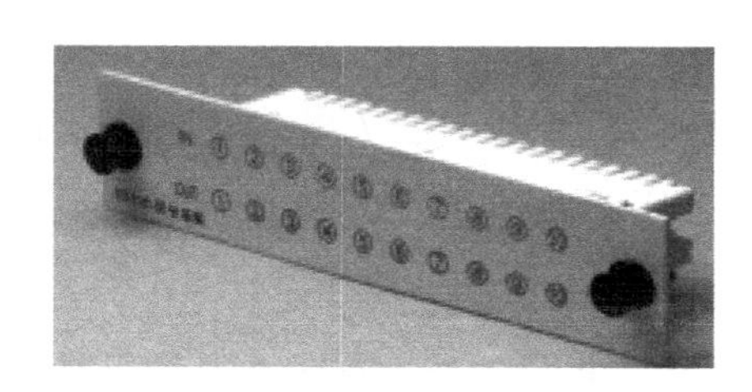

图 4-7　安防报警抄表信号采集模块条

图 4-8　监视模块条

2. 信息端口

信号端口接驳终端设备，如电视机、电话机、电脑、交换机、防盗报警器、自动抄表器等。其二位信息面板（一口是信息口，一口是电话机口）如图 4-9 所示。信息面板是 RJ45 信息模块的安装设备，也是暗装方形盒的盖子。

信息端口是网络工程中经常使用的部件，分为 6 类、超 5 类、3 类，且有屏蔽和非屏蔽之分，满足 T-568A 超 5 类传输标准，符合 T568A 和 T568B 线序，适用于设备间与工作区的通信插座连接，免工具型设计，便于准确快速地完成端接，扣锁式端接帽可确保导线全部端接并防止滑动。

目前各线缆厂家的 RJ45 模块有的不需要工具即可安装，有的需要专用打线工具，选择打线工具时应选择多用途的，能适合于不同厂家的模块端接要求。

超 5 类免打线式 RJ45 信息插座模块如图 4-10 所示。超 5 类免打线式 RJ45 信息模块可不用专门的打线工具，只要将双绞线按色标放进相应的槽位，再用钳子压一下即可。一位平口 TV 面板（含电视连接器模块）如图 4-11 所示。两位音频面板（含音频模块）如图 4-12 所示。

图 4-9　二位信息面板

图 4-10　超 5 类免打线式 RJ45 信息插座模块

图 4-11　一位平口 TV 面板（含电视连接器模块）

图 4-12　两位音频面板（含音频模块）

3. 智能家居布线系统的构成

① 家居宽带网络及电话系统。

② 家居中央音响系统。

③ 家居影视系统。

④ 家居智能防盗报警系统。

4. 家居灯光照明及电器控制系统

智能家居布线系统如图 4-13 所示。该系统由分布装置及各种线缆、信息出口的标准接插件构成。各部件采用模块化设计和分层星状拓扑结构。各功能模块和线路相对独立。单个家用电器或线路出现故障，不会影响其他家用电器的使用。智能家居布线系统的分布装置主要由监控模块、电脑模块、电话模块、电视模块、影音模块及扩展接口等组成，主要具有接入、分配、转接和维护管理等功能，根据用户的实际需求可以灵活组合、使用，支持电话/传真、上网、有线电视、家居影院、音乐欣赏、视频点播、消防报警、安全防盗、空调自控、照明控制、煤气泄漏报警和水/电/煤气三表自动抄送（后两项功能需要社区能提供相应的服务）等各种应用。

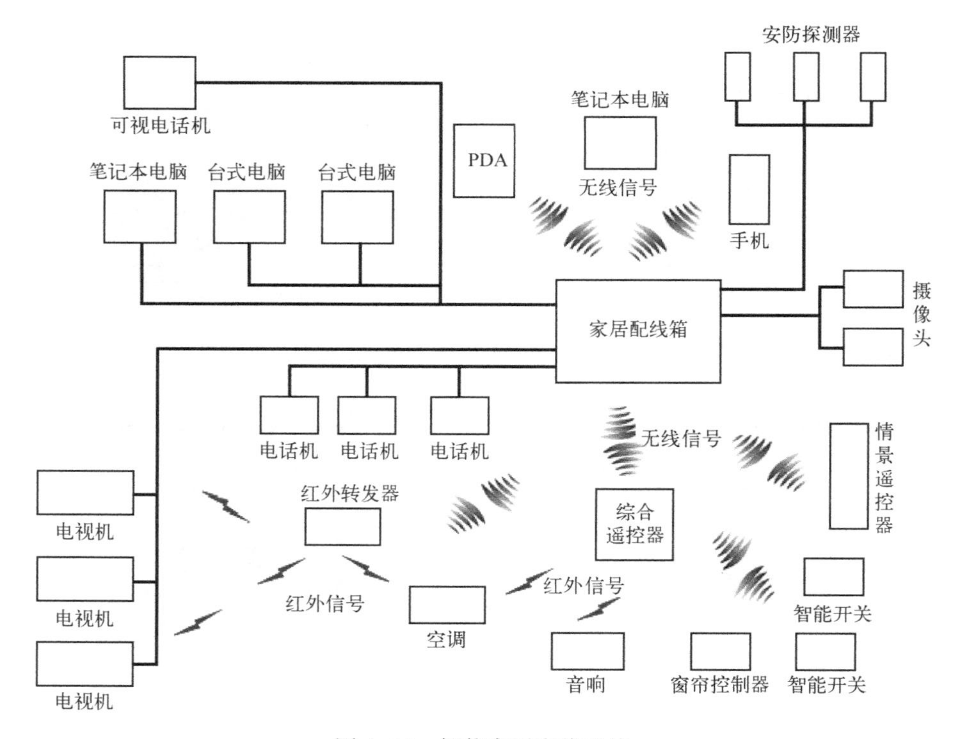

图4-13　智能家居布线系统

4.1.4　智能家居布线管理系统

1. 室内布线管理系统

（1）智能家居布线管理系统的信息接入箱分类

智能家居布线管理系统的信息接入箱集成了宽带网络、电话交换、有线数字电视分配等功能，可实现对电脑、电话机、电视机及其他家用电器等设备的管理。

智能家居布线管理系统的信息接入箱通常分为以下四个系列：

① 普及型。普及型信息接入箱主要是为经济实用型住房设计和配置的产品，可提供宽带网1进4出、电话1进5出和有线电视1进4出的功能配置，适用于网络信息端口数量小于12个（信息点）的普通经济适用房、旧楼改造等。

② 标准型。标准型信息接入箱主要是为普通公寓型住房设计和配置的产品，可提供宽带网1进4出、电话1进5出、有线电视1进4出、音响/音像1进4出的功能配置，适用于网络信息端口数量小于24个（信息点）的普通经济适用房和公寓等。

③ 增强型。增强型信息接入箱主要是为高档公寓和复式结构住房设计和配置的产品，可提供宽带网1进7出、电话2进8出、有线电视1进8出、音响/音像1进4出、安防端子6进6出的功能配置，适用于网络信息端口数量大于24个（信息点）、有较复杂安防设备的公寓和别墅。

④ 专用型。专用型信息接入箱主要是为商住两用、办公专用型住房设计和配置的产品，可提供宽带网1进10出、电话2进8出、有线电视1进12出的功能配置，适用于网络信息端口配置要求特殊、复式大户型或安装地点为智能小区中的非住宅户型等特殊场合。

（2）居家通HCM-2000B豪华型室内多媒体配线系统

HCM-2000B豪华型室内多媒体配线箱如图4-14所示。HCM-2000B豪华型室内多媒体配线箱由机箱和6大模块组成。机箱的安装尺寸为340mm×420mm×155mm。

图4-14　HCM-2000B豪华型室内多媒体配线箱

6大模块分别为：

① 电话交换模块，可提供3进线8分机的小总机功能，即系统已内置有一个小型的电话交换机。

② 电脑数据模块，可提供100M的8口HUB局域联网功能。

③ 有线电视模块，可提供两个一分四的标准功率分配功能。

④ 室内影音模块，可提供四组音/视频插头，并可自由组合连接。

⑤ 红外转发模块，可提供对不同房间内的卫星接收机、空调、DVD等的遥控功能。

⑥ 电源模块，可为以上模块提供电源。

（3）YJT-C04豪华型多媒体布线箱

YJT-C04豪华型多媒体布线箱如图4-15所示。

图 4-15　YJT-C04 豪华型多媒体布线箱

YJT-C04 豪华型多媒体布线箱的箱体由 ABS 工程塑料盖板和钢板底盒组成，外形尺寸为 393mm×280mm×112mm，盒体内置 8 个模块安装空间，可实现如下功能：

① 网络共享。5 口网络集线器，可将室内不同地点的电脑与室外的宽带网络信号连接，实现不同地点同时上网，同时，可将室内多台电脑联网组建室内局域网，实现网络资源共享。

② 电话保密。内置的 2 进 6 出电话模块可实现在不同地点打电话、接电话、呼叫转接功能，当室内外通话时，家中同号码的其他分机听不到。

③ 电视分配。内置的 1 进 5 出电视分配模块（5～1000MHz 双向传输）可将电视信号均衡分配到室内各个房间的电视机，实现不同地点同时看电视。

④ 视频音响。内置的视频音响模块可将室内的 DVD/VCD 音/视频信号分配到室内不同的电视机，实现室内影院共享。

⑤ 防盗对讲。内置的 5 进 5 出防盗对讲模块（包含视频 1 进 1 出，防盗报警转接 4 组进线 4 组出线）的每组进出线均有 3 个接线端子，可实现防盗对讲、监控、抄表信号的转接管理，预留 ADSLMODEM、防盗报警主机安装位置，便于进行功能扩充。

（4）E 家缘 V9 型智能多媒体箱

E 家缘 V9 型智能多媒体箱如图 4-16 所示。

E 家缘 V9 型智能多媒体箱的外形尺寸为 235mm×210mm×100mm，底箱材质是钢板，面板材质为塑料，共有电源模块、HUB 模块、电话模块、电视模块、音/视频模块等 5 个模块，可实现如下功能：

① 电话模块可实现 1～4 根外线接入，6 根分线随意分配。

② HUB 模块可提供 1 个输入口、4 个输出口，用于宽带接入，实现 4 台电脑 10M

图 4-16　E 家缘 V9 型智能多媒体箱

带宽同时上网。

③ 电源模块提供可靠稳定的直流+5V 电压供 HUB 使用。

④ 电视模块有 1 个 CATV 有线电视信号输入端子、4 个输出口，可实现有线电视信号放大与分配功能。

⑤ 音/视频模块有输入口 1 个，输出口 3 个，可实现 VCD/DVD 音/视频信号共享。

4.2　智能家居弱电布线系统组成模块及组网技术

4.2.1　智能家居弱电布线系统组成模块

智能家居弱电布线系统组成模块也就是信息接入箱的功能模块条。它们管理着各种信号输入和输出的连接。

1. 网络模块

网络模块由一组 5 类 RJ45 插孔组成，如图 4-17 所示，主要实现对进入室内电脑网线的跳接。来自房间信息插座的 5 类网线按线对色标打在模块背面对应的插座上，前面板的 RJ45 插孔通过 RJ45 跳线与小型网络交换机连接，可以将 5 口小型交换机装在信息接入箱内，最好是铁壳交换机，有利于通过箱体散热和屏蔽，ADSL Modem 也可放在信息接入箱内。

网络模块可以分为三类：信息端口模块、集线器/交换机、路由器。信息端口模块主要负责将室内电脑设计成一个局域网，在同一时间内只能提供一台电脑上网。集线器/交换机的原理相同，简单说来就是可以共享上网，几台电脑同时上网，不同的是集

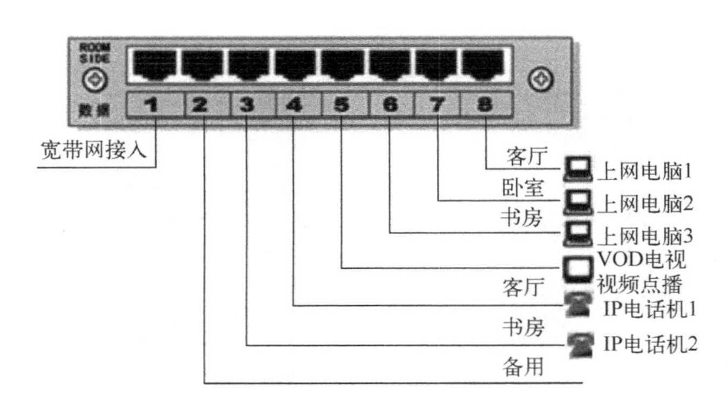

图 4-17　网络模块

线器“按劳分配”，交换机完全共享。例如，同样的集线器和交换机提供 10M 带宽，有 5 台电脑同时连接，那么集线器就是给每台电脑分配 2M 带宽，而交换机则是均分配为 10M 带宽。路由器也称 IP 共享器，能够让几台电脑共享一个 IP 地址，几台电脑共享同一宽带同时上网。

ZDTN8H5 超 5 类 RJ45 模块是依据 ISO/IEC11801、EIA/TIA568 国际标准设计制造的，一端用于端接 8 芯 UTP 双绞线，另一端为 RJ45 接口，用于连接数据通信设备，其性能优于 TIA 增强 5 类的标准。

2. 电话模块

电话模块与网络模块其实是一样的，也是采用一组 5 类 RJ45 插孔将进入室内的电话外线复接输出，为一进多出，输出口连接至房间的电话机插座，再由插座接至电话机。电话模块如图 4-18 所示，采用 5 类 RJ45 接口标准，如室内布线使用 5 类双绞线，则也可用于电脑网络连接。

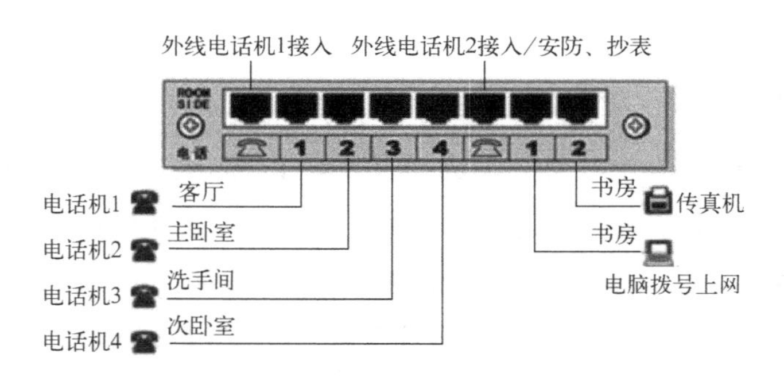

图 4-18　电话模块

ZDN6/2 电话模块是专用于语音通信的 2 芯接线模块。其安装方式等同于超 5 类 RJ45 插座模块：一端为旋接式端子排，用于端接各种规格的线缆；另一端为 RJ12 接口，用于连接电话机/传真机等设备（符合电信接入要求）。

电话模块在一般的家居中经常用到，通常一个家居的电话都是一个号码几台分机，几台分机都可以同时接听，并可实现电话屏蔽功能，在实际布线工程中经常采用网线作为电话的水平布线，安装时，将 4 对 5 类双绞线中的一对蓝白线作为电话线使用，使用时，只需在两端的 RJ45 插孔插上 RJ11 电话线即可，即网络和电话可通用，互相备份，是一举两得的做法。

3. 电视模块

电视模块其实是一个有线电视分配器，由一个专业级射频一分四的分配器构成，如图 4-19 所示。电视模块的功能是将一个有线电视进口分出几个出口分布到不同的房间，也可应用于卫星电视和安全系统。其安装方式等同于超 5 类 RJ45 插座模块，使用灵活方便。

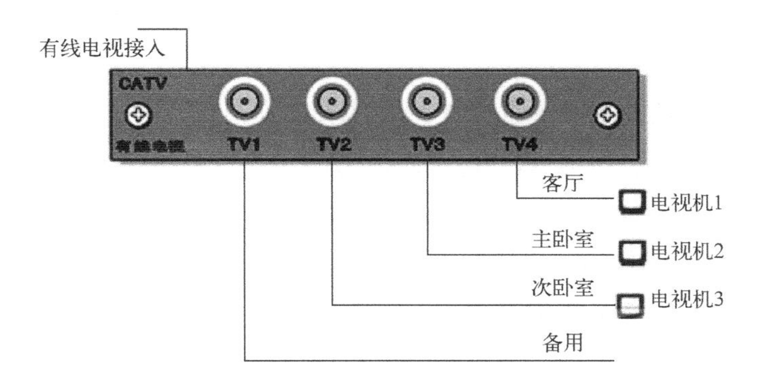

图 4-19　电视模块

4. 影音模块

影音模块主要用于家居音乐系统，采用标准的 RCA 或 S 视音频插座，安装方式也等同于超 5 类 RJ45 插座模块。影音模块如图 4-20 所示。安装时，可将音/视频（视频：V；右声道：R；左声道：L）输入信号线接入端口，输出信号线接入相应的输出端口。每个输出端口在面板上有一组三位可上下拨动的开关（相应数字“1”　“2”“3”，往下为闭合，标识为“ON”），可分别控制 3 路输出信号与输入信号的复接、断开，可以多个房间共享一台 VCD/DVD 影音播放。

5. 其他模块

① ST 光纤模块专门用于光纤到桌面的高速数据通信，采用与 ST 头相匹配的耦合器，安装方式等同于超 5 类 RJ45 插座模块。

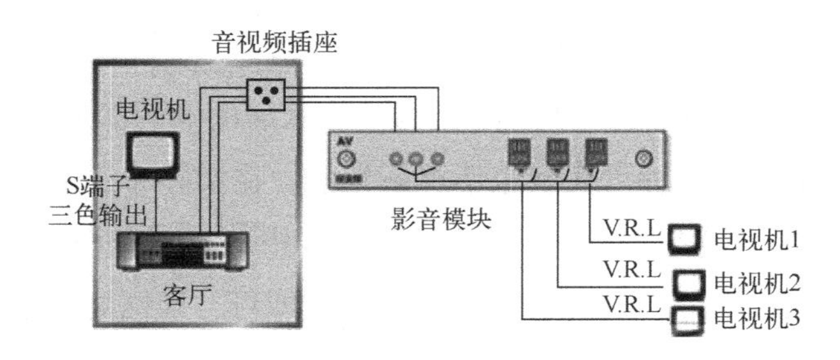

图 4-20　影音模块

② SC 光纤模块与 ST 光纤模块类似，采用与 SC 头相匹配的耦合器。

③ 音响接线模块配置具有夹接功能的音箱接口，在家居音乐系统中采用音响接线模块，可使音箱配置更加灵活方便。

4.2.2　智能家居弱电布线系统组网技术

1. 组网方案

针对一些有线路改造需求，但以太网布线又不充足的用户，可借助其他几种传输介质实现家居室内组网，包括 Wi-Fi、同轴电缆、电力线等。

① Wi-Fi 适用于在室内组建无线网络，是各种智能终端的主要联网方式。在理想情况下，Wi-Fi 能提供数百兆无线带宽，使得无线承载多媒体应用，尤其是视频媒体成为可能。由于用户家中的无线覆盖效果通常有所差异，因此在有些用户家中，当有障碍物阻挡（如家具、墙体）或通信距离较远时，无线信号的覆盖范围和强度会大大下降，影响组网效果。我国有 2.4GHz 和 5.8GHz 两种频段规格的 Wi-Fi 产品，前者主要用于无线上网，后者更适合进行无线视频传输。

② 同轴电缆在国内主要用于有线电视广播传输，通过调制解调也可以用来传输数据业务，但所能使用的数据传输频段暂被划归广电运营商。

③ 电力线传输数据业务技术通过多年的发展已较成熟，可以提供近百兆的应用层带宽，足以承载上网和 IPTV 业务。电力插座遍布在室内各个房间，接入点选择比较灵活，因此基于电力线完成组网是电信业务室内部署的有效手段。

用户可综合运用以太网、Wi-Fi、电力线等室内组网技术手段并结合成本因素合理选择配套终端。推荐的组网原则为：以太网为首选，Wi-Fi 提供移动性，电力线通信实现穿墙覆盖。推荐的组网产品包括外置 AP、AP 外置型网关、电力线通信产品等。

2. 光纤到信息接入箱

用户使用 Wi-Fi 无线上网业务，室内的线缆汇聚点（如大尺寸室内信息接入箱）

能满足 PON 上行 e8-C 设备的放置，但信息接入箱对外部的无线覆盖效果不能满足用户无线上网的需求。推荐的组网方案是以 AP 外置型网关+外置 AP 产品组合，可提供室内无线上网覆盖。在用户住宅内，选择无线 AP 覆盖效果能满足用户的业务需要，从使用位置敷设 1 根 5 类线至线缆汇聚点（室内网关的放置点），并提供电源插座（为无线 AP 设备供电）。2. 4GHz 频段布线方式示意和终端连接如图 4-21 所示。

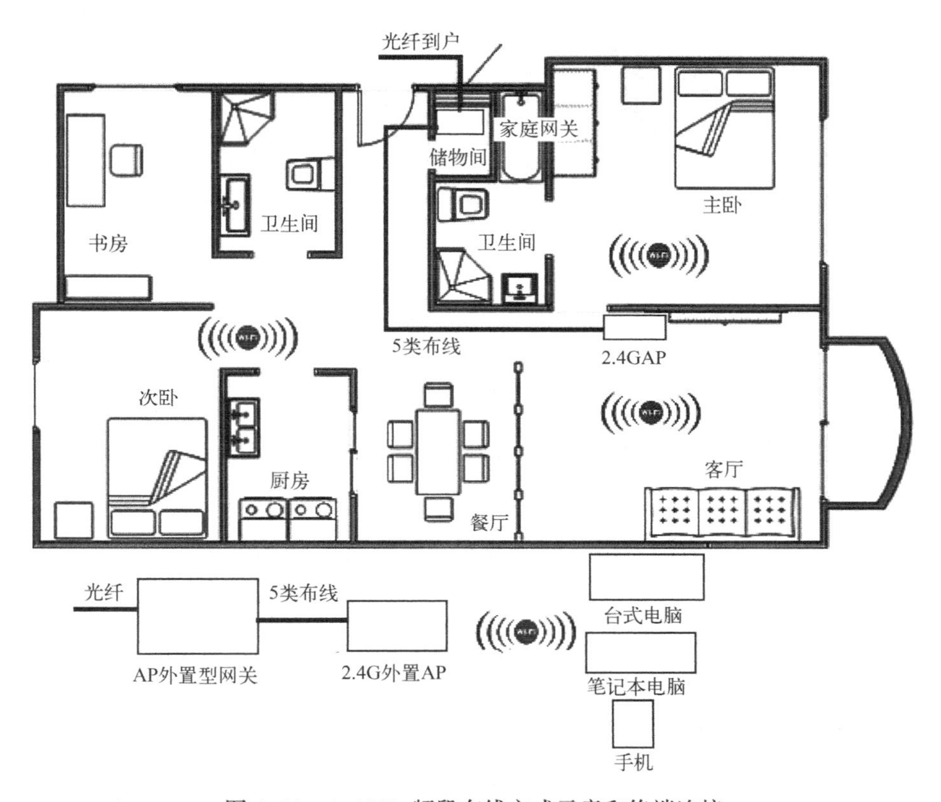

图 4-21　2. 4GHz 频段布线方式示意和终端连接

3. 光纤到客厅

用户有 2 路 IPTV 分别在客厅和卧室使用，客厅电视墙和卧室的电视机附近没有以太网口资源，除非敷设较长的明线，否则无法使用 IPTV 业务，因此推荐的组网方案是以 5. 8GAP+APClient 产品组合后，再使用电力猫实现 IPTV 业务部署。

5. 8GAP+APClient 产品组合承载 IPTV，选择适合 5. 8GAP 放置的位置，敷设 1 根 5 类线至线缆汇聚点（网关的放置点），并提供电源插座（为无线 AP 设备供电），机顶盒通过 5 类线连接 5. 8GAPClient（无线客户端）。5. 8GHz 频段布线方式示意和终端连接如图 4-22 所示。

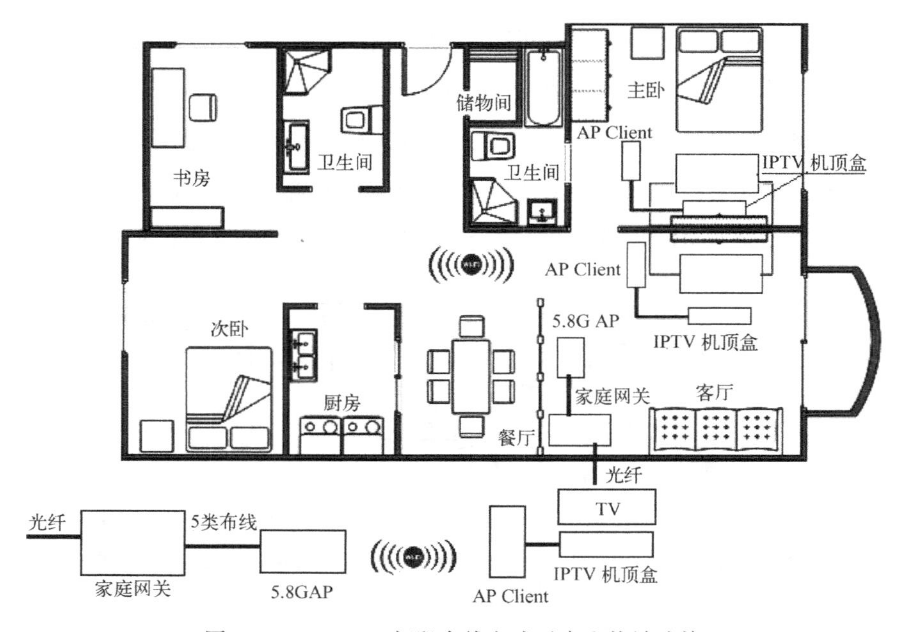

图 4-22　5.8GHz 频段布线方式示意和终端连接

采用电力猫方案可承载 IPTV 业务，网关设备通过电力猫把 IPTV 数据调制到室内电力线上，同时为网关设备提供 12V 直流供电；机顶盒通过 5 类线连接到附近的电力猫解调出 IPTV 数据。电力猫方案布线方式示意和终端连接如图 4-23 所示。

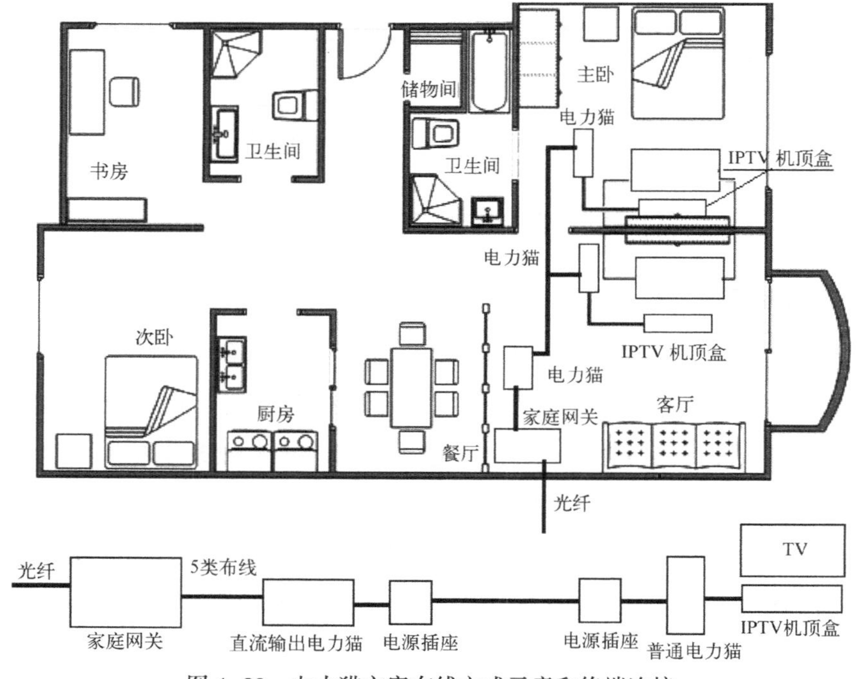

图 4-23　电力猫方案布线方式示意和终端连接

4. 光纤到书房

用户使用的上网业务在书房的汇聚点能满足 PON 上行 e8-C 设备的放置，由于没有敷设5类线接口，因此在其他房间不能上网。推荐采用网关设备和电力猫组合方案。

网关设备通过电力猫把网络数据调制到家居电力线上，同时为网关设备提供 12V 直流供电，其他房间的上网设备（PC、Wi-Fi 手机、Pad 等）通过电力猫解调出上网数据。带 Wi-Fi 电力猫方案布线方式示意和终端连接如图 4-24 所示。

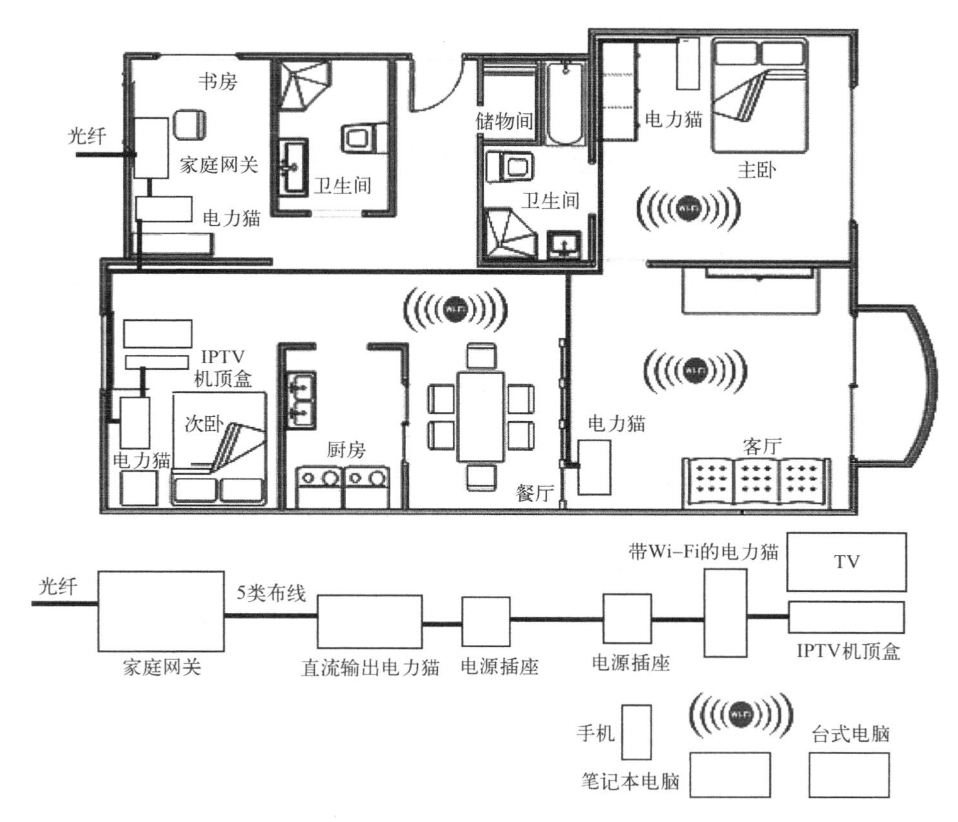

图 4-24　带 Wi-Fi 电力猫方案布线方式示意和终端连接

智能家居布线产品（外置 AP、5.8GAPClient、电力猫）的业务应用见表 4-1。

表 4-1　智能家居布线产品（外置 AP、5.8GAPClient、电力猫）的业务应用

产品名称	应用场景概述	形　态	业务应用
外置 AP	入户点无法满足室内无线覆盖需求	2.4GHz	无线上网
		5.8GHz（需与 5.8Gclient 配对使用）	无线 IPTV

续表

产品名称	应用场景概述	形　态	业务应用
5.8GAPClient	用于连接高清机顶盒	5.8GHz（需与5.8GAP配对使用）	无线IPTV
电力猫	没有室内5类布线	带12V直流供电	有线IPTV或有线上网
		不带12V直流供电	有线IPTV或有线上网
		支持2.4GHzWi-Fi	有线IPTV或有线无线上网

4.3 智能家居弱电布线系统解决方案

布线是家居网络建设中的重要环节，与家居网络的使用密切相关。布线的特点是一旦完成，就很难再修改。因此，用户在设计时就应该考虑到今后一段时间的需要。由于产品、技术、成本等原因，一步跨入智能化还为时尚早，随着智能家居产品的不断成熟，普及将是很快的事情，因此在设计智能家居布线系统时，应为这一目标做好准备，也就是要充分考虑现在和将来的需要，预先科学合理地规划设计智能家居布线系统，是避免一段时间后再开墙布线或明敷布线的有效手段。

典型普通家居布线系统如图4-25所示。该系统由一个信息接入箱、各种线缆及各个信息出口的标准接插件组成。各个功能部件均采用模块化设计和星状拓扑

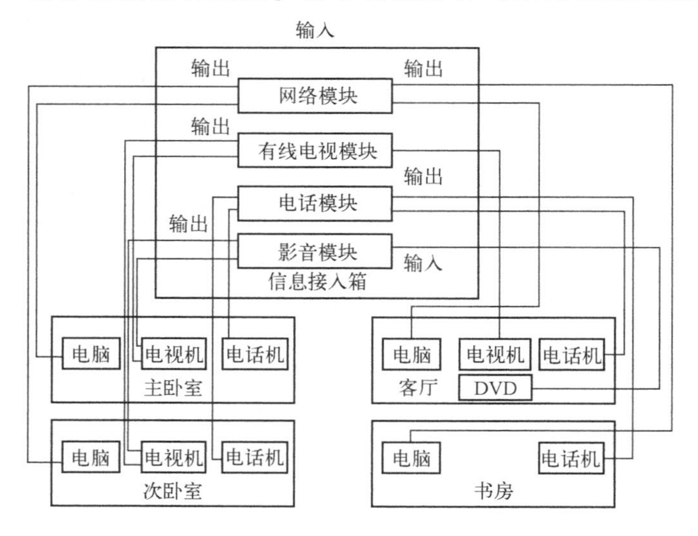

图4-25　典型普通家居布线系统

结构。各个模块及其线路相互独立。单个线路出现故障，不会影响其他信息设备的使用。

1. 普通住宅布线方案

作为小户型的住宅，智能家居的融入将给家居提供时尚的生活享受，使生活变得更加精彩，在规划布线系统时应充分考虑预留，可方便以后添加语音、数据、视频、家庭多媒体等各类智能产品。多数家居网络所需的终端设备并不多，加之网络结构简单，可能忽略网络布线。对选用无线网络的可不考虑网络布线，出于经济性、兼容性和传输速度多方面因素的考虑，有线网络还是比较灵活、安全的。

（1）有线方案

有线方案主要针对未装修的家居。有线方案普通住宅内各类信息点的布置如图 4-26 所示，以满足安置固定电话机、音/视频设备及家居网络共享的需要，并能通过网络和电话机控制家用电器，实现 IPTV 机顶盒、HTPC 等的使用，为将来各种网络家用电器做了充分预留，未来可有选择地支持各种智能家用电器，如网络冰箱、网络微波炉、网络洗衣机、网络淋浴房，可以在家中任意地方控制家里关键部位的电器、灯光等设备，实现家用电器的统一管理。

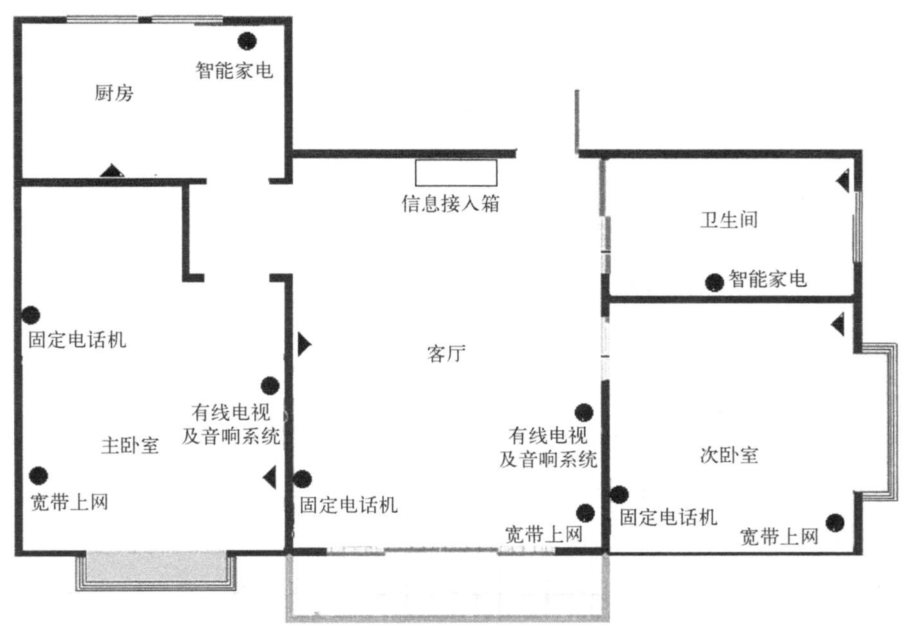

图 4-26　有线方案普通住宅内各类信息点的布置

（2）无线方案

无线方案主要针对已装修的家居，由于房间面积不大，隔墙不多，将无线终端放置在配线箱位置即可覆盖整个房间，家居上网终端可使用无线网卡（USB/PCI/PCM-CIA）。无线方案普通住宅内各类信息点的布置如图4-27所示。

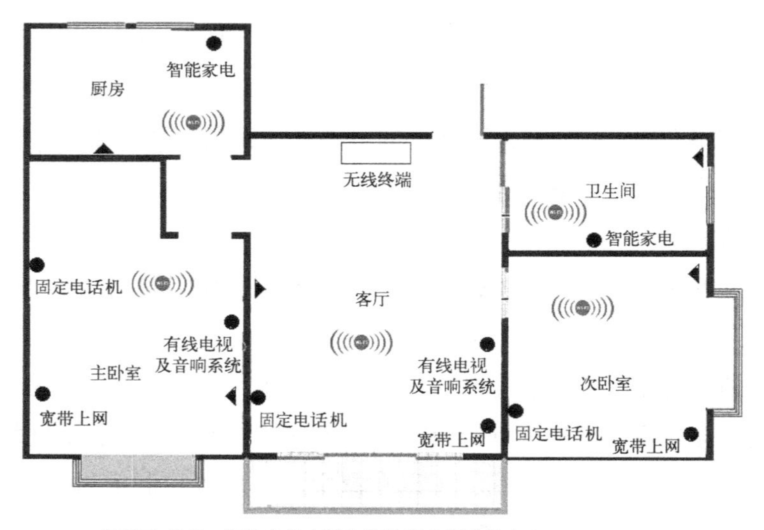

图4-27　无线方案普通住宅内各类信息点的布置

2. 中档住宅布线方案

作为一套主流户型的住宅，智能家居的融入和应用可在一定程度上为主人提供方便时尚的生活享受，让家更加温馨和舒适。中档住宅的布线系统应该有选择地应用智能家居产品，并充分考虑预留，以方便根据需要添加语音、数据、视频、多媒体、保安等智能型产品。

（1）有线方案

有线方案主要针对未装修的家居。有线方案中档住宅内各类信息点布置如图4-28所示，可满足安置固定电话机、音视频设备及家居网络共享的需要，并能通过网络和电话机控制家用电器，实现IPTV机顶盒、HTPC等的使用，为将来各种网络家用电器做了充分预留，在前后阳台预留网络接口也可方便将来实现无线接入。

房间内吊灯和客厅背景灯应配置智能开关，通过智能开关可同时控制各种灯的亮度，且具有智能记忆功能。为电视机、空调、饮水机、主卫的电热水器等电器配置智能插座，配置两个遥控器和一台无线接收器，以实现利用遥控器管理各种电器设备。

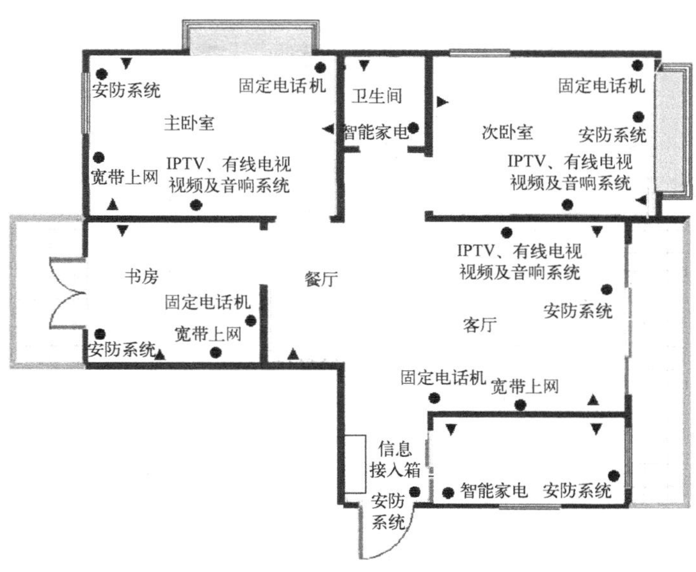

●：建议信息点，仅是家居实现智能化所必须的信息点，并选择匹配的线缆布放至信息接入箱。

▲：参考信息点，可根据家居具体情况增加的信息点，并选择匹配的线缆布放至信息接入箱。

图 4-28　有线方案中档住宅内各类信息点布置

为每个房间的窗户配置一个幕帘式红外探测器，为入户门配备门磁，在厨房配置烟雾报警器，并将其连接至放置在配线箱位置的家居安防主机，如果出现意外情况，则家居安防主机将会向指定电话机发出告警信息。

（2）无线方案

无线方案主要针对已装修的家居，由于房间面积不大，隔墙不多，将无线终端放置在配线箱位置即可覆盖整个房间。家居上网终端使用无线网卡（USB/PCI/PCMCIA）。无线方案中档住宅内各类信息点布置如图 4-29 所示。

3. 别墅布线方案

高标准的智能家居产品在高档别墅中应用可为主人提供极大的便利和生活享受。别墅布线方案支持语音、数据、视频、多媒体、家居自动系统、环境管理、保安、对讲等服务。

（1）有线方案

有线方案主要针对未装修的家居。别墅采用有线方案可实现在别墅的各个房间都能方便地拨打电话、上网冲浪，并通过 IPTV、有线电视等方式收看电视，在房间的每一个角落均可方便地享受网络生活。通过别墅专用可视对讲系统，不需要下楼就可以看到谁来拜访，不需要出去开门，只需按一下键盘，门锁就会自动打开，每层都有可视分机。

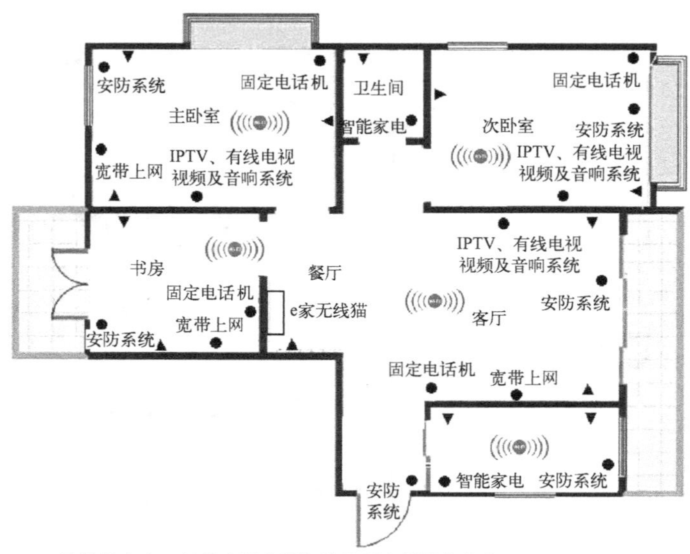

图4-29　无线方案中档住宅内各类信息点布置

当有不法之徒进入别墅、燃气泄漏、发生火灾等险情出现时，安防警卫便可触发各种场景（如全屋灯亮或发警笛报警），通过发送短信、拨打固定电话机、手机等方式自动传送到主人或小区物业，可在任意地方，通过按一个键就能控制家用电器、灯光等设备。

有线方案的别墅一、二层房间内各类信息点布置如图4-30所示。该方案可满足安置固定电话、音/视频及家居网络共享的需要。若需要将书桌放置在房间中央，则可考虑使用地插，并能通过网络和电话控制家中电器。所有房间均可实现IPTV机顶盒、HTPC等的使用，并为将来各种网络家电考虑了充分预留。在临近露台的地方预留网络接口，也可方便将来实现无线接入。在一楼集线箱处、二楼的走廊安装无线AP，确保屋内和露台无线信号覆盖。

房间内所有灯具都配置有智能开关，通过智能开关可同时控制各种灯具，任意调节亮度，具有智能记忆功能，为电视机、空调、主卫的电热水器等设备配置智能插座，为每层均配置一台无线接收器，即可通过遥控器管理家中的各种电器设备，如可以随意控制孩子房间的电视机，保证孩子充足的休息时间。在信息接入箱所在的位置安装家居服务器，即可通过网络或电话实现远程控制。

在别墅的四个边界装设红外双光束对射探测头4对，房间内每个窗户各配置一个幕帘式红外探测器，楼道、客厅配置空间式红外探测器，厨房配置烟雾报警器，并装置一套双分机对讲系统+电控锁。

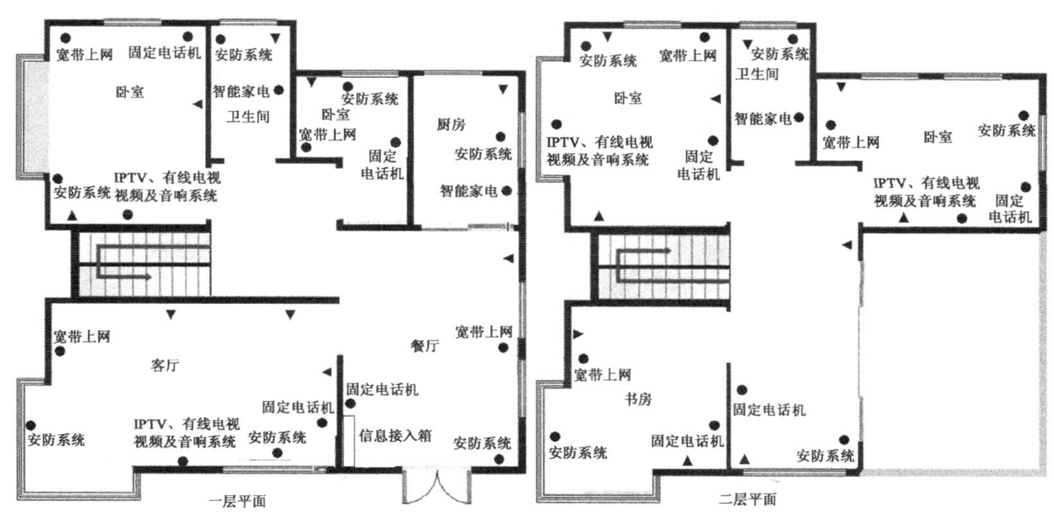

●：建议信息点，仅是家居实现智能化所必须的信息点，并选择匹配的线缆布放至信息接入箱。
▲：参考信息点，可根据家居具体情况增加的信息点，并选择匹配的线缆布放至信息接入箱。

图 4-30　有线方案的别墅一、二层房间内各类信息点布置

（2）无线方案

无线方案主要针对已装修的家居。因别墅空间较大，如果需要完全覆盖，则应在配线箱处及楼梯的隐蔽位置安装 AP（如网络模块、语音模块等），以实现整个空间的无线网络覆盖。家居上网终端需要配置无线网卡（USB/PCI/PCMCIA）。无线方案的别墅一、二层房间内各类信息点布置如图 4-31 所示。

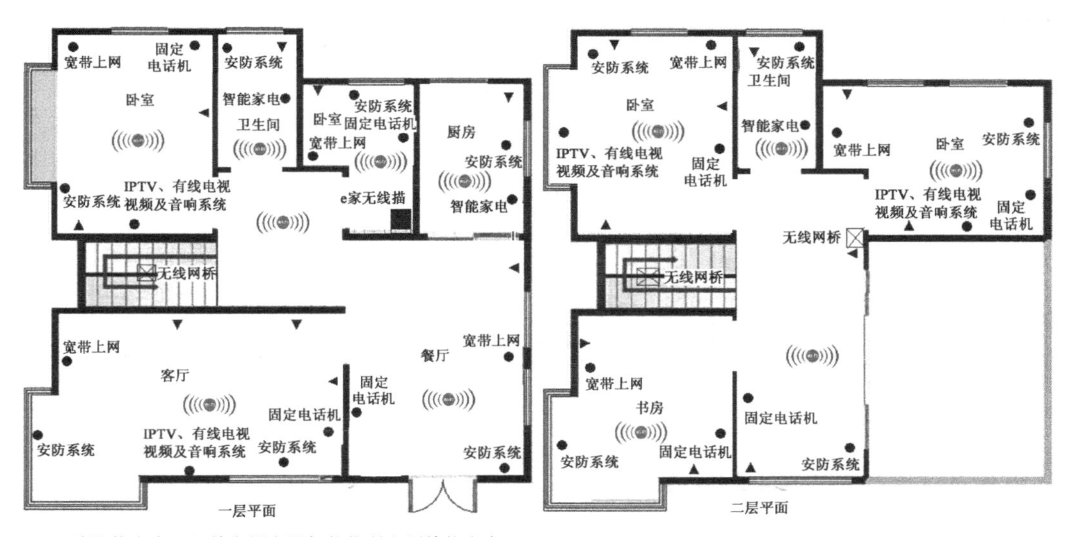

●：建议信息点，仅是家居实现智能化所必须的信息点
▲：参考信息点，可根据家居具体情况增加的信息点

图 4-31　无线方案的别墅一、二层房间内各类信息点布置

无线方案配置的设备如图4-32所示。对于一些无法安装无线网卡的上网终端，如IPTV机顶盒，则可以通过无线网桥解决，如图4-33所示。现今，家用电器的控制可以利用现有的供电电缆，当需要统一管理电器时，可以方便地对其进行更换，如图4-34所示。安防系统也可通过无线方式管理，日后需要时可以直接购买无线产品。

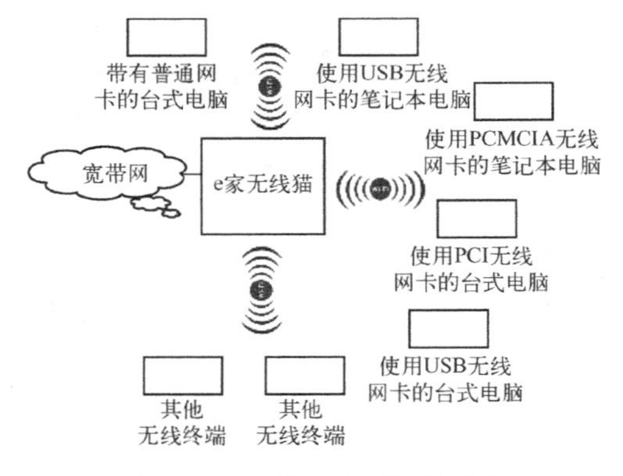

图4-32　无线方案配置的设备

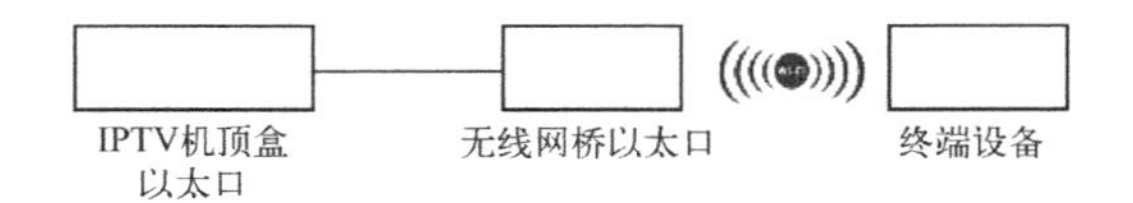

图4-33　无线网桥解决方案

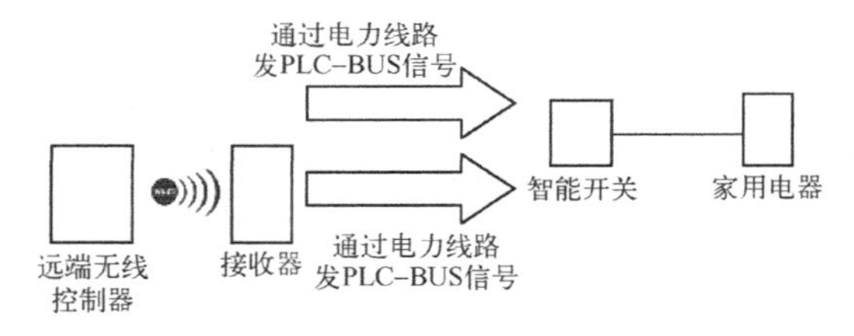

图4-34　家用电器控制示意图

4.4　智能家居弱电布线系统线缆的选用

4.4.1　视频传输线的选用

1. 同轴电缆

同轴电缆可分为两种基本类型：基带同轴电缆和宽带同轴电缆。

同轴电缆是由中心导体、绝缘材料层、网状织物构成的屏蔽层及外部隔离材料层组成的，频率特性比双绞线好，能进行较高速率的传输，屏蔽性能好，抗干扰能力强，多用于基带传输。

在有线电视系统的不同位置或不同场合应采用不同种类和规格的同轴电缆，尽量满足有线电视系统的技术指标要求。同轴电缆的种类和规格繁多，为了规范同轴电缆的生产与使用，我国对同轴电缆的型号实行了统一命名，通常由四部分组成。其中，第二、三、四部分均用数字表示，分别代表同轴电缆的特性阻抗（Ω）、线芯绝缘外径（mm）和结构序号。

依据对内、外导体间绝缘介质处理方法的不同，同轴电缆可分为如下四种：第一种是实芯同轴电缆，介电常数高，传输损耗大，属于早期生产的产品，目前已淘汰不用；第二种是耦芯同轴电缆，传输损耗比实芯同轴电缆要小得多，防潮防水性能差，以前使用较普遍，现在已不多见；第三种是物理发泡同轴电缆，传输损耗比耦芯同轴电缆还要小，不易老化和受潮，是目前使用最广泛的电缆；第四种是竹节电缆，具有物理发泡线缆同样或更优的性能，由于制造工艺和环境条件要求高，产品的价格也偏高，因此一般仅用作主干传输线。例如，型号为SYWV-75-5-1同轴电缆的含义为同轴射频电缆，绝缘材料为物理发泡聚乙烯，护套材料为聚氯乙烯，特性阻抗为75Ω，线芯绝缘外径为5mm，结构序号为1，特征为实芯普通铜导体、网眼状聚乙烯绝缘、普通铜编织层、PVC护套。有线电视同轴电缆产品的特性见表4-2。

表4-2　有线电视同轴电缆产品的特性

特　　性		普通-5	低损耗-7	普通-7
特性阻抗		75Ω	75Ω	75Ω
电容		56pF/m	56pF/m	56pF/m
衰减	10M	0.4dB		
	100M	1.1dB	0.75dB	0.8dB
	900M	4dB	2.6dB	2.7dB
全径		5.1mm	7.25mm	7mm

卫星电视同轴电缆是为抛物面卫星天线和控制器/接收器间卫星电视互连设计的，适用于多数系统，有两种类型，单同轴电缆或由数根缆芯和一根同轴电缆组成的复合电缆，适用于闭路电视系统的视频传输和监控摄像系统，包含实芯高导电性铜导体、半（全）空隙聚乙烯绝缘体、高导电性铜带和编织层、PVC或PE外层护套。卫星电

视同轴电缆产品的特性见表4-3。

表4-3　卫星电视同轴电缆产品的特性

特　　性		CT-100	CT125	CT167
特性阻抗		75Ω	75Ω	75Ω
电容		56pF/m	56pF/m	56pF/m
衰减	100M	6.1dB	4.9dB	3.7dB
	860M	18.7dB	15.5dB	12dB
	1000M	20dB	16.8dB	13.3dB
	3000M	36.2dB	31dB	25.8dB
回波损耗（RLR）	10~450M	20dB	20dB	20dB
	450~1000M	18dB	18dB	18dB
	1000~1800M	17dB	17dB	17dB
全径		6.65mm	7.25mm	7mm

SYV系列实芯聚乙烯绝缘75Ω同轴电缆结构如图4-35所示。SYV系列实芯聚乙烯绝缘75Ω同轴电缆通常用于电视监控系统的视频传输。SYV75-5-1（A、B、C）含义：S，射频；Y，聚乙烯绝缘；V，聚氯乙烯护套；75，75Ω；5，线径为5mm；1，代表单芯；A，64编；B，96编；C，128编。

SYWV（Y）、SYKV有线电视、宽带网专用同轴电缆结构如图4-36所示。SYWV（Y）、SYKV有线电视、宽带网专用同轴电缆通常用于卫星电视传输及有线电视传输等。SYWV75-5-1含义：S，射频；Y，聚乙烯绝缘；W，物理发泡；V，聚氯乙烯护套；75，75Ω；5，线缆外径为5mm；1，代表单芯。

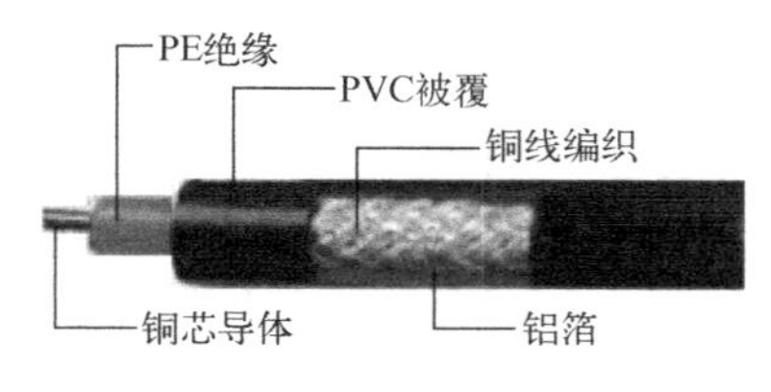

图4-35　SYV系列实芯聚乙烯绝缘75Ω同轴电缆结构

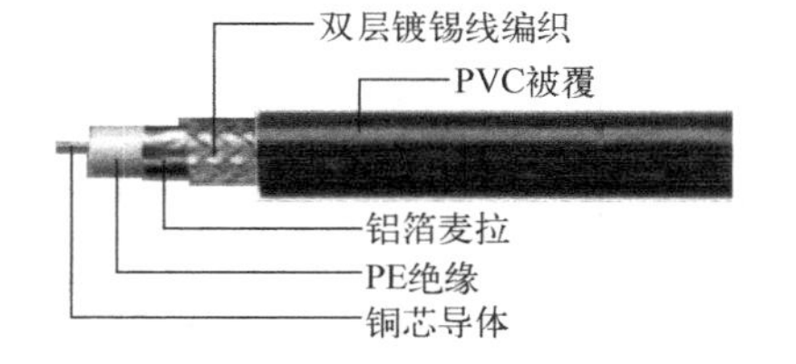

图4-36　SYWV（Y）、SYKV有线电视、宽带网专用同轴电缆结构

RG-58-96#-镀锡铜编织-50Ω同轴电缆结构如图4-37所示。RG-58-96#-镀锡铜编织-50Ω同轴电缆通常用于视频图像传输或HFC网络等。

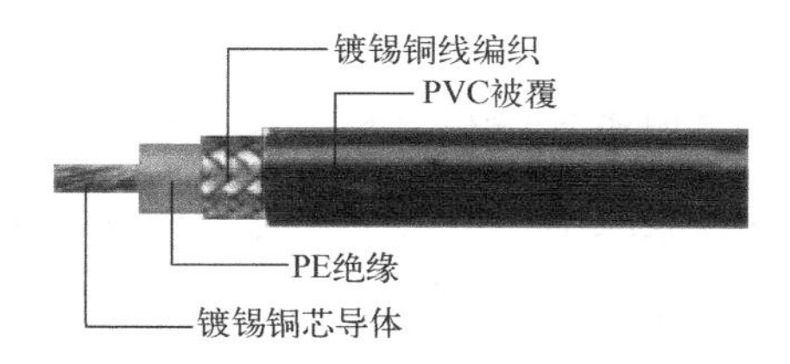

图 4-37　RG-58-96#-镀锡铜编织-50Ω 同轴电缆结构

2. 主要电气参数

同轴电缆的主要电气参数：

① 同轴电缆的特性阻抗。

② 同轴电缆的衰减。

③ 同轴电缆的传播速度。

④ 同轴电缆的直流回路电阻。

同轴电缆的最长传输距离与输出口规范、输入口规范及衰减有关，见表 4-4。

表 4-4　同轴电缆的最长传输距离

传 输 速 率	同 轴 电 缆	最长传输距离
2M（75Ω）	SYV-75-2-1	280m
34/45M	SYV-75-2-1（单板设置“加均衡”）	140m
140M	SYV-75-2-2	70m
155M	SYV-75-2-2	60m

4. 4. 2　信息传输线缆的选用

1. 双绞线

双绞线是智能家居布线系统中最常用的一种传输介质，由两根具有绝缘保护层的铜芯电线组成。把两根绝缘的铜芯电线按一定密度互相绞在一起，可降低信号干扰的程度，每一根电线在传输时辐射出来的电波会被另一根电线上辐射出来的电波抵消。双绞线一般由两根 22~26 号绝缘铜芯电线相互缠绕而成。

双绞线电缆中一般包含 4 对双绞线，具体为白橙/橙、白蓝/蓝、白绿/绿、白棕/棕。双绞线可分为非屏蔽双绞线（Unshiielded Twisted Pair，UTP，也称无屏蔽双绞线）和屏蔽双绞线（Shielded Twisted Pair，STP）。屏蔽双绞线电缆的外层由铝箔包裹。

2. 双绞线的性能指标及分类

（1）双绞线的性能指标

双绞线的性能指标主要有衰减、近端串扰、特性阻抗、直流电阻、衰减串扰比、电缆特性等。

① 衰减（Attenuation）是对沿链路信号损失的度量，与线缆的长度有关系，随着长度的增加，衰减随之增加。衰减用 dB 作为单位，表示源传送端信号到接收端信号强度的比率。由于衰减随频率变化，因此应测量在应用范围内全部频率上的衰减。

② 串扰分近端串扰（NEXT）和远端串扰（FEXT）。测试仪主要是测量 NEXT。由于存在线路损耗，因此 FEXT 量值的影响较小。近端串扰（NEXT）损耗是测量一个 UTP 链路中从一对线到另一对线的信号耦合。对于 UTP 链路，NEXT 是一个关键的性能指标，也是最难精确测量的一个指标。随着信号频率的增加，其测量难度将加大。NEXT 并不表示在近端点所产生的串扰值，只是表示在近端点所测量到的串扰值。这个量值会随电缆长度的不同而变，电缆越长，量值越小，同时发送端的信号也会衰减，对其他线对的串扰也相对变小。实验证明，只有在电缆长度在 40m 内测量得到的 NEXT 量值是较真实的。如果另一端是远于 40m 的信息插座，那么会产生一定程度的串扰，但测试仪可能无法测量到这个量值。因此，最好在两个端点都进行 NEXT 测量。现在的测试仪都配有相应设备，使得在链路一端就能测量出两端的 NEXT 量值。

③ 直流电阻（TSB67 无此参数）是指一对电线电阻的和，会消耗一部分信号，并将其转变成热量。11801 规格双绞线的直流电阻不得大于 19.2Ω，每线对间的差异不能太大（小于 0.1Ω），否则表示接触不良，必须检查连接点。

④ 特性阻抗与直流电阻不同。特性阻抗包括电阻及频率为 1～100MHz 的电感阻抗和电容阻抗，与一对电线之间的距离及绝缘体的电气性能有关。各种电缆有不同的特性阻抗。双绞线电缆有 100Ω、120Ω 及 150Ω 几种特性阻抗。

⑤ 衰减串扰比（ACR）。在某些频率范围内，串扰与衰减量的比例关系是反映电缆性能的另一个重要参数。ACR 有时也用信噪比 SNR 表示，采用最差的衰减量与 NEXT 量值的差值计算。ACR 的值较大，表示抗干扰能力更强。一般系统要求 ACR 至少大于 10dB。

⑥ 电缆特性。通信信道的品质是用电缆特性描述的。SNR 是在考虑干扰信号的情况下，对数据信号强度的一个度量。如果 SNR 过低，将导致数据信号在被接收时，接收器不能分辨数据信号和噪声信号，最终引起数据错误。因此，为了将数据错误限制在一定范围内，必须定义一个最小的可接收 SNR。

（2）双绞线的分类

双绞线的分类如图 4-38 所示。

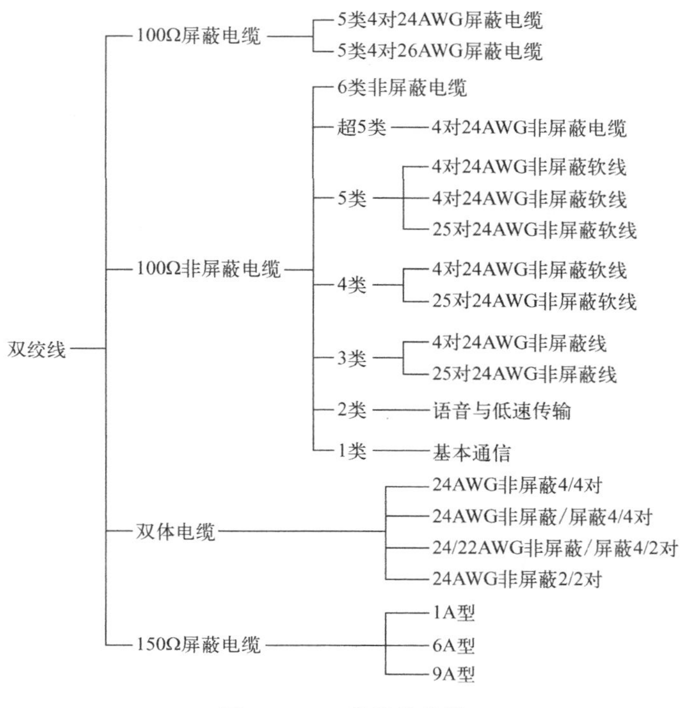

图 4-38　双绞线的分类

1 类线（CAT1）：最高频率带宽为 750kHz，用于报警系统，或者只适用于语音传输，不用于数据传输。

2 类线（CAT2）：最高频率带宽为 1MHz，用于语音传输和最高传输速率为 4Mbps 的数据传输，适用于 4Mbps 规范令牌传递协议的旧令牌网。

3 类线（CAT3）：目前在 ANSI 和 EIA/TIA568 标准中指定的电缆，传输频率为 16MHz，最高传输速率为 10Mbps，主要应用于语音传输及 10Mbps 以太网（10Base-T）和 4Mbps 令牌网，最大网段长度为 100m，采用 RJ 连接器，目前已淡出市场。

4 类线（CAT4）：传输频率为 20MHz，用于语音传输和最高传输速率为 16Mbps（指的是 16Mbps 令牌环）的数据传输，主要用于基于令牌的局域网和 10Base-T/100Base-T，最大网段长为 100m，采用 RJ 连接器，未被广泛采用。

5 类线（CAT5）：最高传输频率为 100MHz，用于语音传输和最高传输速率为 100Mbps 的数据传输，主要用于 100Base-T 和 1000Base-T 网络，最大网段长为 100m，采用 RJ 连接器，是最常用的以太网电缆。在电缆内，不同线对具有不同的绞距长度。通常，4 对双绞线绞距周期在 38.1mm 长度内，按逆时针方向扭绞，一对线对的扭绞长度在 12.7mm 以内。

超5类（CAT5e）：衰减小、串扰少，具有更高的串扰衰减比（ACR）和信噪比（SNR）、更小的时延误差，性能得到很大提高，主要用于千兆位以太网（1000Mbps），与普通5类双绞线相比，在传送信号时衰减更小，抗干扰能力更强，是目前使用最广泛的类型。

6类（CAT6）：传输频率为1～250MHz，在200MHz时综合衰减串扰比（PS-ACR）有较大的余量，可提供2倍于超5类的带宽，传输性能远远高于超5类标准，最适用于传输速率高于1Gbps的应用。6类与超5类的一个重要不同点在于：改善了在串扰和回波损耗方面的性能，对于新一代全双工的高速网络应用而言，优良的回波损耗性能是极重要的。6类标准中取消了基本的链路模型，布线标准采用星状拓扑结构，要求的布线距离为：永久链路的长度不能超过90m，信道长度不能超过100m。

超6类或6A（CAT6A）：传输带宽介于6类和7类之间，传输频率为500MHz，传输速率为10Gbps，多线芯标准外径为6mm。目前与7类产品一样，国家还没有出台正式的检测标准，只是行业中有此类产品，各厂家宣布一个测试值。

7类线（CAT7）：传输频率为600MHz，传输速率为10Gbps，单线芯标准外径为8mm，多线芯标准外径为6mm，可用于10Gbps以太网。

5类4对非屏蔽双绞线结构如图4-39所示。直径A：0.036in（0.914mm），直径B：0.20in（5.08mm）。5类25对24AWG非屏蔽软线结构如图4-40所示。直径A：0.036in（0.91mm），直径B：0.321in（0.81mm）。4类4对24AWG非屏蔽电缆结构如图4-41所示。直径A：0.036in（0.914mm），直径B：0.200in（50.8mm）。3类4对24AWG非屏蔽电缆结构如图4-42所示。直径A：0.033in（0.838mm），直径B：0.150in（3.81mm）。

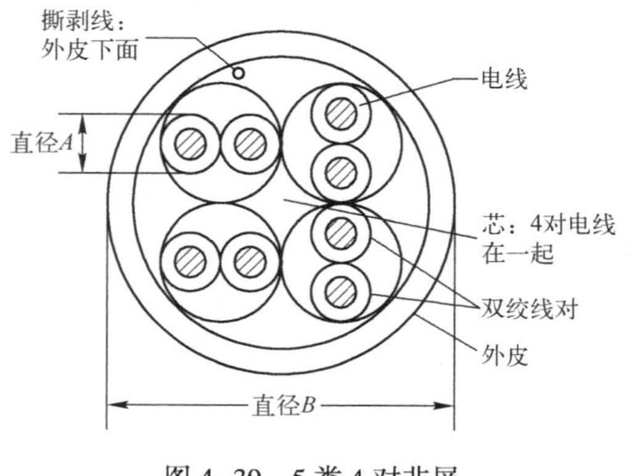

图4-39　5类4对非屏蔽双绞线结构

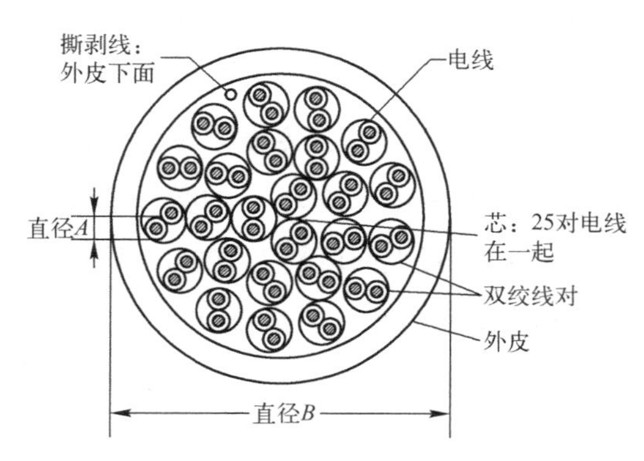

图4-40　5类25对24AWG非屏蔽软线结构

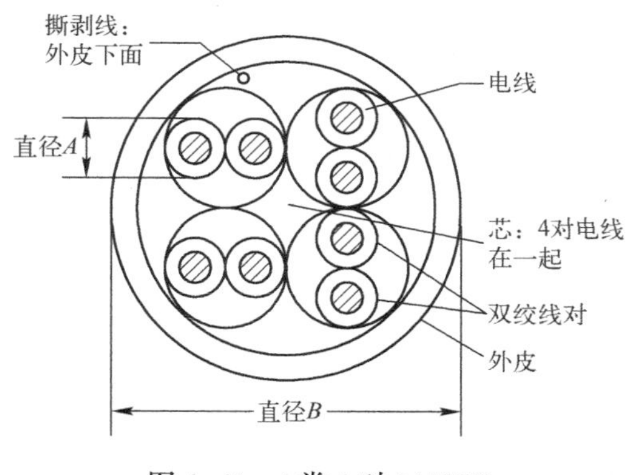

图 4-41 4类4对24AWG 非屏蔽电缆结构

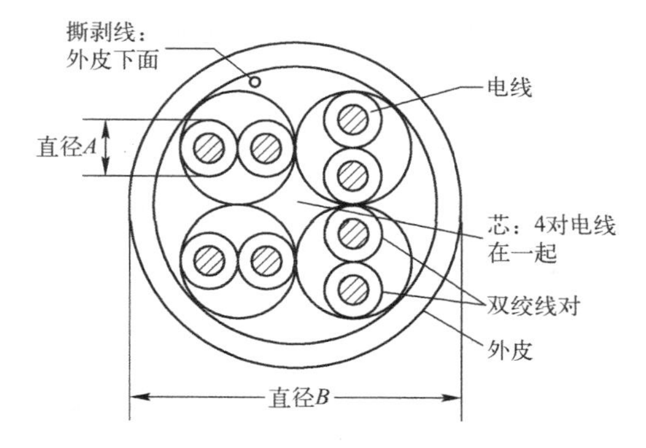

图 4-42 3类4对24AWG 非屏蔽电缆结构

3. 屏蔽与非屏蔽双绞线

双绞线综合比较见表4-5。

表 4-5 双绞线综合比较

项 目	非屏蔽双绞线（UTP）	铝箔屏蔽双绞线/铝箔、铜网双层屏蔽双绞线（FTP/SFTP）	独立屏蔽双绞线（STP）
价格	低	较高	高
安装成本	低	较高	高
抗干扰能力	弱	较强	强
保密性	一般	较好	好
信号衰减	较大	较小	小
适用场所	网络流量不大，设备和线路安装密度不大，如办公环境	网络容量较大，传输距离较远，设备和线流庞大、复杂，如银行、机场、工厂	高速网络系统高保密的高速系统，如从事CAD的大型企业、军事系统

在智能家居布线系统中，UTP和FTP线缆的选择关键取决于外部EMC干扰的影响。干扰场强低于3V/m时，一般不考虑防护措施，根据对线缆性能的测试表明：在30MHz频段内，UTP与FTP的传输效果和抗EMC能力相近，超过30MHz时，FTP较UTP的隔离度明显要高出20～30dB，根据干扰信号超过标准的量级大小可分别选择FTP、SFTP或STP等不同的屏蔽电缆和屏蔽配线设备。FTP的接地要求严格，应为360°的完全屏蔽，否则屏蔽层反而成为辐射干扰源。此外还应注意，FTP的屏蔽结构改变了整根电缆的电容耦合，衰减也会较同级的UTP稍有增加。FTP的综合造价为1.2～

1.6UTP。因此，FTP 适用于 EMC 严重的区域和保密性强的场所，如政府专网、机场、军事部门和工业企业。

综上所述，究竟使用屏蔽双绞线还是非屏蔽双绞线，要根据业主的情况、应用需求、对未来的预期及投资状况等方面进行综合考虑。

4. 双绞线的性能

① SEG-NET 5 类 4 对非屏蔽双绞线（UTPCAT5E）在智能家居布线系统中能远距离传输高比特率信号，既能传输高速数据信号，又能保证数据信号的完整性，机械物理性能、电气性能、传输特性等满足 ANSITIA/EIA-568A 标准和 YD/T838-1997 标准对 5 类对绞电缆的要求。其中，近端串扰和等效远端串扰性能符合传输延迟、延迟失真和平衡（LCL）性能要求，支持 10/100Base-T、ATM、令牌环、语音、电话、图像等应用。SEG-NET 5 类 4 对非屏蔽双绞线（UTPCAT5E）的产品特性及典型应用见表 4-6。

表 4-6　SEG-NET 5 类 4 对非屏蔽双绞线（UTPCAT5E）的产品特性及典型应用

产品特性	典型应用
适应环境温度：-20℃～60℃	10Base-T
使用单股或多股绞合裸软铜芯电线	100Base-T4
标准阻燃聚氯乙烯或低烟无卤线缆护套（PVC）	100Base-TX
阻水型电缆采用单层或双层阻水材料	100VG-AnyLAN
聚乙烯绝缘（PE）	1000Base-T
可选择撕拉线	155MbpsATM
难燃程度：CMX，CM，MP，CMG，MPG，CMR，MPR	
无轴成卷包装	

② SGE-NET 超 5 类 4 对非屏蔽双绞线（UTPCAT5）在智能家居布线系统中能远距离传输高比特率信号，频率性能可达到 155MHz，机械物理性能、电气性能、传输特性等大大超过 ANSITIA/EIA-568A 标准和 YD/T838-1997 标准对 5 类双绞线的要求，具有很好的功率、近端串扰、衰串比（ACR）、等效远端串扰及低延迟性能，可确保高速多协议局域网稳定运行，支持 10/100Base-T、ATM、令牌环、语音、电话、图像等应用。SGE-NET 超 5 类 4 对非屏蔽双绞线（UTPCAT5）的产品特性及典型应用见表 4-7。

表 4-7　SGE-NET 超 5 类 4 对非屏蔽双绞线（UTPCAT5）的产品特性及典型应用

产 品 特 性	典 型 应 用
适应环境温度：-20℃～60℃	10Base-T
使用单股或多股绞合裸软铜芯电线	100Base-T4
标准阻燃聚氯乙烯或低烟无卤线缆护套（PVC）	100Base-TX
聚乙烯绝缘（PE）	100VG-AnyLAN
可选择撕拉线	1000Base-T
难燃程度：CMX，CM，MP，CMG，MPG，CMR，MPR	155MbpsATM
无轴成卷包装	622MbpsATM

③ SGE-NET 6 类 4 对非屏蔽双绞线（UTPCAT6）可为现有网络应用提供最高的线缆性能，符合未来网络的需求，频率性能保证可达到 200MHz，通常可达 300MHz，电气性能、传输特性等满足 ANSITIA/EIA—568A 标准和 ISO11801 标准对 6 类双绞线的要求，具有很好的功率、近端串扰、衰串比（ACR）、等效远端串扰及低延迟性能，可确保高速多协议局域网的运行，支持 10/100/1000Base-T、ATM、令牌环、语音、电话、图像等应用。SGE-NET 6 类 4 对非屏蔽双绞线（UTPCAT6）的产品特性及典型应用见表 4-8。

表 4-8　SGE-NET 6 类 4 对非屏蔽双绞线（UTPCAT6）的产品特性及典型应用

产 品 特 性	典 型 应 用
适应环境温度：-20℃～60℃	10Base-T
导体使用单股或多股绞合裸软铜芯电线	100Base-T4
标准阻燃聚氯乙烯或低烟无卤线缆护套（PVC）	100Base-TX
聚乙烯绝缘（PE）	100VG-AnyLAN
可选择撕拉线	1000Base-T
难燃程度：CMX，CM，MP，CMG，MPG，CMR，MPR	155MbpsATM
无轴成卷包装	622MbpsATM

④ SGE-NET 3/5 类 25 对非屏蔽双绞线（UTPCAT3/CAT5）在智能家居布线系统中能远距离传输多组高比特率信号，既能传输高速数据信号，又能保证数据信号的完整性，机械物理性能、电气性能、传输特性等满足 ANSITIA/EIA-568A 标准和 YD/T838-1997 标准对 3/5 类主干双绞线的要求，具有良好的近端串扰、衰减、等效远端串扰性能，支持 10/100Base-T、ATM、令牌环、语音、电话、图像等应用。SGE-NET 3/5 类 25 对非屏蔽双绞线（UTPCAT3/CAT5）的产品特性及典型应用见表 4-9。

表 4-9 SGE-NET 3/5 类 25 对非屏蔽双绞线（UTPCAT3/CAT5）的产品特性及典型应用

产品特性	典型应用
适应环境温度：-20℃～60℃	10Base-T
使用24线规实芯铜导体，2芯一对，5对一组	100Base-T4
标准阻燃聚氯乙烯或低烟无卤线缆护套（PVC）	100Base-TX
聚乙烯绝缘（PE）	100VG-AnyLAN
采用胶带绑组，围绕中心加强芯分布	155MbpsATM
难燃程度：CMX，CM，MP，CMG，MPG，CMR，MPR	
有轴成卷包装	

4.4.3 音/视频传输线的选用

1. 视频线

常用的视频线有以下几种：

① AV线。AV线是最老的传输模拟视频信号的视频线，两端是莲花头（RCA头），在布线设计时不要选用这种线。

② S端子线。S端子线是比AV线质量好一点的视频线，接口是圆形的，类似PS2鼠标头，在布线设计时不要选用这种线。

③ 色差线。色差线是比S端子线质量更好的视频线，是目前传输模拟信号最好的视频线。如果播放设备和显示设备相距比较远的话，可在布线设计时考虑选用这种线。

④ VGA线。VGA线是一种模拟信号视频线，与色差线相比各有千秋，随着视频数据量的加大，色差线的冗余会更大，分辨率超过1600×1200像素后，VGA线质量稍差，长度稍长会导致雪花。因所有投影机都带有VGA接口，所以VGA线在布线设计时是必须考虑的线种。

⑤ DVI线。DVI线全称Digital Visual Interface，是最新的数字视频线，以无压缩技术传送全数码信号，最高传输速率是8Gbps，目前已获多数厂家支持，接口有24+1（DVI-D）、24+5（DVI-I）。DVI-I支持同时传输数字（DVI-D）和模拟信号（VGA信号）。HTPC的显卡一般是DVI-I接口，液晶显示器、投影机上是DVI-D接口。DVI-I接口虽然兼容DVI-D接口，但DVI-I的插头却不能插入DVI-D的接口（多了四根针），选用时需使用一个DVI-I转DVI-D的转换器。

⑥ HDMI线。HDMI线全称Hi-Definition Multimedia Interface，是比DVI更新的数

字视频线，以无压缩技术传送全数码信号，最高传输速率是3.95Gbps。HDMI线除了能传输视频外，还支持8声道96kHz或单声道192kHz数码音频的传输，接口可与DVI接口转换（视频信号部分）。

2. 音频线

一套音频线经常是两根，分为左、右两个声道。音频线的两端都是莲花头（RCA头）。音频线在布线时基本不需要考虑，因为音源设备与功放经常放在一起。这些线都很短，后期配置即可。

① 同轴线。同轴线用于传输多声道信号（杜比AC-3或DTS信号），与音频线类似，因信号量大，接头和线都比普通音频线粗一些，一般用于连接DVD和功放。

② 光纤线。光纤线用于传输多声道信号（杜比AC-3或DTS信号），用于连接DVD和功放。

③ 话筒线。话筒线是一种两芯的同轴线，用于连接功放与话筒。目前无线话筒兴起，如果不是出于特别考虑，布线时可以不予考虑。

④ 音箱线。音箱线用于连接功放与音箱，其中流通的电流信号远大于前面所说的视频线和音频线，正因为信号幅度很大，因此这类线往往没有屏蔽层。对于这种线材，关键是要降低电阻，因为功放输出电阻很低，所以对音箱线的要求也随之增高，如选用截面积大的或多股绞合线。

音箱线的线材从纯铜线到银质线均有，价格比较贵的一种音箱线为无氧铜音箱专用线。其主要特点是导电性能好，电阻率低，重放声音时音色增加不少。

HIFI音箱用于高保真还原录音声场，对音频信号的无损传输要有足够保障。一般传输线对不同频率信号有不同的阻抗，这种特性在声音的还原上表现为声音模糊不清，为此生产出一种被称为智能信号线的高档音箱线。这种线的特点是将信号根据频率高低分为两个通道，一定厚度的外层线通过5kHz以上的信号，5kHz以下的信号通过内层线传输，可大大改善音箱线的频率特性，使重放的声音清晰通透。

家庭影院音箱用于播放电影，主要目的是重现电影的环绕声效果，产生身临其境的感觉，由于多声道声音的信号极其丰富，人耳已无能力去体会细节，所以家庭影院音箱线可以不必过分苛求，一般用200芯的铜芯电线即可。

3. 电话线

HBV4X1/0.5电话线的结构如图4-43所示。HBV4X1/0.5电话线主要用于安装室内外电话机。RVB2X1/0.4电话线的结构如图4-44所示。RVB2X1/0.4电话线主要用于安装室内外电话机。

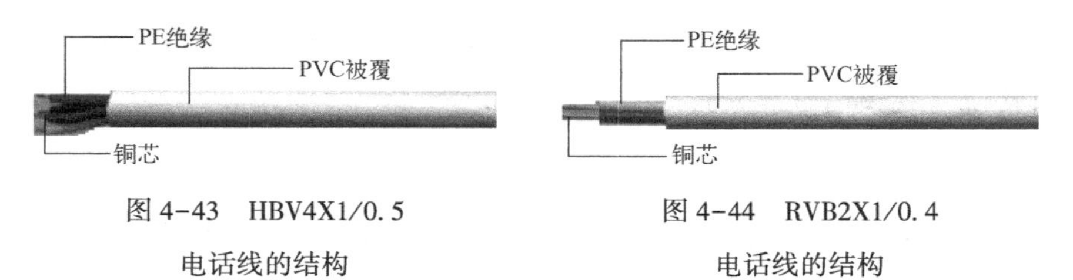

图 4-43　HBV4X1/0.5 电话线的结构　　图 4-44　RVB2X1/0.4 电话线的结构

4. 音频电缆

AVRB 扁形无护套软电线的结构如图 4-45 所示。AVRB 扁形无护套软电线通常用于背景音乐和公共广播，也可作为弱电供电电源线。

RIBYXB 音箱线（发烧线、金银线）的结构如图 4-46 所示。RIBYXB 音箱线（发烧线、金银线）用于功放输出至音箱的接线。

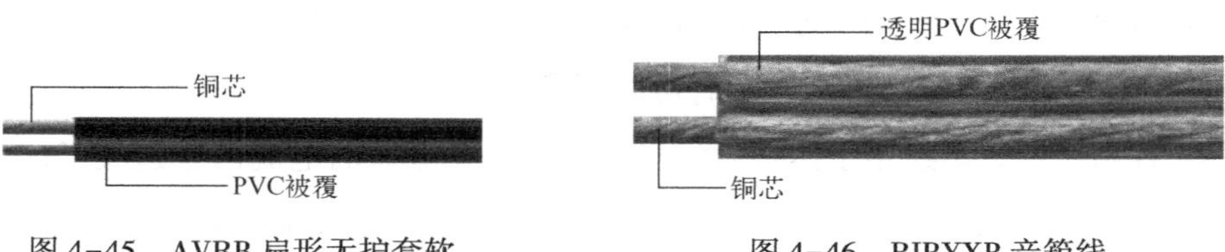

图 4-45　AVRB 扁形无护套软电线的结构　　图 4-46　RIBYXB 音箱线（发烧线、金银线）的结构

音频电缆为镀锡铜双芯外裹聚烯烃绝缘层结构，每根线缆分别采用黏接 BELFOIL 铝聚酯屏蔽罩。因为线缆护套和屏蔽层黏接在一起，所以使用自动电缆剥线钳可同时剥去两层外皮，适用于连接录音棚、电台和电视台中所用的多重音频信道设备，也可用于语音系统，可长距离敷设。

音频电缆产品的特性见表 4-10。

表 4-10　音频电缆产品的特性

电缆类型		阻抗（Ω）	外径（mm）	截面积（mm^2）	电容（pF/m）	备　注
低温特柔型	1 芯	50	3.33			
	2 芯	50	7.29			
对绞型	20（7×28）		4.6	0.5		
	18（7×28）		5.9	0.8		
	16（19×29）		7.0	1.3		
单绞型			5.95		43	适用移动数字音频设备互联，500m 的扩展传输

第 5 章

智能家居弱电布线施工操作技能

【本章主要内容】

5.1 智能家居弱电布线施工

5.2 智能家居信息接入箱的安装要点及接线操作技能

5.3 智能家居信息插座的安装及终端插头的制作

5.4 智能家居布线验证测试及认证测试

5.1 智能家居弱电布线施工

5.1.1 智能家居弱电布线施工步骤及基本要求

1. 智能家居弱电布线施工步骤

智能家居弱电布线施工步骤分为线缆保护槽管布放、线缆（光纤）布放、线缆（光纤）剪裁、线缆（光纤）终端端接、验证及验收认证。施工的每一个步骤均应使用适当的工具和检测设备，以保证施工质量，从而确保网络的运行效果。

2. 基本要求

① 智能家居弱电布线必须按照《综合布线系统工程验收规范》（GB/T50312—2016）中的有关规定进行安装施工。如遇规范中未包括的内容，则可按《综合布线系统工程设计规范》（GB/T50311—2016）中的规定执行。

② 施工现场要有技术人员监督、指导，应按照规范要求进行施工质量检查、检验和竣工验收。建设单位应通过工程监理人员或工地代表严格进行工程技术监督，及时组织隐蔽工程的检验和认证工作。

③ 智能家居弱电布线施工应与土建施工配合，做好孔洞预留，在浇筑混凝土前将槽管、接线盒和配线柜的基础安装部分预埋好。槽管敷设应与土建、装饰工程的施工配合，力求统一进度。

④ 在安装智能家居弱电布线系统的线缆、工作区的信息插座、配线架及所有连接器件前，首先要对建筑物的安装现场条件进行检查，在符合《综合布线系统工程验收规范》（GB/T50312—2016）和设计文件的相应要求后，方可进行安装。

⑤ 智能家居弱电布线系统线缆、设备的标签必须清晰、有序，标签作为智能家居弱电布线系统施工过程中的重要环节，不但可以方便地在施工过程区分、整理和测试线缆，也是线缆维护的依据。在整个施工过程中，标签工作分两个阶段：

a. 在布放线缆时，每根线缆的始端和终端都必须有标签，且前后必须一致，用于标识、辨认线缆，否则以后的端接、测试工作将无法进行。

b. 线缆在端接完成后，在工作区和设备间粘贴的标签也必须一致，这一阶段的工作是把前面线缆上的标签更加整齐、美观地粘贴在工作区的面板和设备间的配线架上。

⑥ 智能家居弱电布线系统施工完毕，应做好智能家居弱电布线系统所涉及的线缆和部件的测试工作，应按照规范执行。

 5.1.2 智能家居弱电布线施工要点

1. 线缆的弯曲半径

线缆的弯曲半径应符合下列规定：

① 非屏蔽4对双绞线缆的弯曲半径应至少为线缆外径的4倍。

②主干双绞线缆的弯曲半径应至少为线缆外径的10倍。

③ 2芯或4芯线缆的弯曲半径应大于25mm，其他芯数线缆的弯曲半径不应小于线缆外径的10倍。

2. 设置过线盒

根据智能家居弱电布线设计与验收规范的相关规定设置过线盒：

① 直槽管每30m设置一个过线盒。

② 有转弯的槽管，长度超过20m时应设置一个过线盒。

③ 有2个转弯时，最长15m就应设置一个过线盒。

3. 放线及断线要求

① 放线。放线前，应根据设计图对线缆的规格、型号进行核对；放线时，应将线缆置于放线架或放线车上，不能将线缆在地上随意拖拉，更不能野蛮拉拽，以防损坏绝缘层或拉断线芯。穿线时需要两个人各在一端，一个人慢慢地抽拉带线钢丝，另一个人将线缆慢慢地送入槽管内。如槽管较长，弯头太多，则应按规定设置过线盒，不可用油脂或石墨粉润滑，以防渗入线芯，造成线缆短路。

② 断线。剪断线缆时，线缆的预留长度按以下情况予以考虑：底盒内线缆的预留长度应大于150mm、小于250mm；信息接入箱内线缆的预留长度为信息接入箱箱体周长的1/2。

4. 布线拉力

在布线施工的拉线过程中，必须用手直接拉线缆，不允许将线缆缠绕在手中或工具上拉线缆（缠绕部分的曲率半径会非常小），也不允许用钳子夹住线缆中间拉线缆（线缆夹持部分的结构会变形，直接破坏线缆内部的结构或护套）。如果遇到线缆距离很长或拐弯很多，用手直接拉线缆非常困难时，可以将线缆的端头捆扎在穿线器端头

或铁丝上，用力拉穿线器或铁丝。

拉线缆的速度从理论上讲，线缆的直径越小，拉线缆的速度越快，应慢速而又平稳地拉线缆，不能快速拉线缆，因为快速拉线缆通常会造成线缆缠绕或打回弯。

拉线缆的拉力过大将导致线缆变形，会破坏线缆对绞的匀称性，引起线缆传输性能下降。拉力过大还会使线缆内扭绞线对的扭矩发生变化，严重影响线缆抗噪声（NEXT、FEXT等）的能力。由于线缆的特殊结构，因此线缆在布放过程中所承受的拉力不要超过线缆允许拉力的80%。

线缆最大允许的拉力如下：

① 一根4对线缆，拉力为100N。

② 两根4对线缆，拉力为150N。

③ 三根4对线缆，拉力为200N。

④ N根线缆，拉力为$N\times5+50$N。

不管多少对线缆，最大拉力均不能超过400N。

当槽管较长或转弯较多时，可在穿线的同时向槽管内吹入适当的滑石粉作为润滑剂。穿线时还应注意下列问题：

① 槽管内配线必须按设计要求选用相应的线径及根数。不同回路、不同电压、交流回路、直流回路的线缆不得穿入同一槽管内，槽管内线缆总数不应多于8根。

② 线缆在槽管内不得有接头和扭结，接头应在过线盒内。

③ 槽管内线缆包括绝缘层在内的总截面积不应大于槽管内截面积的40%。

④ 槽管口处应装设护口以保护线缆。

5. 线缆牵引技术

（1）牵引“4对”线缆

① 将多根线缆聚集成一束，并使其末端对齐。

② 用电工带或胶带紧绕线缆束，绕至离线缆束末端50～100mm即可，如图5-1（a）所示。

③ 将引线穿过用电工带或胶带紧绕的线缆，并系好结，如图5-1（b）所示。

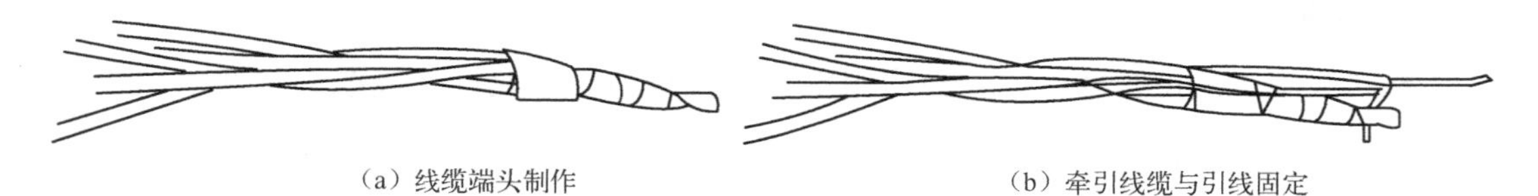

（a）线缆端头制作　　（b）牵引线缆与引线固定

图5-1　牵引“4对”线缆

（2）牵引单根“25对”线缆或“更多对”线缆

牵引单根“25对”线缆时，牵引端接的方法如下：

① 将线缆向后弯曲构成一个直径为150～300mm的圆环，并使线缆末端与线缆本身绞紧，引线穿过线缆弯成的圆环并回折，如图5-2（a）所示。

② 用电工带紧绕线缆，如图5-2（b）所示。

牵引单根“更多对”线缆时，牵引端接的方法如下：

① 剥去线缆外护套，将线芯均匀分为2组，如图5-2（c）所示。

② 将2组线芯向后弯曲构成一个直径为150～300mm的圆环，引线穿过线缆弯成的圆环并回折，如图5-2（d）所示。

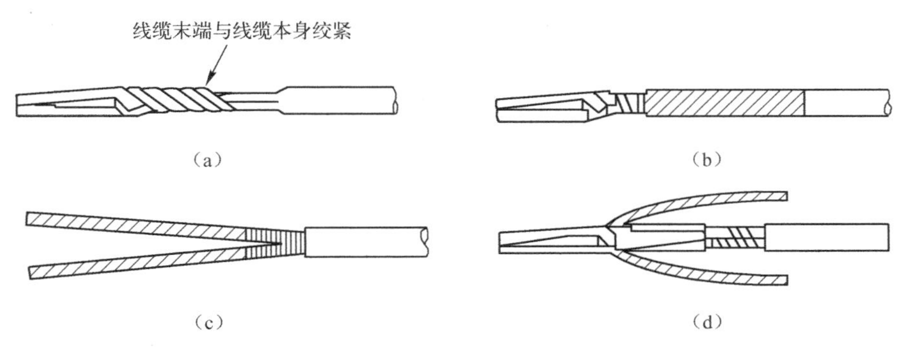

图5-2 牵引单根“25对”线缆或“更多对”线缆

③ 用电工带紧绕线缆，并将其弯成圆环。

5.2 智能家居信息接入箱的安装要点及接线操作技能

5.2.1 智能家居信息接入箱的安装要点

1. 家居信息接入箱的安装

为实现家居各类弱电信息线缆在户内汇集、分配的需求，方便集中管理各类终端适配器，满足现代智能家居布线系统的需求，在智能家居布线系统设计时应选用家居信息接入箱。家居信息接入箱是室内弱电设备的管理中心，内有不同的模块。常用的模块一般有有线电视分支器、电话分支器、网络集线器等。

家居信息接入箱应依据家居需要进行选择，如家居需要几部电话机、是否需要屏蔽功能、家居有几台电视、家居有几台电脑、是否全部都需要上网，还需要考虑家居各房间的背景音乐、安防系统、水电自动抄表系统等。

家居信息接入箱有明装和暗装两种安装方式。明装家居信息接入箱的整个箱体都露在墙壁外面，既占空间也不美观。暗装家居信息接入箱是将家居信息接入箱的箱体埋进墙内，只露出面板部分。在选择家居信息接入箱的安装方式时，要依据家居信息接入箱安装部位的墙体厚度，只有墙体厚度超过12cm才能考虑暗装家居信息接入箱。

家居信息接入箱及信息插座平面图如图5-3所示。家居信息接入箱一般暗装在家居入口、走廊或起居室等便于布线和方便维修的位置。家居信息接入箱墙体预埋如图5-4所示。家居信息接入箱暗装如图5-5所示。如果居住小区的光纤已到户，则在安装信息接入箱的箱体时，应注意不要弯曲或折断入户光纤，以免影响网络开通和上网速率。

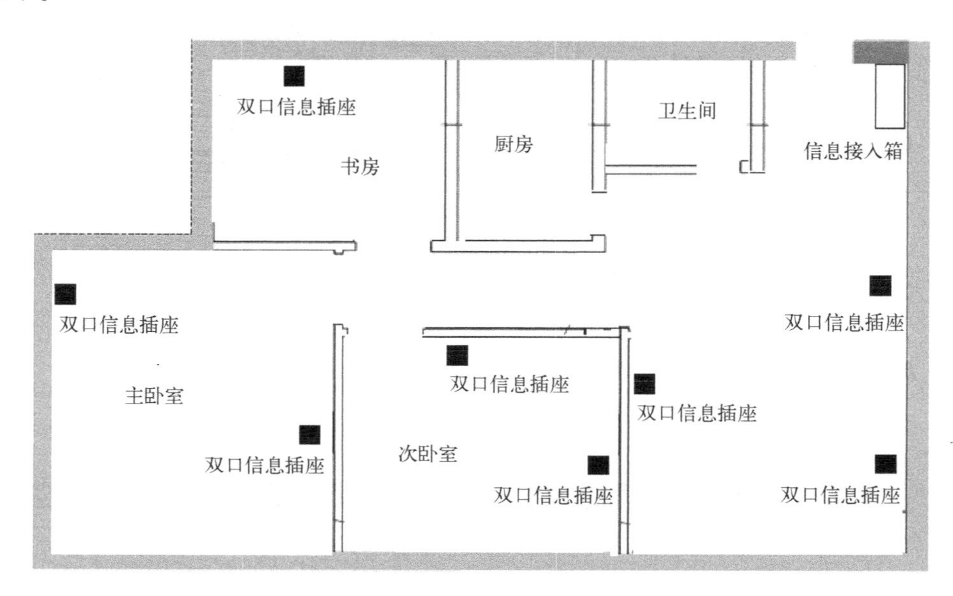

图5-3　家居信息接入箱及信息插座平面图

家居信息接入箱不宜与配电箱上下垂直安装在一个墙面上，以避免竖向强、弱电管线过多、集中、交叉。暗装家居信息接入箱的底部距地面距离为30~50cm，距家居信息接入箱水平15~20cm处应预留电源接线盒，电源接线盒底边宜与家居信息接入箱底边同高度。电源接线盒内的电源宜就近取自照明回路。

确定家居信息接入箱的安装位置后，将箱体的敲落孔敲开（若没有敲落孔，则应使用开孔器开孔），并用钢锉锉平信息接入箱敲落孔的边缘、金属套管内侧边缘部分的毛刺，否则会划伤电线的外皮。

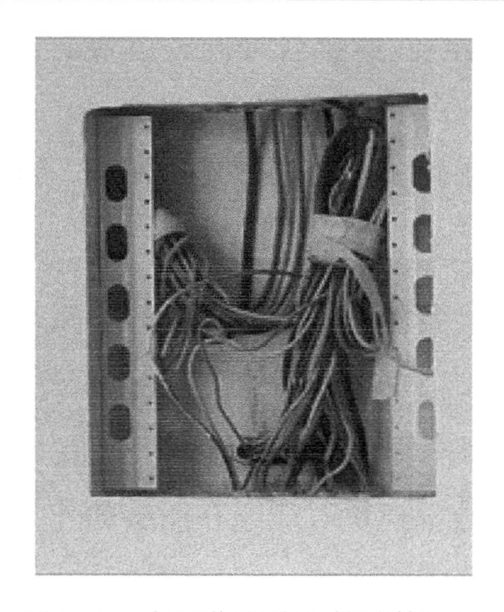

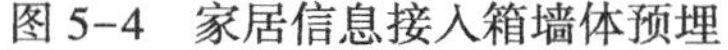

图 5-4 家居信息接入箱墙体预埋　　图 5-5 家居信息接入箱暗装

将进出箱体的各种保护线管与箱体连接牢固，并将箱体接地。将箱体埋入墙体时，其面板露出墙面约为 1cm，以方便以后抹灰。两侧的出线孔不要填埋，当所有布线完成并测试后再用水泥砂浆抹平。穿线时，在家居信息接入箱体内至少应预留一定的长度，具体要求如下（从进线孔算起）：75Ω 同轴电缆预留 25cm；5 类双绞线预留 30cm；外线电话线预留 30cm；视/音频线预留 30cm。

2. 家居信息接入箱内各功能模块的安装

（1）语音/数据模块的安装

若小区没有 LAN 服务，只有 ADSL 服务，则应选用 100M 路由器，不能选用交换机。为了将来升级，电话线和网线不要用同一根网线。小型电话交换机模块具备 2 路以上进线和 6 路以上分机，并带有电话保密功能。

① 语音/数据模块的类型。语音/数据模块的外观和规格相同，区别在于，语音模块使用的是 3 类模块，数据模块使用的是 5 类模块。

语音/数据模块的标准配置有三种：

a. JDP—Y/X—233：含有 1 组 2 口同线模块和 2 组 3 口同线模块。

b. JDP—Y/X—242：含有 1 组 2 口同线模块和 2 组 2 口同线模块。

c. JDP—Y/X—44：含有 2 组 4 口同线模块。

② 语音/数据模块使用功能的组合。可根据需要选择相应的语音/数据模块进行组合，通过网络跳线连接各种同线模块，得到多种组合和不同的使用功能：

a. 一个 JDP—Y/X—233 语音/数据模块通过网络跳线连接各种同线模块后，可得到以下多种组合：1 进 3 出；2 进 4 出；3 进 5 出。

b. 一个JDP—Y/X—242语音/数据模块通过网络跳线连接各种同线模块后，可得到以下多种组合：1进3出；2进4出；3进5出。

c. 一个JDP—Y/X—44语音/数据模块通过网络跳线连接各种同线模块后，可得到以下多种组合：1进5出；2进6出。

若需要更多功能，则可将多个语音/数据模块搭配组合，并通过跳线的跳接获得多种功能。

③ 语音/数据模块与进出线缆的连接。语音/数据模块的进出线缆均使用超5类或6类4对非屏蔽线缆，插头使用RJ45水晶头。语音/数据模块对线缆和插头的连接质量要求较高，连接要正确、可靠，并在RJ45水晶头与线缆的连接处贴好标识，注明该接头的用途，以便开通网络时进行连接和检查。

（2）交换机模块的安装

交换机模块由一组超5类或6类RJ45插孔组成，可以将5口小型交换机安装在家居信息接入箱内，ADSL Modem也应安装在家居信息接入箱内。

（3）电视视频模块的安装

选用2块电视视频模块：1块用于传输有线数字电视信号，具备至少1个输入、4个输出端子，有信号放大功能；1块用于传输卫星电视信号。

① 电视视频模块的种类。电视视频模块分为普通分配器模块和带增益的分配器模块两类。一般输出端口在4个以下时信号衰减较小，为6~8dB；输出端口大于4个时，信号衰减较大，要用带增益的分配器模块，并需要12V直流稳压电源供电。

② 电视视频模块的连接。为了保证输入/输出端口连接的可靠性和抗干扰能力，在家居信息接入箱内一般均使用F视频接头，将视频输入端和输出端视频电缆的F接头接好后，分别插入电视视频模块的输入/输出端口，旋紧即可。

（4）安防端子板模块的安装

安防端子板模块设有1对视频输入/输出线缆插座和12对接线端子。其中，1对视频输入/输出线缆插座和4对接线端子用于连接可视门禁的视频信号线和控制线；其余8对接线端子中有6对可用于三表远程抄收，另2对可作为他用，如紧急按钮等。

（5）音/视频（AV）模块的安装

音/视频（AV）模块可实现各房间同时收看一台影碟机播放的节目，在房间的各个角落都能听到一台家庭音响设备播放的广播或背景音乐。音/视频（AV）模块有输入端口1个，输出端口至少3个。

（6）专用电源模块的安装

① 专用电源模块的类型。专用电源模块主要为家居信息接入箱内网络交换机、电话交换机和带增益的分配器等功能模块供电，有外接专用电源模块和机内专用电源模块两种，按电源种类又可分为单路电源模块和多路电源模块。

② 专用电源模块的选配。根据家居信息接入箱功能模块的配置需要，选配单路电源模块时，应尽量选用外接专用电源模块。选配多路电源模块时，考虑到连线方便，应选用机内专用电源模块。

5.2.2 双绞线剥线及端接操作技能

1. 网络双绞线剥线

网络双绞线剥线的正确方法如下：

① 剥开外绝缘护套。首先剪裁掉端头破损的网络双绞线，使用专门的剥线工具将需要端接网络双绞线端头的外绝缘护套剥开，如图5-6所示。网络双绞线端头外绝缘护套剥开的长度应尽可能短一些，能够方便端接就可以了，在剥网络双绞线端头外绝缘护套时，不能对网络双绞线线芯及线芯的绝缘层造成损伤，如图5-7所示。

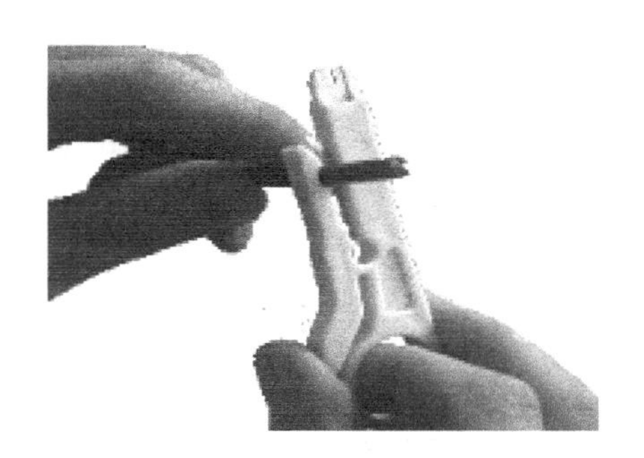

图5-6 使用剥线工具剥线

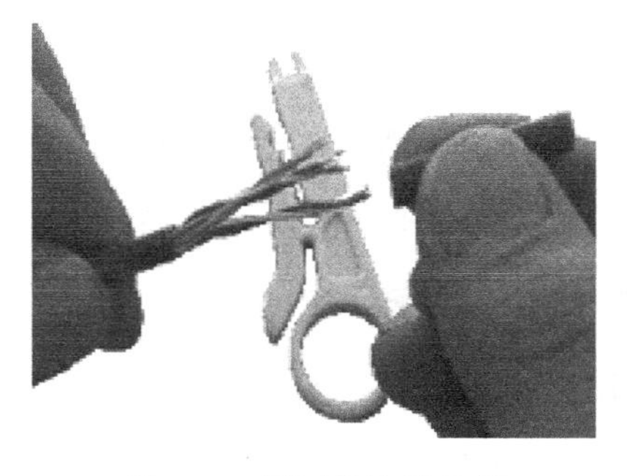

图5-7 剥开外绝缘护套

② 拆开成4对双绞线。将已剥去外护套的网络双绞线端头按照对应颜色、绞绕顺序慢慢拆开成4对分开的双绞线，同时保护每对双绞线不被拆开，并保持比较大的曲率半径，如图5-8所示。在拆开网络双绞线端头时，不能强行拆散或硬折线对。

③ 拆开单对双绞线。在制作RJ45水晶头时，网络双绞线端头拆开的长度不应超过20mm，压接好水晶头后，拆开线芯长度必须小于14mm，过长会引起较大的近端串扰。

在压接模块时，网络双绞线压接处拆开线对的长度应该尽量短，能够满足压接就可以了，不能为了压接方便拆开很长。

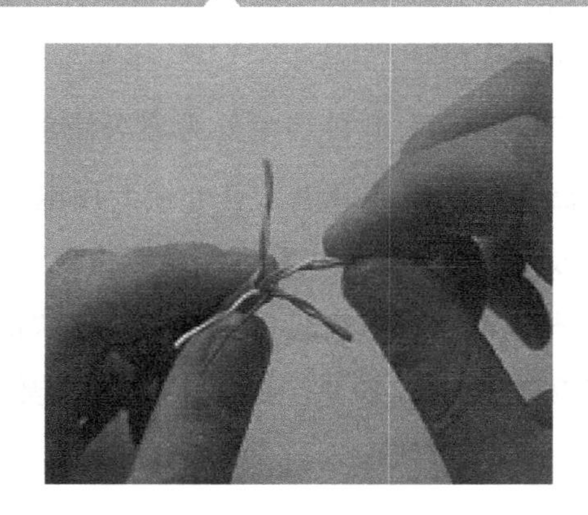

图5-8　拆开成4对双绞线

2. 明装信息插座的卡接

① 将信息插座面板上的固定螺丝拧开，固定信息插座底盒，将UTP线缆从底盒的入线口拉出20~30cm。

② 用剥线器剥去线缆外护套10cm。

③ 将线缆蓝色线对选出并置于RJ11信息模块卡线槽的中间两针槽内，其余线对留做备用。

④ 使用单对打线枪对准线槽卡接，将多余的线芯切断，严禁用手或其他工具将多余的线芯扭断。

⑤ 用万用表测试，将一支表笔接触已打线的线芯一端，另一支表笔接触线芯的另一端，测试导通性。

3. 卡接110配线架

① 用木螺丝固定110配线架。

② 将25对UTP线缆引入110配线架，量好卡接和预留线缆的长度，用扎带将线缆固定在配线架上，做好切割线缆外护套的标记。

③ 在标记处环切线缆外护套，并将其退出。

④ 松开线芯，保持线对原扭绞状态不变，按顺序分色。

⑤ 将第一个5对线（基本色为白色的5对）卡入配线架的一边端头线槽中，每一对线在配线架卡接位反绕半圈后卡入槽内即可，卡好5对线为止。

⑥ 将连接模块放到已卡好5对线的相应位置，稍压下固定。

⑦ 用5对线冲压工具垂直对准卡槽用力压下，听到“啪”的声音即可，特别要注意冲压工具有切刀的一边必须在线芯末端，将不需要的线芯切掉，拔出冲压工具。

⑧ 重复⑤~⑦，将第 2 个 5 对线紧挨着前面的线对卡接好，再次重复，直至 5 对线全部卡接完毕。

⑨ 用万用表测试卡接质量，按线序将万用表的一支表笔接至连接模块，另一支表笔接至线芯的末端，检查导通性。

4. 网络模块端接原理和方法

（1）网络模块端接原理

利用压线钳的压力将线缆逐一压接到网络模块的接线口，同时剪掉多余的线芯。在压接过程中，刀片首先快速划破线芯绝缘护套，与铜线芯紧密接触，实现刀片与线芯的电气连接。刀片通过电路板与 RJ45 的弹簧连接。刀片压线前的位置如图 5-9 所示。刀片压线后的位置如图 5-10 所示。

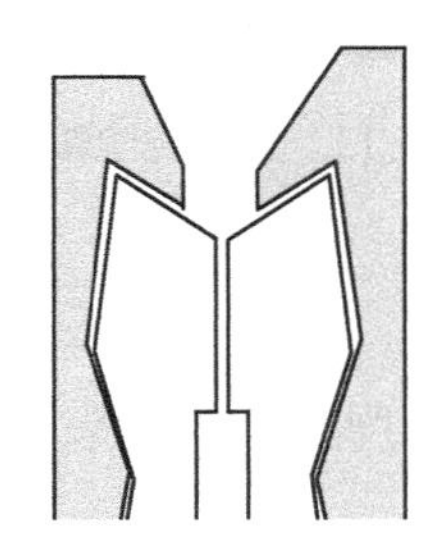

图 5-9　刀片压线前的位置

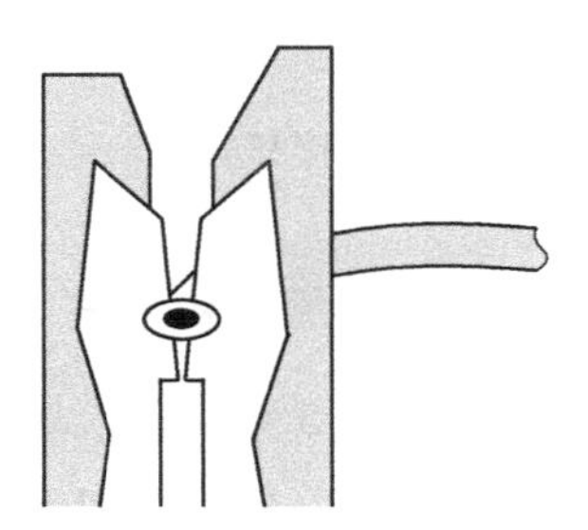

图 5-10　刀片压线后的位置

（2）网络模块端接方法和步骤

① 剥开外绝缘护套。

② 拆开 4 对双绞线。

③ 拆开单对双绞线。

④ 按照线序放入端接口，如图 5-11 所示。

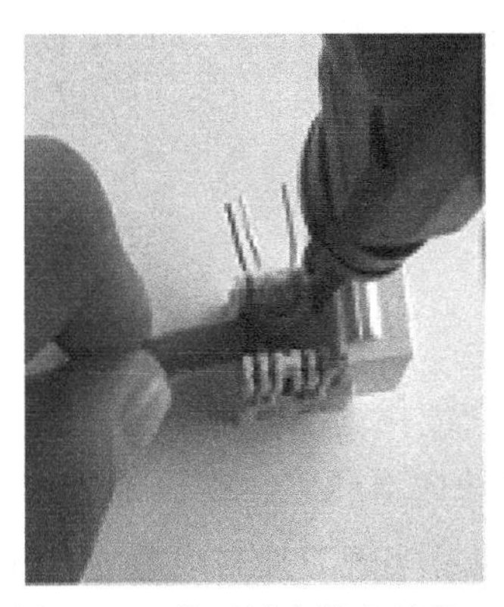

图 5-11　按照线序放入端接口

⑤ 压接和剪线，如图5-12所示。

⑥ 盖好防尘帽，如图5-13所示。

⑦ 永久链路测试。

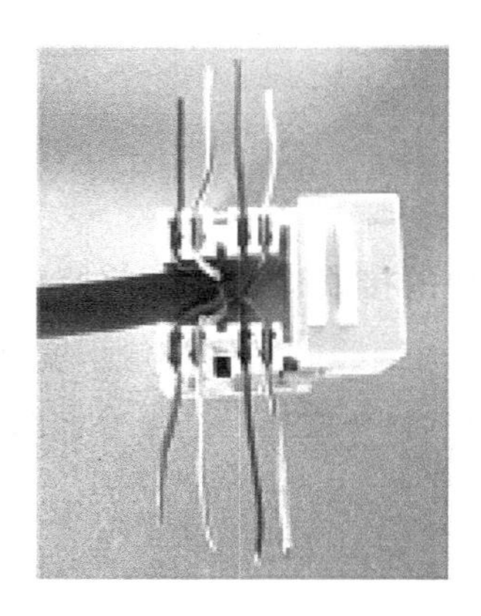

图5-12　压接和剪线

图5-13　盖好防尘帽

5. 5对连接模块端接原理和方法

信息配线架一般使用5对连接模块。5对连接模块中间有5个双头刀片。每个刀片的两头分别压接一根线芯，实现两根线芯的电气连接。

（1）5对连接模块下层端接方法

① 剥开外绝缘护套。

② 剥开4对双绞线。

③ 剥开单对双绞线。

④ 按照线序放入端接口。

⑤ 用力快速将5对连接模块向下压紧，在压紧过程中，刀片首先快速划破线芯绝缘护套，然后与铜线芯紧密接触，实现刀片与线芯的电气连接。

（2）5对连接模块上层端接方法

① 剥开外绝缘护套。

② 剥开4对双绞线。

③ 剥开单对双绞线。

④ 按照线序放入端接口。

⑤ 用力快速将5对连接模块向下压紧，在压紧过程中，刀片首先快速划破线芯绝缘护套，然后与铜线芯紧密接触，实现刀片与线芯的电气连接。

⑥ 盖好防尘帽。

5对连接模块下层、上层都端接好后，裁剪掉多余的线芯。5对连接模块在压接前的结构如图5-14所示。5对连接模块压接后的结构如图5-15所示。

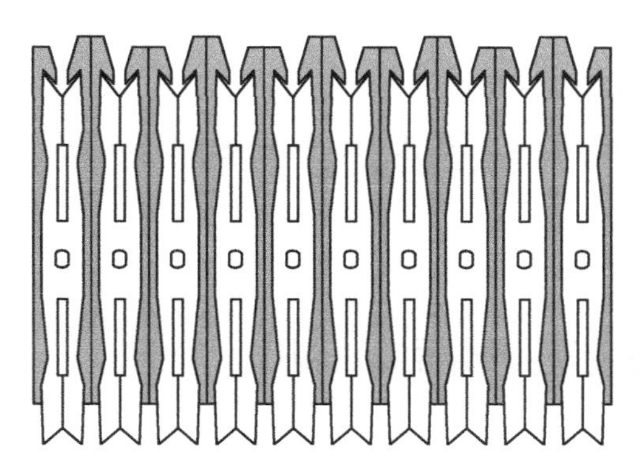

图5-14 5对连接模块压接前的结构

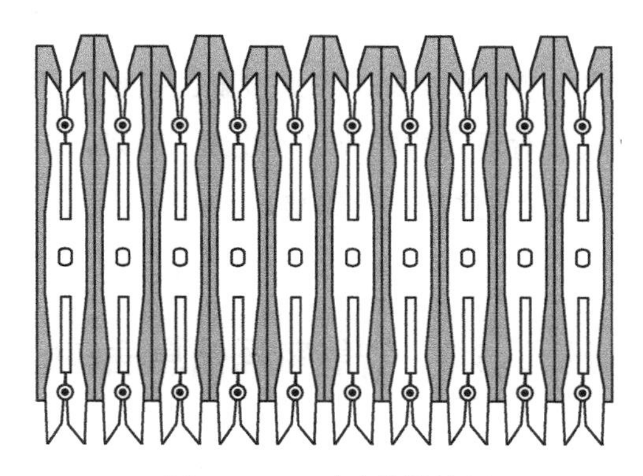

图5-15 5对连接模块压接后的结构

6. 家居信息接入箱内线缆的整理

将各种线缆分组，进线（一般为3根）为1组，电话机出线每4根为1组，电脑出线（3根）为1组，有线电视出线（4根）为1组。每组线有3~4根线缆，在每根线缆上做2个标记，1个标记在离家居信息接入箱5cm处，另一个标记在离线端5cm处。将每组线缆用扎线带固定在箱底，并从边上向上用扎线带固定在箱边中间位置。

7. 线缆终接要求

线缆终接应符合下列规定：

① 线缆在终接前，应核对线缆标识内容是否正确；

② 线缆终接处应牢固、接触良好；

③ 对绞线缆与连接器件连接应认准线号、线位色标，不得颠倒和错接。

对绞线缆终接应符合下列规定：

① 对绞线缆终接时，每对对绞线缆应保持扭绞状态，扭绞松开长度对于3类对绞线缆不应大于75mm，对于5类对绞线缆不应大于13mm，对于6类及以上的对绞线缆不应大于6.4mm。

② 对绞线缆与8位模块式通用插座相连时，应按色标和线对顺序卡接（《综合布线系统工程验收规范》（GB/T50312-2016）中的图7.0.2-1）。两种连接方式虽均可采用，但在同一布线系统中不应混合使用。

③ 4 对对绞电缆与非 RJ45 模块终接时，应按对绞线缆序号和组成的线对卡接（《综合布线系统工程验收规范》（GB/T50312-2016）中的图 7.0.2-2、图 7.0.2-3）。

④ 屏蔽对绞线缆的屏蔽层与连接器件终接处屏蔽罩应通过紧固部件可靠接触，屏蔽层应与屏蔽罩 360°圆周接触，接触长度不宜小于 10mm。

⑤ 对不同的屏蔽对绞线缆，屏蔽层应采用不同的终接方法，应使编织层或金属箔与汇流导线进行有效终接。

5.3 智能家居信息插座的安装及终端插头的制作

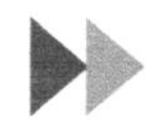

5.3.1 智能家居信息插座的安装

1. 信息插座模块安装

信息插座模块主要由跳线模块和面板组成，如图 5-16 所示。

图 5-16 信息插座模块

信息插座模块安装应符合下列规定：

① 信息插座底盒、多用户信息插座及集合点配线箱、用户单元信息配线箱的安装位置和高度应符合设计文件的要求。

② 当安装在活动地板内或地面上时，应固定在接线盒内，信息插座面板采用直立和水平等形式。接线盒盖可开启，并应具有防水、防尘、抗压功能。接线盒盖面应与地面齐平。

③ 当信息插座底盒同时安装信息插座模块和电源插座时，其间距及采取的防护措施应符合设计文件要求。

④ 信息插座底盒明装的固定方法应根据施工现场条件确定。

⑤ 固定螺丝应拧紧，不应产生松动现象。

⑥ 各种信息插座面板应有标记，以颜色、图形、文字表示所接终端设备的业务类型，信息插座底盒不宜兼作过线盒。

⑦ 在工作区内终接光缆的光纤连接器件和适配器安装底盒应具有空间，并应符合设计文件的要求。

依据双绞线的跳线规则，在网络中通常不是直接拿网线的水晶头插到集线器或交换机上，而是先把来自集线器或交换机的网线与信息插座模块连接，所以就涉及信息插座模块线芯排列的顺序问题，也即跳线规则。

交换机或集线器到网络模块之间的网线是按 EIA/TIA568 标准接线的，虽然从集线器或交换机到工作站的网线可以是不经任何跳线的直线，但为了保证网络的高性能，最好同一网络采取同一种端接方式，包括信息插座模块和网线水晶头。因为信息插座模块各线槽中都有相应的颜色标记，只需要选择相应的端接方式，按模块上的颜色把相应的线芯卡入相应的线槽中即可。网络模块和电话语音模块的安装方法基本相同，一般安装顺序如图 5-17 所示。

图 5-17　网络模块和电话语音模块的安装顺序

① 准备材料和工具。准备的材料和工具主要包括网络模块、电话语音模块、标记材料、剪线工具、压线工具、工作凳等。

② 清理和标记。清理和标记非常重要，在实际工程施工中，一般只在底盒安装和穿线较长时间后才能开始安装模块，因此在安装前，首先清理底盒内堆积的水泥砂浆或垃圾，然后将双绞线从底盒内轻轻取出，清理表面的灰尘，重新做编号标记。注意，做好新标记后才能取消原来的标记。

③ 剪掉多余线芯。因在穿线施工中对双绞线的线芯进行了捆扎或缠绕，预留较长，所以一般在安装前都要剪掉多余部分的线芯，留出 100～120mm 线芯用于压接模块或检修。

④ 剥线。首先使用专业剥线器剥掉双绞线的外皮，剥掉双绞线外皮的长度为 15mm，特别注意不要损伤线芯和线芯的绝缘层。

⑤ 压线。剥线完成后，按照模块结构将线芯分开，使用打线器将线芯逐一压接在模块中，压接方法必须正确，确保一次压接成功，如图 5-18 所示。

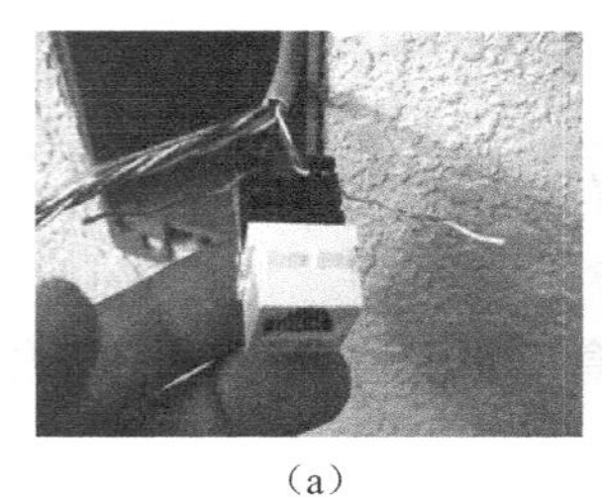
（a）
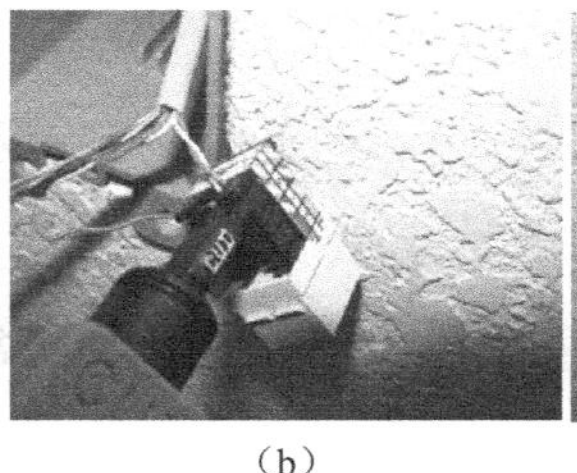
（b）

（c）
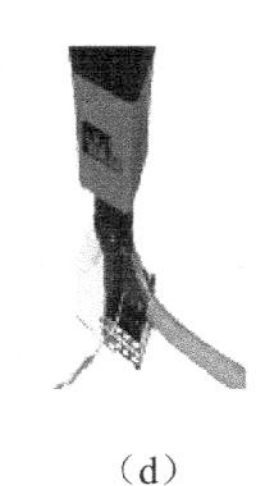
（d）

图5-18　压接

使用打线器时应注意刀口的方向，如图5-18（d）所示。打线刀有“高”“低”两挡压力设置。

⑥ 装好防尘盖。模块压接完成后，剪切多余线芯，将模块卡压在面板中，立即安装防尘盖，如图5-19所示。如果压接模块后不能及时安装防尘盖，则必须对模块进行保护。一般的做法是在模块上套一个塑料袋，以避免土建墙面施工污染。

图5-19　压接后装好防尘盖

⑦ 测试模块和配线架的连通性。模块安装好以后，可将双绞线的一端连接在模块上，另一端连接在配线架上，再用两根直通线，一端分别连接在模块端口和配线架面板正面对应端口，另一端分别与测线器的两个端口连接，即可测试模块与配线架的连通性，如图5-20所示。

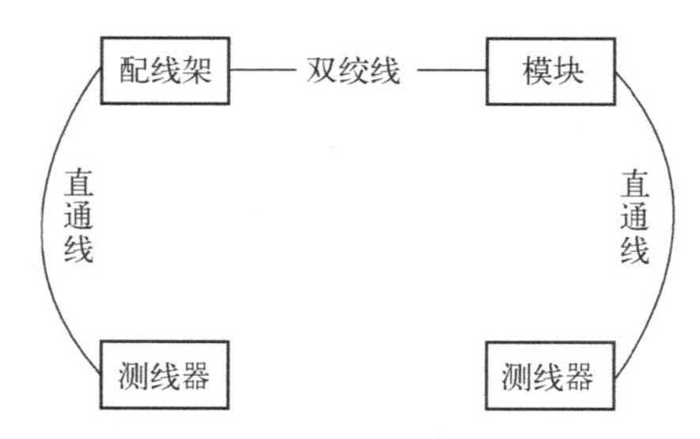

图5-20　模块和配线架连通性的测试方法

2. 视听设备信号插座的安装及端接要求

（1）视听设备的信号插座

① 一位宽频电视插座。一位宽频电视插座如图5-21所示。一位宽频电视插座(5~

1000MHz）频带覆盖范围宽，外形与普通电视插座相近，适用于有线电视、数字和卫星电视、有线上网等。一位宽频电视插座的屏蔽性能优良，能有效防止外界电磁波干扰，保证信号传输质量。

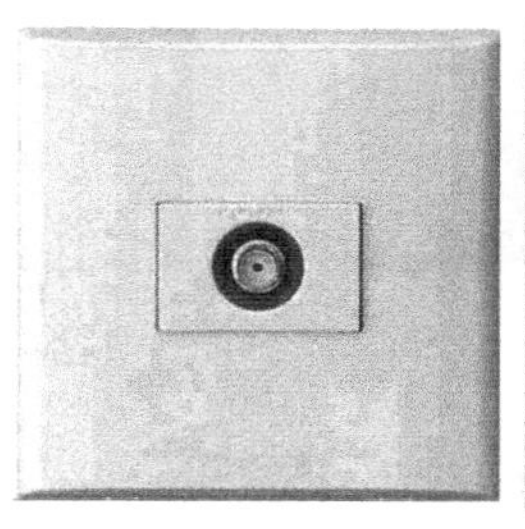

图 5-21　一位宽频电视插座（有线网络用）

② 音响信号插座。音响信号插座如图 5-22 所示，主要应用在 5.1、6.1、7.1 声道等多音箱场合。音响信号线从功放引出后，需要在墙壁内走暗线，敷设到各音箱位置。音响信号插座可将信号从墙壁内引出。

③ 电话机插座。二位二芯电话机插座如图 5-23 所示。

图 5-22　音响信号插座

图 5-23　二位二芯电话机插座

④ 数据/语音插座。数据/语音插座如图 5-24 所示。

⑤ 音/视频插座包含一个视频口、一个左声道、一个右声道（V/R/L），如图 5-25 所示。

（2）视听设备信号插座的安装

视听设备信号插座的安装要求如下：

① 安装在活动地板或地面上时，应固定在接线盒内，有直立和水平等形式。接线盒盖可开启，严密防水、防尘，并应与地面齐平。

② 底座的固定方法依施工现场条件而定，宜采用膨胀螺丝、射钉等方式。

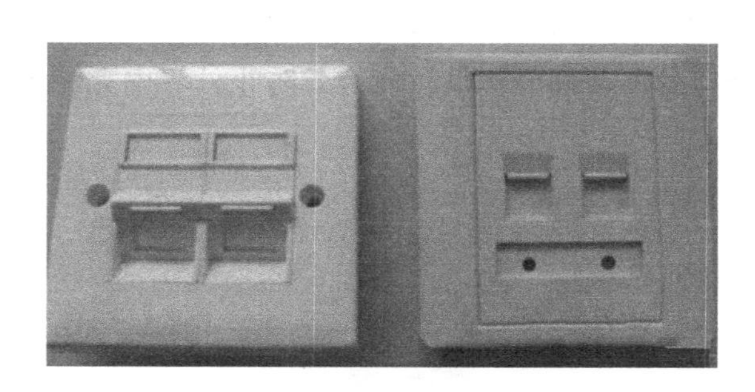

图 5-24　数据/语音插座

图 5-25　音/视频插座

③ 固定螺丝需拧紧，不应产生松动现象。

④ 应有标签，以颜色、图形、文字表示所接终端设备类型。

⑤ 安装位置应符合设计要求，布线时，底盒中的线缆要留 10cm 左右的余量，若在接插头时出错，则还可以挽回。

（3）视听设备信号线缆的端接要求

视听设备信号线缆端接的一般要求有：

① 在端接前，必须检查标签颜色和数字含义，并按顺序端接。

② 不允许有中间接头。

③ 端接处必须卡接牢固，接触良好。

④ 端接应符合设计和厂家安装手册要求。

⑤ 应认准线号、线位色标，不得颠倒和错接。

（4）对绞线缆的端接要求

① 端接的线芯应保持扭绞状态，非扭绞长度对于 5 类线不应大于 13mm，4 类线不大于 25mm。

② 剥除护套时不得刮伤线芯的绝缘层，应使用专用工具剥除。

③ 在与信息插座（RJ45）相连时，必须按色标和线对顺序卡接，信息插座类型、色标和编号应符合规定。

④ 对绞线缆与 RJ45 信息插座卡接时，应按先近后远、先上后下的顺序。

⑤ 对绞线缆与接线模块（IDC、RJ45）卡接时，应按设计和厂家规定操作。

⑥ 屏蔽对绞线缆的屏蔽层与接插件处的屏蔽罩应可靠接触，屏蔽层应与屏蔽罩 360°圆周接触，接触长度不宜小于 10mm。

5.3.2　智能家居线缆终端插头的制作

1. RJ45 插头的制作

RJ45 插头是一种只能沿固定方向插入并能防止脱落的塑料接头，俗称水晶头，专业术语为 RJ45 连接器。RJ45 插头符合网络接口规范，类似的还有 RJ11 插头，就是平常所用的电话机插头，可用来连接电话机。双绞线的两端必须安装 RJ45 插头，以便插在网卡（NIC）、集线器（Hub）或交换机（Switch）的 RJ45 接口上进行网络通信。

RJ45 插头（水晶头）的截面示意图如图 5-26 所示，从左到右的引脚顺序分别为 1~8。许多用户在布线时经常出现两种错误：一种是采用一一对应的连接方法，如图 5-27（a）所示，在连接距离较短时，系统不会出现连接上的故障，但当连接距离较长、网络繁忙或高速运行时，最好采用如图 5-27（b）所示的连接方法，其核心是让 3 脚和 6 脚两个引脚为同一个绞对。

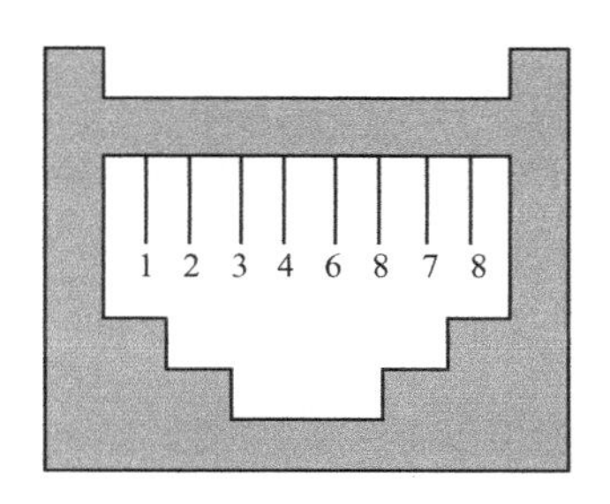

图 5-26　RJ45 插头（水晶头）的截面示意图

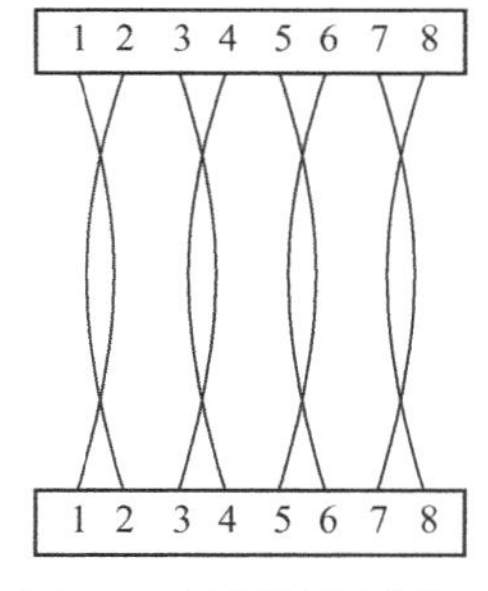

（a）一一对应的连接方法

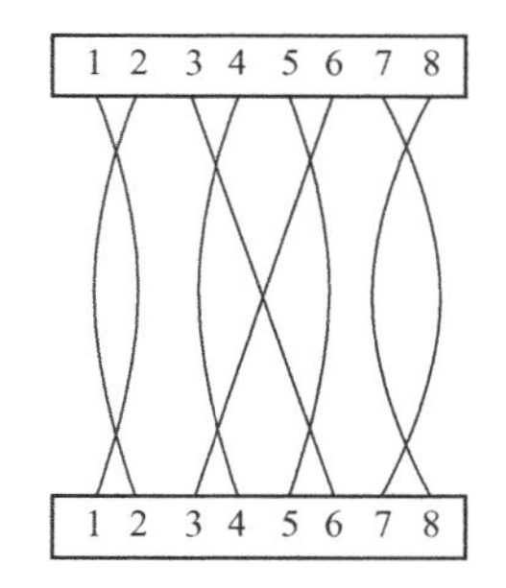

（b）3脚和6脚两个引脚为同一个绞对的连接方法

图 5-27　连接方法

RJ45 插头虽小，但在网络中的重要性一点都不能小看，有相当一部分网络故障是因为 RJ45 插头质量不好造成的。RJ45 插头的质量主要体现在接触探针上，采用的镀铜接触探针容易生锈，造成接触不良，导致网络不通。RJ45 插头的塑料扣位不紧（通常由变形所致），可造成接触不良，导致网络中断。

遵循国际标准 EIA/TIA-568，RJ45 插头和网线有两种连接方法，分别称为 T568A 线序和 T568B 线序，如图 5-28 所示。

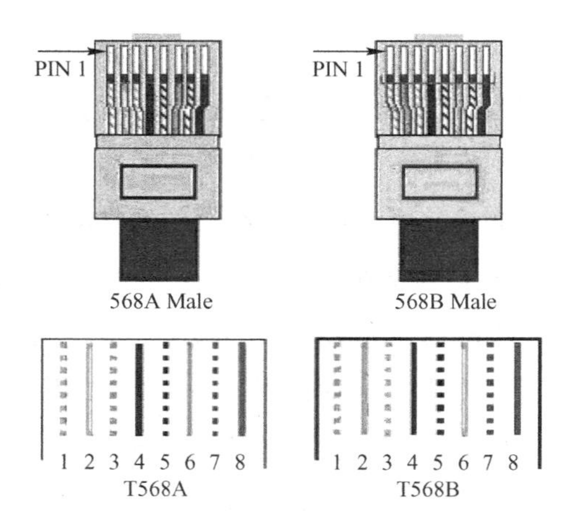

图 5-28　T568A 线序和 T568B 线序

（1）RJ45 插头 8 根跳线的作用

1 脚、2 脚用于发送数据（TX），3 脚、6 脚用于接收数据（RX），4 脚、5 脚和 7 脚、8 脚是双向线，1 脚、2 脚双绞，3 脚、6 脚双绞，4 脚、5 脚双绞，7 脚、8 脚双绞。

在 10M 交换机网络中，只需要 2 脚、6 脚两根跳线就可以通信，因此在用测线仪测试 10M 交换机时，只显示 2 脚、6 脚灯亮。

在 100M 交换机网络中，只需要 1 脚、2 脚、3 脚、6 脚四根跳线就可以通信，因此在用测线仪测试 100M 交换机时，只显示 1 脚、2 脚、3 脚、6 脚灯亮。

在 1000M 交换机网络中，需要 1 脚、2 脚、3 脚、4 脚、5 脚、6 脚、7 脚、8 脚共 8 根跳线才可以达到 1000M 的数据通信，因此在用测线仪测试 1000M 交换机时，显示 1 脚、2 脚、3 脚、4 脚、5 脚、6 脚、7 脚、8 脚灯亮。

（2）T568A 线序的适用范围

T568A 线序适用于网络设备需要交叉互连的场合。所谓交叉是指网线的一端和另一端与 RJ45 插头的接法不同，一端按 T568A 线序连接，另一端按 T568B 线序连接，即几根网线在另一端先交叉后，再与 RJ45 插头连接，适用的连接场合：电脑←→电脑，被称为对等网连接，即两台电脑之间只通过一根网线连接就可以互相传递数据；集线器←→集线器；交换机←→交换机。

RJ45 插头的 T568A 线序接法示意图如图 5-29 所示。RJ45 插头各脚与网线颜色的对应关系：1 脚为绿白；2 脚为绿；3 脚为橙白；4 脚为蓝；5 脚为蓝白；6 脚为橙；7 脚为棕白；8 脚为棕。

（3）T568B 线序的适用范围

① 直连线互连。网线的两端均按 T568B 线序连接：电脑←→ADSL 猫；ADSL 猫←→ADSL 路由器的 WAN 口；电脑←→ADSL 路由器的 LAN 口；电脑←→集线器或交换机。

② 交叉互连。网线的一端按 T568B 线序连接，另一端按 T568A 线序连接：电脑←→电脑，即对等网连接；集线器←→集线器；交换机←→交换机。

RJ45 插头的 T568B 线序接法示意图如图 5-30 所示。RJ45 插头各脚与网线颜色的对应关系：1 脚为橙白；2 脚为橙；3 脚为绿白；4 脚为蓝；5 脚为蓝白；6 脚为绿；7 脚为棕白；8 脚为棕。

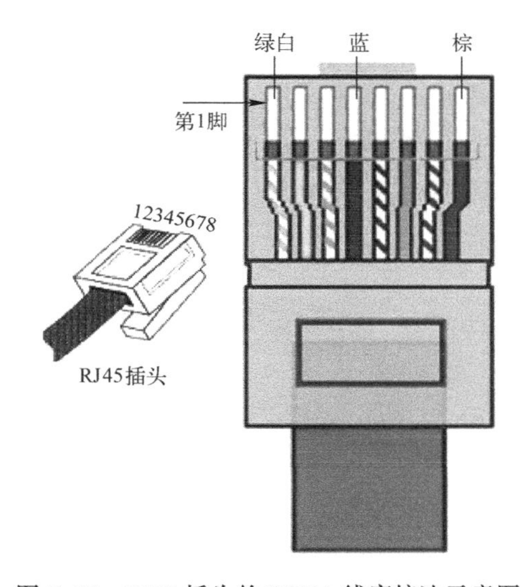

图 5-29 RJ45 插头的 T568A 线序接法示意图

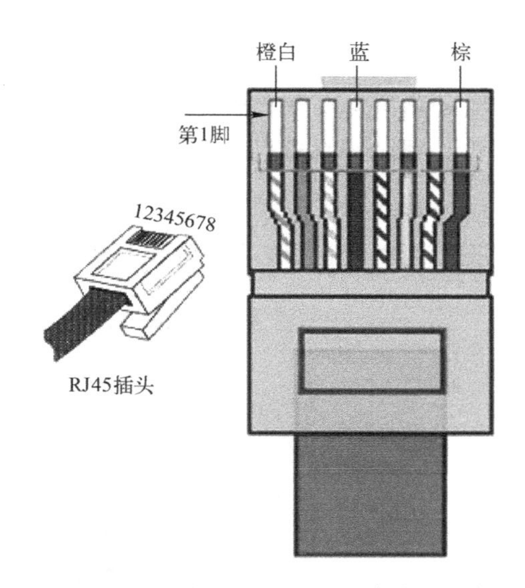

图 5-30 RJ45 插头的 T568B 线序接法示意图

RJ45 插头引脚的识别方法：手拿插头，有 8 个小镀金片的一端向上，有装入网线矩形大口的一端向下，同时面对没有细长塑料卡销的那个面，从左边第一个小镀金片开始依次是第 1 脚、第 2 脚，……，第 8 脚。

（4）RJ45 插头的制作

① 将已经剥去绝缘护套的 4 对双绞线分别拆开相同长度，轻轻捋直，同时按照 568B 线序（橙白、橙、绿白、蓝、蓝白、绿、棕白、棕）水平排好，如图 5-31（a）所示。将 8 根线芯留 14mm 长度剪齐，从线头开始，至少有 10mm 的长度不应有交叉，如图 5-31（b）所示。

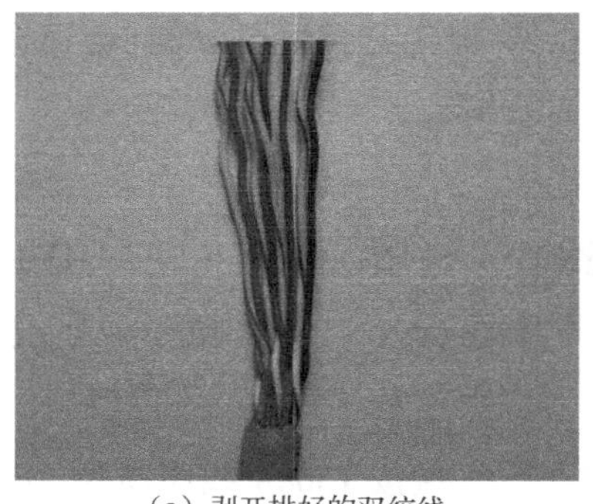

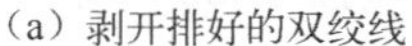

（a）剥开排好的双绞线　　（b）剪齐的双绞线

图 5-31　剥开外绝缘护套

② 8 根线芯按 1、2、3、6、4、5、7、8 次序整理好，为防止在插头弯曲时对线芯造成损伤，线芯在 RJ45 插头内至少 8mm，形成一个平整部分，平整部分之后的交叉部分呈椭圆形。

③ 为线芯解扭，使其按正确的顺序平行排列，线芯 6 跨过线芯 4 和线芯 5，在 RJ45 插头里不应有未解扭的线芯。

④ 线芯经修整后，线芯端面应平整，避免毛刺影响性能。

⑤ 将 8 根线芯插入 RJ45 插头最前端，并将 8 根线芯从 RJ45 插头后端延伸直至初始张力消除，注意线芯一定要插到底，如图 5-32 所示。

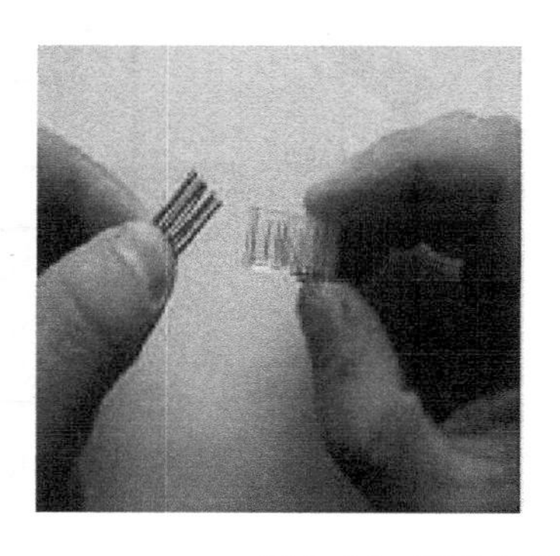

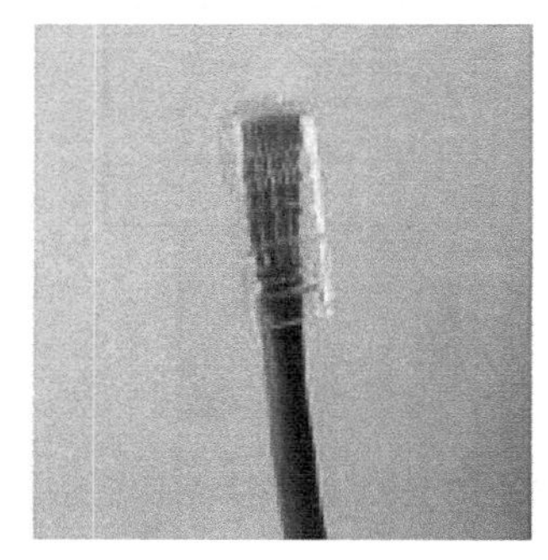

图 5-32　将导线插入水晶头示意图

⑥ 压好 RJ45 插头，再一次测量线芯和套管长度，确保满足几何要求。利用压线钳的机械压力使 RJ45 插头中的刀片首先压破线芯绝缘护套，再压入铜芯线，实现刀片与线芯的电气连接。每个 RJ45 插头中有 8 个刀片，每个刀片与 1 个线芯连接。注意观察压接后 8 个刀片比压接前低。RJ45 插头刀片压线前的位置如图 5-33 所示。RJ45 插头刀片压线后的位置如图 5-34 所示。

⑦ 目测 RJ45 插头上镀金的 8 个刀片是否插入线芯中，刀面是否平整。

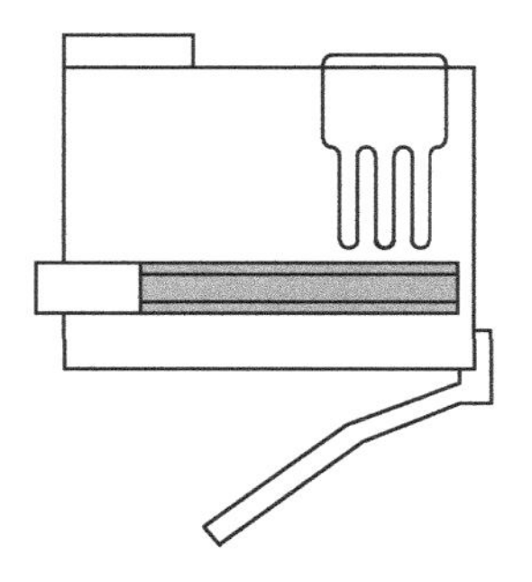

图 5-33 RJ45 插头刀片压线前的位置

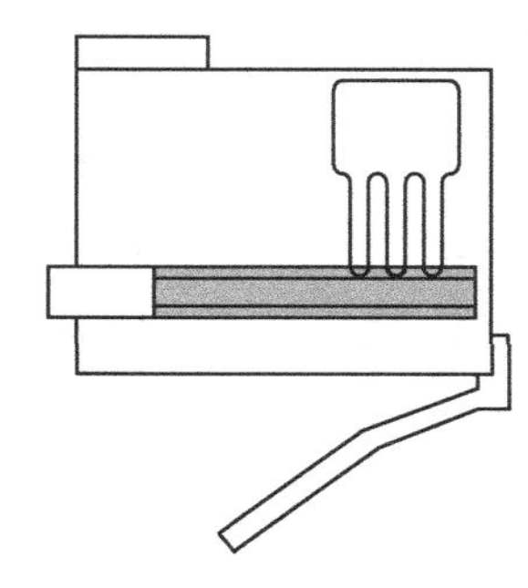

图 5-34 RJ45 插头刀片压线后的位置

如采用每个双口信息插座到家居信息接入箱只布放一根 5 类线的布线方式，则每根 5 类线均要同时连接信息插座的电话接口和网络接口。其中，蓝、蓝白用于电话接口（RJ11），绿、绿白、橙、橙白用于网络接口（RJ45），具体连接方式如图 5-35 所示。如在布线时，从双口信息插座到家居信息接入箱采用一根 5 类线+一根双绞线的布线方式，则 5 类线的两端都应采用 T568B 标准线序。

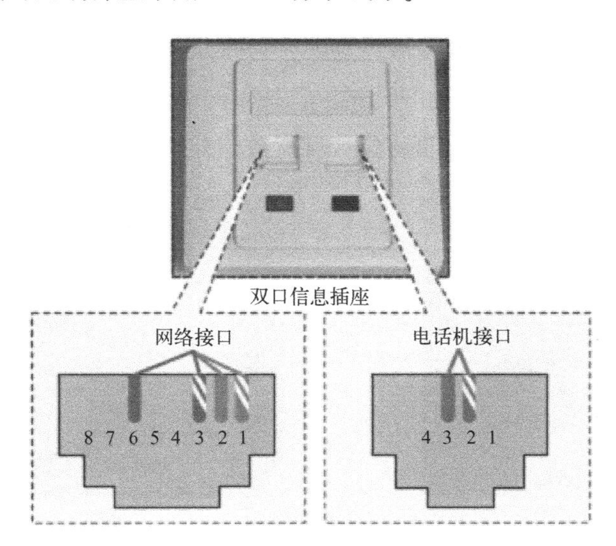

图 5-35 连接方式

2. RJ11 插头的制作

RJ11 插头是由西部电子公司开发的接插件通用名称，可用于语音（电话机）链路的连接。RJ11 插头有 4 芯和 2 芯两种，相对应的是 4 芯和 2 芯电话线。RJ11 插头没有国际化的标准，尺寸、插入力度、插入角度等没有统一按照国际标准接插件的设计要求制作，因此不能确保能够具有互操作性。4 芯电话线线序：中间两根是红、绿，其他两根随便连接；2 芯电话线线序：无线序，随便连接。

① 将4芯电话线按次序整理好，中间红、绿，另两根随便，用食指和拇指捏紧线芯，另一只手用剪刀将线芯剪齐，留出8mm长的线芯。

② 将线芯插进RJ11插头（一定要插到底）。

③ 将RJ11插头插入专用夹具（一定要插到底）。

④ 适当用力将专用夹具中的RJ11插头夹紧。

⑤ 目测RJ11插头上镀金的4（2）个刀片是否插入线芯，4（2）个刀面是否平整。

电话模块有两种：一种是一个圆盘，四角有四个接线端子，相对应4芯电话线；另一种是与RJ45插头相似的4脚（或2脚）卡座，相对应4芯电话线。按照4个接线端子的颜色（红、黄、绿、黑），将4芯电话线分别连接即可。

3. 有线电视插头的制作

有线电视插头的制作步骤如下：

① 剥去线缆的外层护套，操作时，一定注意不要伤到屏蔽网，因为收视质量的好坏完全依赖于屏蔽网，如果屏蔽网损伤过大，会直接影响最终的收视结果，理想的状态如图5-36所示。

② 剥去线缆的外层护套后，再将屏蔽网拆散、外折，如图5-37所示。

图5-36 剥去线缆外层护套

图5-37 将屏蔽网拆散、外折

③ 铝复合薄膜由于内层为绝缘层，一旦折翻过来，会影响正常导通，所以这一段铝复合薄膜需要剪掉，如图5-38所示。

④ 剥除线芯的绝缘层，剥除时需要注意，线芯的长度应该与插头的芯长一致，如图5-39所示。

⑤ 接好插头，将线芯用固定螺丝拧紧，检查屏蔽网固定器是否与屏蔽网良好接合。屏蔽网固定器是至关重要的，除了可起到固定屏蔽网的作用，还是屏蔽网与插头金属外壳相连接的桥梁。

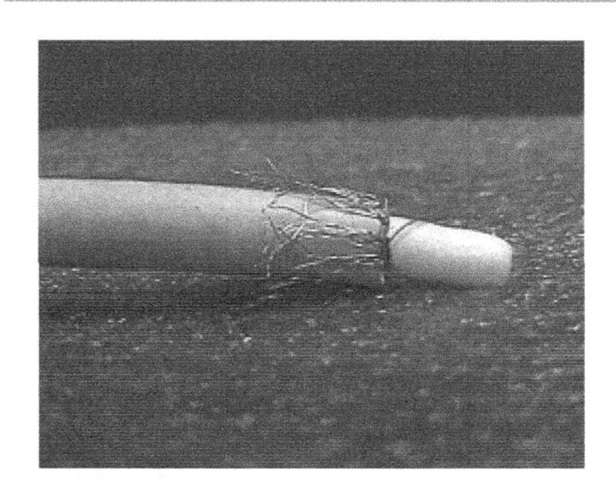

图5-38 剪掉铝复合薄膜

图5-39 线芯长度应该与插头的芯长一致

⑥ 插头的金属外壳再与电视天线接口的金属外壳相接。至此，一条完整的屏蔽通道完成，为了使屏蔽网的外导电作用得以真正发挥，需要将插头拧紧。

4. DDF数字配线线缆头的制作

准备工具：斜口钳、剥线钳、六角压线钳、电烙铁、焊锡，应使用带接地的电烙铁并保证接地良好，将要制作的线缆与设备分离，防止漏电损坏设备。

DDF数字配线线缆头的制作方法如下：

① 剥线：使用剥线钳将线缆绝缘外层剥去，如图5-40所示。

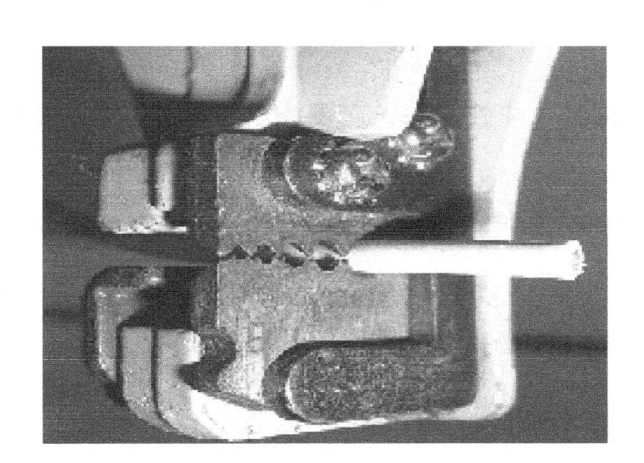

图5-40 剥线

② 焊接线芯：剥除绝缘层，露出线芯长2.5mm，将线芯插入接头。注意，线芯必须插入接头的内开孔槽中后再上锡，如图5-41所示。

③ 压线：将屏蔽网剪齐，留6.0mm，压接套管和屏蔽网一起推入接头尾部，用六角压线钳压紧套管后，将线芯焊牢，如图5-42所示。

④ 测试：用数字万用表测试并检查线芯是否焊接良好，避免造成虚焊、短接等。

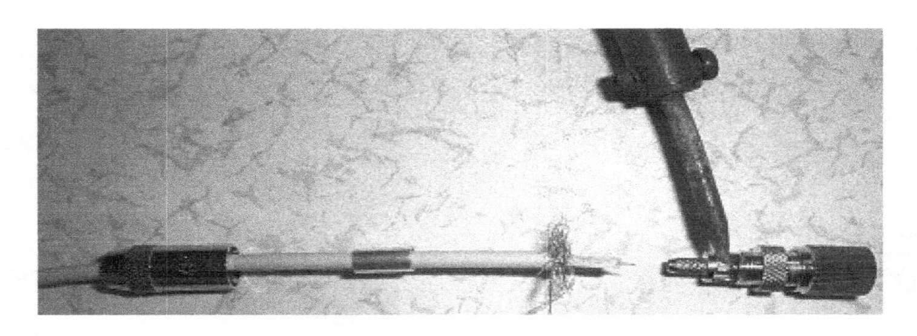

图 5-41　焊接线芯

5. BNC 接头的制作

图 5-42　压线

BNC 接头是常见的电视设备接头，在 SDH 传输系统中，常用于网络适配器、解码器、编码器、路由交换机等设备上。BNC 接头主要有两种：一种是推压式接头；另一种是焊接式接头。使用时，应按线缆直径选用不同型号的 BNC 接头。

BNC 接头的制作方法如下：

① 把 BNC 接头前套管和后套管拧开，将 BNC 接头的后套管套在同轴电缆上，把同轴电缆端剪平。

② 用剥线工具将同轴电缆外层保护套剥去 1.5cm，注意不要划伤屏蔽网，再将线芯外的透明绝缘层剥去 0.6cm，使线芯裸露，如图 5-43 所示。

③ 用尖头电烙铁给整理过的屏蔽网和线芯上锡，注意屏蔽网上锡不能太厚，如太厚，则可能造成 BNC 接头的丝帽拧不上，可适当减少屏蔽网的根数并将屏蔽网焊扁，将上过锡的屏蔽网和线芯分别留约 7mm 和 3mm 后，用斜口钳剪断，如图 5-44 所示。

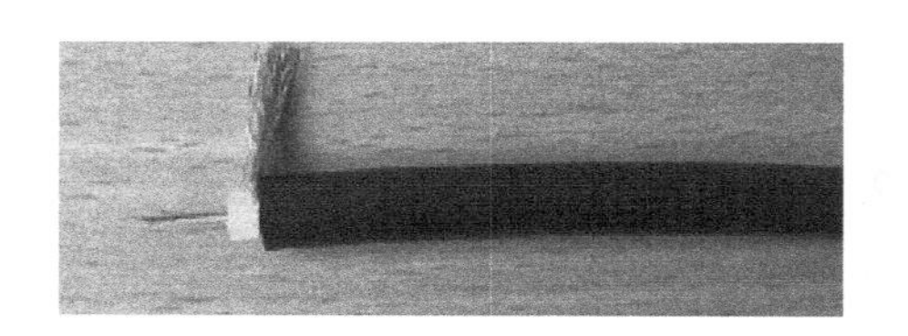

图 5-43　线芯裸露

图 5-44　屏蔽网和线芯上锡

④ 用电烙铁给 BNC 接头上锡，一定要有足够的锡以保证焊接强度，如图 5-45 所示。

⑤ 将同轴电缆的线芯插入 BNC 接头线芯插针后端的小孔中，同时将屏蔽网拧成一股并插入 BNC 接头的金属片尾孔中，将 BNC 接头的套管和同轴电缆固定。

⑥ 使用电烙铁将线芯与线芯插针焊接牢固，将屏蔽网与 BNC 接头的金属片焊接牢固，并整理毛刺，如图 5-46 所示。

图 5-45 给 BNC 接头上锡

图 5-46 线芯与线芯插针及屏蔽网与 BNC 接头金属片的焊接

⑦ 焊接完成后，将多余的线芯剪齐，把 BNC 接头的后套管旋转连接 BNC 前套管，按照以上步骤制作另一端。

⑧ 用万用表测量 BNC 接头线芯插针与金属片，如果短路，则应排除 BNC 接头和同轴电缆的问题或重新制作。

6. 剥除光纤外护套及光纤连接器的检查

（1）剥除光纤外护套

剥除光纤外护套需用专用光纤剪刀和刻刀，并用专用工具剥去光纤涂层，以利于光纤连接。常用的剪切和剥除工具最好能与光纤的特殊尺寸相匹配，并能完成多种加工操作而不用更换工具。例如，常用的米勒钳集成两种口径：小 V 形口用于去除 125μm 光纤缓冲层和涂层材料；大 V 形口用于大范围去除光纤绝缘外护套。米勒钳刀口经过热处理并有用激光打出的标记。

即使使用最佳调整和校准的剥除工具，操作者也仍然需要具有一定的技巧。剥除光缆缓冲层时要保证压力均匀，避免折断纤芯。保证剥除工具的刃口干净十分重要，即使细小的灰尘和污垢都有可能使纤芯折断或产生划痕，因此在每次剥除操作前，必须用牙刷清洁剥除工具。剥除光缆缓冲层、涂层材料、绝缘外护套应注意以下事项：

① 不要像剥除线缆绝缘层那样剥除光纤缓冲层，弯曲和拧的动作都会增加缓冲层与纤芯之间的摩擦，导致光纤弯曲断裂。

② 应采用从护套中抽出光纤的方式，保证动作呈直线，每次只剥除6~10mm，以利减小摩擦和弯曲。

（2）光纤连接器的检查

光纤连接器（又称光纤跳线）是在一段光纤两端安装的连接插头，用于在光纤与光纤之间可进行拆卸（活动）连接，可把光纤的两个端面精密对接起来，使发射光纤输出的光能量能够最大限度地耦合到接收光纤中，并使其对系统造成的影响最小。在一定程度上，光纤连接器也影响了光传输系统的可靠性和各项性能。

光纤连接器的外观检查见表5-1。

表5-1　光纤连接器的外观检查

检验项目	检验标准	备　注
完整性	各个零部件齐全，与相应的设计、制造要求一致，加工质量符合相关技术文件要求，测试数据、标贴、条码等无误	
外观	各个部件平滑、洁净、无脏污及毛刺，无伤痕和裂痕，颜色鲜亮、一致性好，组合严密、平整，连接头与适配器的插入和拔出平顺、轻巧，卡子有力、弹性好、插拔正常。光缆外观平滑光亮，无杂质，无破损，印字清晰，颜色与产品要求相符	
光缆长度 L 和公差	$L\leq 0.5\text{m}$，公差为+0.01/-0m	可根据客户要求进行相应修改
	$0.5\text{m}<L<5\text{m}$，公差为+0.05/-0m	
	$5\text{m}\leq L\leq 10\text{m}$，公差为+0.1/-0m	
	$L>10\text{m}$，公差为+0.2/-0m	
标识	视订单要求在尾套后端贴序列号或标记环或无	
包装	包装盒上应有产品名称、型号、生产批次、生产日期、公司注册商标、执行标准号、环保标识、产品说明书等，包装要完整，不能有破损、挤压、变形、脏污等外观不良现象	可根据客户要求进行相应修改

光纤连接器组装性能的检查：

① 插芯：突出长度正常，弹性良好，有明显倒角，表面无任何脏污、缺陷及其他不良现象。

② 散件：各散件与适配器之间配合良好，无松脱现象，机械性能良好，有良好的活动性，表面无任何脏污、缺陷、破损、裂痕，颜色与产品要求相符，同批次产品无色差。

③ 压接：对光缆外皮和凯夫拉线的压接固定要牢固，压接金属件应具有规则的压痕，无破损、弯曲、挤压光缆等不良现象。

（3）光纤连接器的加工

光纤连接器的加工相对铜缆终端加工要复杂，加工步骤如下：

① 要求对光纤进行严格的清洁，暴露在外的护套断面也要清洁干净，以利于环氧附着其上，承受一定的应力。清洁剂应采用专用酒精（99%纯度），不能用普通酒精（70%纯度）。清洁剂中的水分、脂类和杂质会污染光纤，影响环氧与玻璃的附着。

② 将清洁好的光纤插入光纤连接器并加入环氧，将护套断面处也加入环氧，增加抗应力的能力。待环氧固化后，将多余的纤芯用专用工具去除。为确保光纤断面整齐不产生碎裂，应选择刃口锋利的刻刀，在红、蓝宝石和碳化物材质中，碳化物材质的刻刀最锋利。刻痕要靠近光纤连接器端部，将光纤连接器在手指之间转动，刻出划痕，再沿光纤轴向去除多余部分，如图 5-47 所示。

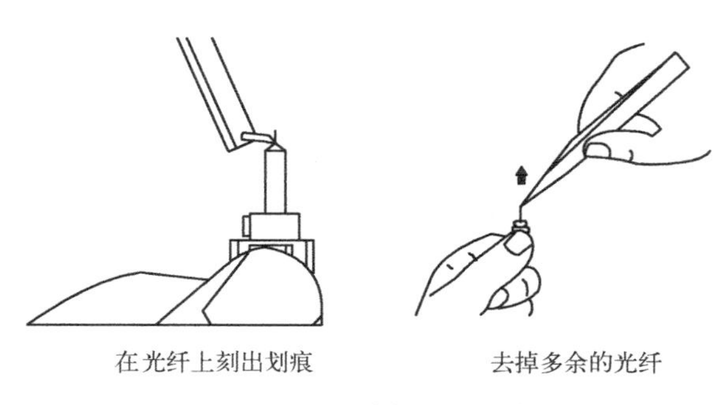

图 5-47　光纤端部处理示意图

通过对纤芯断面的抛光研磨可得到符合要求的光滑断面。抛光的第一步是使用 12μm 粒度的研磨纸进行干研磨，使纤芯断面与光纤连接器胶合点平齐，将纤芯断面与研磨纸逐渐接触并增加压力，研磨时间应持续 20~30s，确保纤芯断面变得光滑。

③ 将纤芯断面插入研磨盘，不锈钢（45-341）和塑料（45-342）研磨盘如图 5-48 所示，在抛光纸上进行 8 字形研磨。纤芯与胶合剂同时被研磨，直至达到规定的平整度。应注意此步骤不要过度研磨，保持研磨盘与纤芯断面间有微小的间隙，使纤芯断面形成导角，以提高透光性。

图 5-48　不锈钢（45-341）和塑料（45-342）研磨盘

对于多模光纤，至少应进行至 3μm 粒度的研磨，0.5μm 粒度的研磨为可选（依光纤和光纤连接器制造商的要求而定）。对于单模光纤，最终的研磨粒度要达 0.5μm，达到最小损耗，确保光传输。在最后 0.5μm 粒度的研磨中，也可使用 99%纯度的酒精进行湿研磨。IDEAL 研磨纸如图 5-49 所示，包含红色（12μm）、黄色（3.0μm）、白色（0.5μm）。

图 5-49　IDEAL 研磨纸

研磨纸和研磨盘都应保持清洁，任何污垢都会影响研磨效果。完成研磨后，整个光纤连接器都应用99%纯度的酒精清洁，包括光纤端面和光纤连接器的金属部分。

④ 在光纤连接器加工好后，应使用高质量的显微镜（内置眼睛保护）检查。对于多模光纤，最小放大倍数应为100×；对单模光纤，最小放大倍数应为200×。观察者要找到真正的观察点，视野中心是纤芯，外圈是涂层，最外层是光纤连接器。

显微镜应具有多个适配器，以适应不同的光纤连接器类型。新型显微镜已采用LED光源代替普通灯泡作为背光。LED光源能提供更纯净的光源，可使观察者感觉更舒适。在确认光纤连接合格后，应立即用干净的光纤连接器帽盖住，避免光纤被污染和损坏。

光纤连接器端面检验设备应选用400×端面检测仪。光纤连接器端面如图5-50所示。光纤连接器端面要求见表5-2。

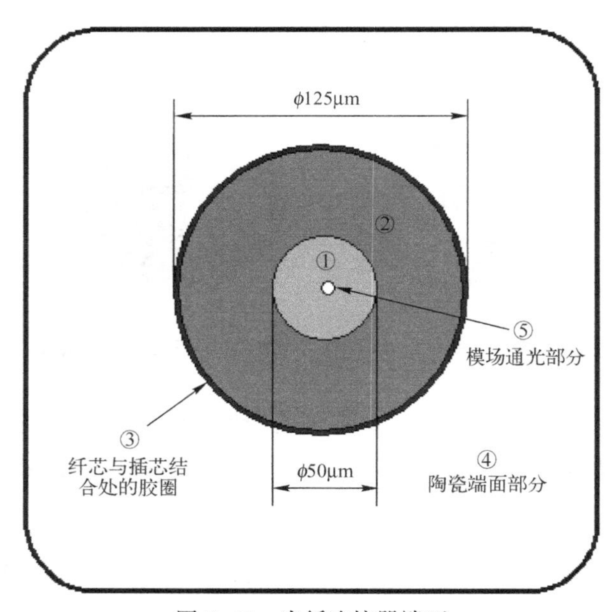

图 5-50　光纤连接器端面

表 5-2 光纤连接器端面要求

区域范围	缺陷描述	A级端面检测标准
① 区：Φ50μm 之内	划痕、斑点、气泡、黑块、裂纹、脏污等	不允许有任何不良缺陷
② 区：Φ50~Φ125μm		
③ 区：胶圈	黑块、凹凸不平、斑点、裂纹、脏污，大小不能超过纤芯的 1/4 且宽度不大于 1μm	
④ 区：陶瓷端面部分（胶圈之外的可见区域）	划痕、斑点、气泡、黑块、裂纹、脏污等	
⑤ 区：模场通光部分	无裂纹、划伤、斑块、阴影，通光良好，有明显光斑	

5.3.3 智能家居同轴电缆连接器、光纤连接器及尾纤操作技能

1. 同轴电缆连接器

(1) L9 接头

L9 接头为 DDF 侧常用的同轴电缆连接器。L9（1.6/5.6）俗称西门子同轴头。L9 接头具有螺纹锁定机构，连接尺寸为 M9×0.5。L9 接头的导体接触件材料为铍青铜、锡青铜，接触区域的镀金厚度不小于 2.0μm。L9 接头常见的规格有 3 种，其主要区别是配合使用的线缆口径不同，如图 5-51 所示。

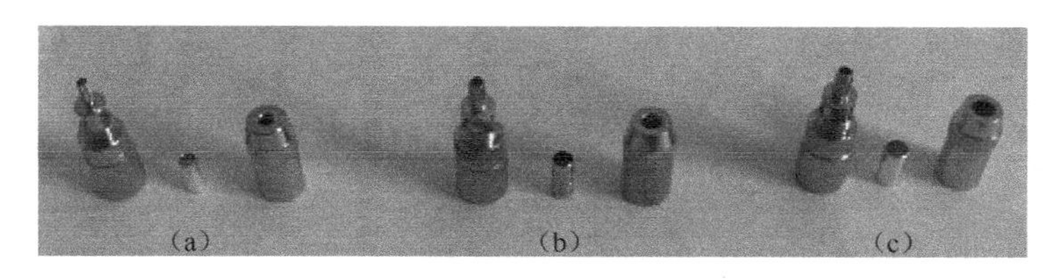

图 5-51 3 种规格的 L9 接头

(2) BNC 接头

BNC 接头，即 BNC 同轴电缆连接器，全称是 Bayonet Nut Connector（刺刀螺母连接器，形象地描述了这种接头的外形），又称 British Naval Connector（英国海军连接器，可能是英国海军最早使用了这种接头）或 Bayonet Neill Conselman（Neill Conselman 刺刀，是一个名叫 Neill Conselman 的人发明的）。BNC 同轴电缆连接器至今没有被淘汰，是因为同轴电缆是一种屏蔽电缆，有传送距离长、信号稳定的优点，目前被大量用于通信系统中，如网络设备中的 E1 接口就是用两根带有 BNC 同轴电缆连接器的同轴电缆连接的，在高档监视器、音响设备中也经常用同轴电缆来传送音频、视频信号（需

要使用BNC同轴电缆连接器）。

BNC同轴电缆连接器有别于普通15针D-SUB标准接头的特殊显示器接口，由RGB三原色信号及行同步、场同步等5个独立信号接头组成，主要用于连接工作站等对扫描频率要求很高的系统。BNC同轴电缆连接器可以隔绝视频输入信号，使信号相互间干扰减小，可达到最佳信号响应效果。各种BNC接头如图5-52所示。

图5-52　各种BNC接头

BNC接头的一般特性如下：

① 特性阻抗：75Ω。

② 频率范围：0~2GHz。

③ 接触电阻：内导体接触电阻≤2.0mΩ；外导体接触电阻≤0.2mΩ。

④ 绝缘电阻：≥5000MΩ。

⑤ 介质耐压：1500V。

⑥ 电压驻波比：≤1.3。

⑦ 连接器耐久性：500次产品材料及涂覆。

⑧ 中心接触件：插针为黄铜、镀金（加粗），插孔为锡青铜或铍青铜、镀金。

⑨ 壳体和其他金属零件：黄铜、镀镍（加厚）。

⑩ 绝缘体：聚四氟乙烯。

⑪ 线夹：黄铜、镀银。

⑫ 密封圈：硅橡胶。

2. 光纤连接器

光纤连接器按传输媒介的不同可分为常见硅基光纤单模、多模连接器及以塑胶等为传输媒介的光纤连接器。

（1）光纤连接器的型号表示方法

光纤连接器的型号一般由两部分组成：结构形式和端面形式，如FC/APC表示连接结构为金属双重螺纹终止型结构，端面采用斜面、球形连接。

光纤连接器的型号表示方法为

XX/ABC

式中，XX：结构形式/端面形式。

A：光信号模式，选项为单模（S或SM）或多模（M或MM）。

B：光纤芯径，常用芯径有Φ0.9mm、Φ0.6mm、Φ0.3mm、Φ0.2mm。

C：光纤长度，根据项目现场布放路由、光纤连接器（光纤跳线）预留冗余长度的要求确定。

（2）光纤连接器的性能指标

光纤连接器的性能指标（国标值）见表5-3。

表5-3 光纤连接器的性能指标（国标值）

光纤连接器型号	FC/PC	FC/UPC	FC/APC	SC/PC	SC/UPC	SC/APC	ST/PC	ST/UPC
插入损耗（dB）	≤0.20							
最大插入损耗（dB）	≤0.30							
插拔次数	>1000							
工作温度（℃）	-40~+80							
储存温度（℃）	-40~+85							
回波损耗（dB）	≥40	≥45	≥60	≥40	≥45	≥60	≥40	≥45
采用标准	BellcoreTA—NWT—001221/001209（美国贝尔实验室核心标准）							

（3）光纤连接器的分类

① 光纤连接器按结构形式可分为FC型、ST型、SC型。

FC型：金属双重配合螺旋终止型结构。

ST型：金属圆形卡口式结构。

SC型：矩形塑料插拔式结构，容易拆装，多用于多根光纤与空间紧凑结构法兰之间的连接。

其中，ST结构的光纤连接器通常用于配线设备端，如光纤配线架、光纤模块等；SC结构的光纤连接器通常用于光收发设备端。

② 光纤连接器按光纤端面形状可分为PC型、APC型、UPC型。

PC型：端面呈球形，接触面集中在端面的中央部分，反射损耗为35dB，多用于测量仪器。

APC型：接触端的中央部分仍保持PC型球面，端面的其他部分加工成斜面，使端面与光纤轴线的夹角小于90°，可以增加接触面积，使光耦合更加紧密。当端面与光纤轴线夹角为8°时，插入损耗小于0.5dB。在155Mb/s以下光传输系统中，常采用这种结构的光纤连接器。

UPC型：超平面连接，加工精密，连接方便，反射损耗为50dB，常用于155Mb/s及以上光纤传输系统中。

光纤连接器插芯连接的损耗应该是越小越好，因此对于活动接头端面的要求标准比较高。此外，光纤连接器的抛光水平也很重要：APC型光纤连接器的斜面抛光型反射损耗可达68dB；UPC型光纤连接器的超精度抛光型反射损耗可达55dB。接触面上反射损耗越大，对应光信号的透射率越高，信号衰减越小。

③ 光纤连接器按光纤芯数可分为单芯光纤连接器和多芯光纤连接器。

（4）常见的光纤连接器

光纤连接器应用广泛，品种繁多。在实际应用过程中，一般按照光纤连接器结构的不同来加以区分。以下是一些比较常见的光纤连接器。

① FC型光纤连接器。FC型光纤连接器如图5-53所示。FC型光纤连接器最早是由日本NTT公司研制的。FC是Ferrule Connector（金属套连接器）的缩写，表明外部加强方式采用金属套，紧固方式为螺丝扣（螺旋紧固方式）。早期FC型光纤连接器采用的陶瓷插针对接端面是平面接触方式，光纤端面对微尘较为敏感，容易反射，导致插入损耗较大。后来，对FC型光纤连接器进行改进，采用对接端面呈球面的插针，而外部结构没有改变，使得插入损耗和回波损耗有了较大幅度的降低。FC型光纤连接器常用于电信网络，优点是牢靠、防灰尘，缺点是安装时间稍长。

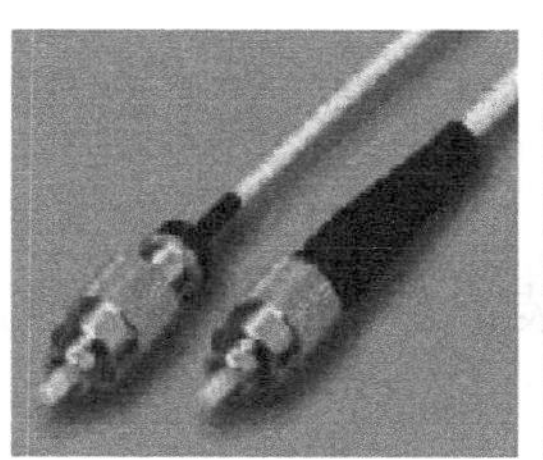
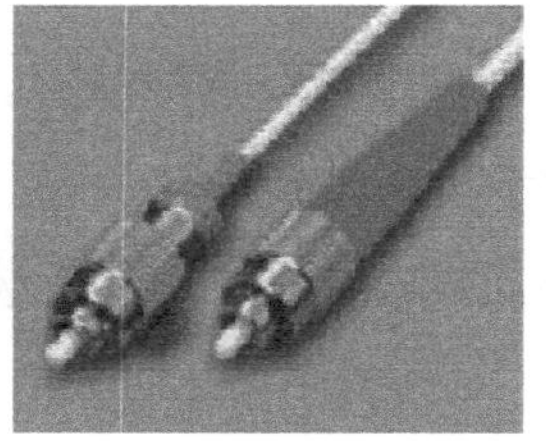
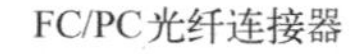

FC/PC光纤连接器　　FC/APC光纤连接器

图5-53　FC型光纤连接器

② SC型光纤连接器。SC型光纤连接器如图5-54所示。SC型光纤连接器是一种由日本NTT公司开发的光纤连接器。其外壳呈矩形，插针的端面采用PC或APC型研磨方式（插针边缘做成倒角），紧固方式采用插拔销闩式（不需旋转）。SC型光纤连接器的连接头可直接插拔，使用很方便，缺点是容易掉出来。SC型光纤连接器价格低廉，

插拔操作方便，介入损耗波动小，抗压强度较高，安装密度高（光端机母板上连接端口可密集布列）。

SC/PC光纤连接器

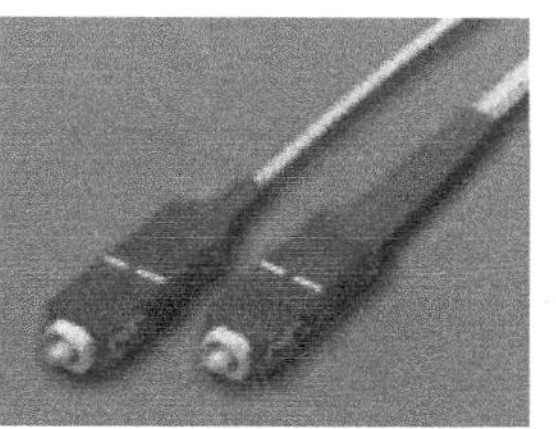
SC/APC光纤连接器

图5-54 SC型光纤连接器

③ ST型光纤连接器如图5-55所示。ST型光纤连接器插入后，旋转半周有一卡口固定，缺点是容易折断。ST型光纤连接器常用于光纤配线架，外壳呈圆形，紧固方式采用螺丝扣（对于10Base-F连接来说，光纤连接器通常是ST型的）。

④ 双锥型光纤连接器。双锥型光纤连接器如图5-56所示。双锥型光纤连接器中最有代表性的产品由美国贝尔实验室开发研制，由两个经精密模压成形的端头（呈截头圆锥形的圆筒插头）和一个内部装有双锥形塑料套筒的耦合组件组成。

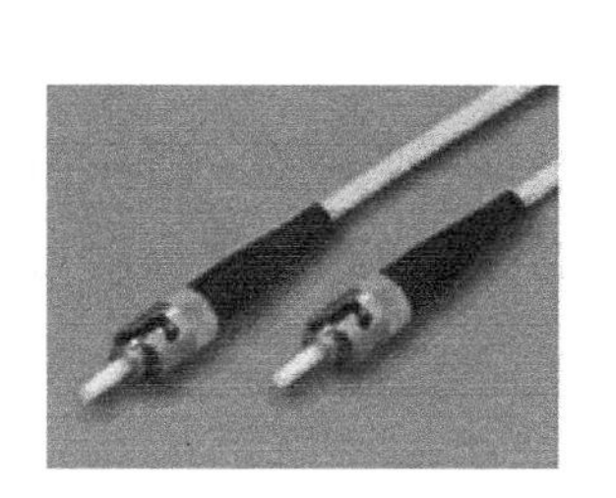
图5-55 ST型光纤连接器

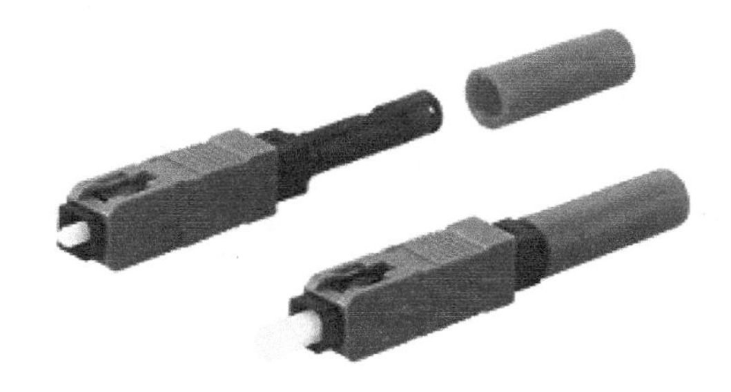
图5-56 双锥型光纤连接器

⑤ DIN47256型光纤连接器。DIN47256型光纤连接器如图5-57所示。DIN47256型光纤连接器是一种由德国开发的连接器，采用的插针和耦合套筒的结构尺寸与FC型光纤连接器相同，端面处理采用PC研磨方式。与FC型光纤连接器相比，DIN47256型光纤连接器的结构要复杂一些，内部金属结构中有控制压力的弹簧，可以避免因插接压力过大而损伤端面，机械精度较高，插入损耗值较小。

⑥ MT-RJ型光纤连接器。MT-RJ型光纤连接器如图5-58所示。MT-RJ型光纤连接器起步于由NTT公司开发的MT连接器，带有与RJ45型LAN电视连接器相同的闩锁机构，通过安装在小型套管两侧的导向销对准光纤。为便于与光收发信机相连，MT-RJ型光纤连接器的端面光纤为双芯（间隔0.75mm）排列设计。

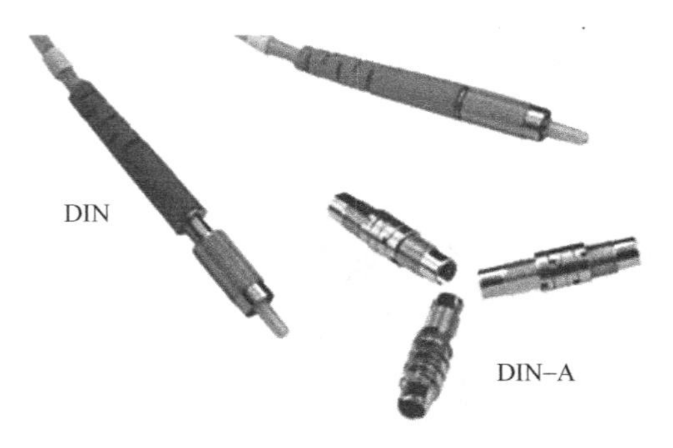

图5-57　DIN47256型光纤连接器

图5-58　MT-RJ型光纤连接器

⑦ LC型光纤连接器。LC型光纤连接器如图5-59所示。LC型光纤连接器采用操作方便的模块化插孔（RJ）闩锁方式，所采用的插针和套筒的尺寸是普通SC型、FC型光纤连接器等所用尺寸的一半，为1.25mm，可以提高光纤配线架中光纤连接器的密度。

⑧ MU型光纤连接器。MU型光纤连接器如图5-60所示。MU型光纤连接器是以目前使用最多的SC型光纤连接器为基础的，是由NTT公司研制开发出来的世界上最小的单芯光纤连接器，采用1.25mm直径的套管和自保持机构。其优势在于能实现高密度安装。利用MU型光纤连接器的1.25mm直径套管，NTT公司已经开发了MU型光纤连接器系列：用于光缆连接的插座型连接器（MU-A系列）；具有自保持机构的光传输设备母板连接器（MU-B系列）；简化插座（MU-SR系列）；等等。随着光纤网络向更宽更大容量方向的迅速发展和DWDM技术的广泛应用，对MU型光纤连接器的需求也将迅速增长。

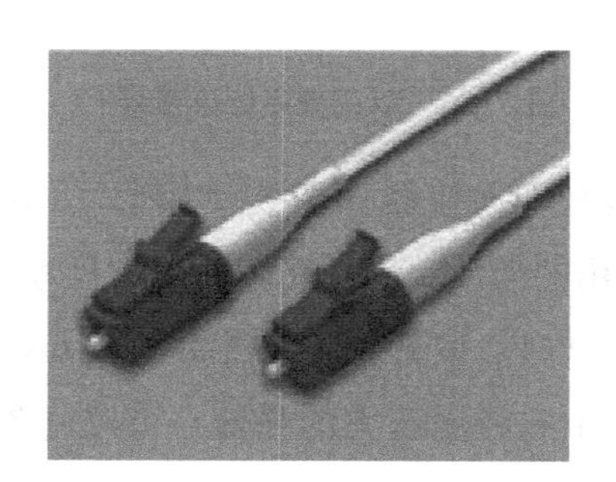

图5-59　LC型光纤连接器

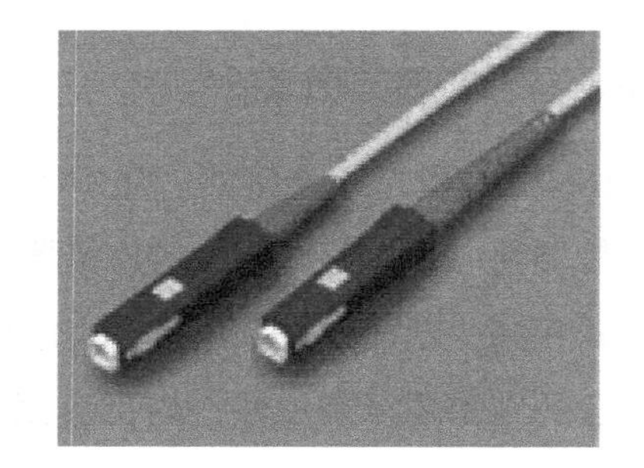

图5-60　MU型光纤连接器

3. 尾纤

尾纤又叫尾线，只有一端有连接头，另一端是一根光缆纤芯的断面，通过熔接与其他光缆纤芯相连，常出现在光纤终端盒内，用于连接光缆与光纤收发器（光缆与光纤收发器之间还用到耦合器、跳线等）。

尾纤分为多模尾纤和单模尾纤。多模尾纤为橙色，波长为850nm，传输距离为500m。单模尾纤为黄色，波长有两种：1310nm和1550nm，传输距离分别为10km和40km。

传输系统常用的尾纤有SC/PC型光接口尾纤（SC方形卡接头）、FC/PC型光接口尾纤（FC圆形螺纹头）、LC/PC型光接口尾纤（LC方形卡接头）、E2000/APC型光接口尾纤、ST/PC型光接口尾纤（ST圆形卡接头）。

5.4 智能家居布线验证测试及认证测试

5.4.1 智能家居布线测试分类及测试仪器的选择

1. 测试分类

从工程角度，智能家居布线系统的测试分为两类：验证测试和认证测试。验证测试一般是在施工过程中，由施工人员边施工边进行的测试，以保证每一个连接的正确性。认证测试是指对智能家居布线系统依照标准进行逐项测试，以确定布线是否达到设计要求，包括连接性能测试和电气性能测试。

《综合布线系统工程验收规范》（GB/T50312-2016）包括了电缆布线的现场测试内容、方法及对测试仪器的要求，主要包括电缆布线的长度、接线图、衰减、近端串扰等四项内容，如特性阻抗、衰减串扰比、环境噪声干扰强度、传播时延、回波损耗和直流环路电阻等测试项目，可以根据现场测试仪器的功能和施工现场所具备的条件选项进行测试。

铜缆性能测试指标包括串扰（一对绞线受到的来自其他绞线对信号的影响）、插入损耗（或称衰减，是指由传输距离所带来的信号功率损耗）、回波损耗（由端接好电缆链路中阻抗不匹配所产生的信号反射，一般UTP电缆的特性阻抗为100Ω）及时延偏离（接收电缆中不同线对同时发出信号的时间差异）等。

对绞电缆布线系统永久链路、CP链路及信道测试应符合下列规定：

① 应对智能家居布线系统中每一个完工的信息点进行永久链路测试。主干电缆也可按照永久链路的连接模型进行测试。

② 对包含设备电缆和跳线在内的拟用或在用电缆链路进行质量认证时，可按信道

方式测试。

③ 对跳线和设备电缆进行质量认证时，可进行元件级测试。

④ 对绞电缆布线系统链路或信道应测试长度、连接图、回波损耗、插入损耗、近端串音、近端串音功率和、衰减远端串音比、衰减远端串音比功率和、衰减近端串音比、衰减近端串音比功率和、环路电阻、时延、时延偏差等，指标参数应符合《综合布线系统工程验收规范》（GB/T50312-2016）附录B的规定。

⑤ 当现场条件允许时，宜对 E_A 级、F_A 级对绞电缆布线系统的外部近端串音功率和（PSANEXT）及外部远端串音比功率和（PSAACR-F）进行抽测。

⑥ 屏蔽布线系统应符合《综合布线系统工程验收规范》（GB/T50312-2016）第8.0.3条第4款规定的测试内容，检测屏蔽层的导通性能，当屏蔽布线系统用于工业级以太网和数据中心时，还应排除虚接地的情况。

⑦ 当对绞电缆布线系统应用于工业以太网、POE及高速信道等场景时，可检测TCL、ELTCTL、不平衡电阻、耦合衰减等屏蔽特性指标。

光纤测试分为一类测试（损耗长度测试）和二类测试（OTDR测试）。在现场进行的光纤链路验收测试中都习惯使用“衰减”或“损耗”来判断被测链路的安装质量，多数情况下，这是非常有效的方法。光纤布线系统性能测试应符合下列规定：

① 应对光纤布线系统的每个光纤链路进行测试，信道或链路的衰减应符合《综合布线系统工程验收规范》（GB/T50312-2016）附录C的规定，并应记录测试所得的光纤长度；

② 当OM3、OM4光纤应用于10Gb/s及以上链路时，应使用发射和接收补偿光纤进行双向OTDR测试；

③ 当光纤布线系统性能指标的检测结果不能满足设计要求时，宜通过OTDR测试曲线进行故障定位测试；

④ 在光纤到用户单元系统工程中，应检测用户接入点至用户单元信息配线箱之间的每一个光纤链路，衰减指标宜采用插入损耗法进行测试。

2. 测试仪器的选择

智能家居布线系统的测试结果要具有权威性，就必须选择合适的测试仪器。对5类线来说，一般要求测试仪器应能同时具有认证和故障查找能力，在保证测试智能家居布线系统通过各项标准测试的基础上，能够快速准确地定位故障。

测试仪器的选择应注意以下几方面的问题：

① 精度是测试的基础，因此所选择的测试仪器需要既能满足基本链路的认证精度，

又能满足通道链路的认证精度。精密测试仪器必须在使用一定时间后进行校准，以保证测试时的精度。

② 在采用带有远端器的测试仪器测试5类线时，对近端串扰应进行双向测试，即对同一根电缆必须测试两次。带有远端器的测试仪器可实现双向测试一次完成。

③ 测试结果可以与电脑连接在一起传送测试数据，便于打印输出与保存。

3. 建立文档

文档资料是智能家居布线系统测试验收的重要组成部分，完整的文档包括电缆的标号、信息插座的标号、配线间水平电缆与垂直电缆的跳接关系、配线架与交换机端口的对应关系等，可建立电子文档，以便于后期的维护管理。

5.4.2 智能家居布线验证测试

1. 铜缆的验证测试

电缆验证测试应在工程施工过程中随时进行，以便能够及时发现问题并解决问题。使用功能完善的验证测试工具是准确发现问题的关键。无论是采用568A还是568B线序进行直通线端接，在同一工程中都只允许出现一种接线图（网络设备用交叉线除外）。

开路、断路、错对可直接影响电气连通性，是较容易判别的故障。分错线对、串扰故障必须采用测量线对分布电容的方法才能鉴别。分错线对可导致本应在同一对双绞线上传输的正负电信号，分别在两对双绞线中传输。由于破坏了信号传输的结构，因此会造成很大的干扰，使网络传输性能下降。开路、断路、错对、串扰故障示意图如图5-61所示。

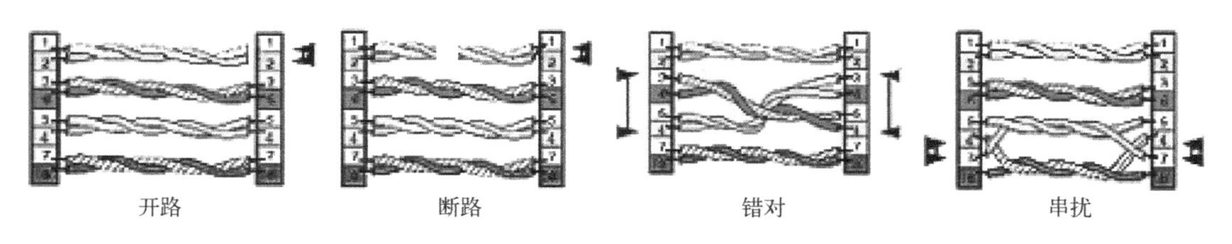

图5-61 故障示意图

选用的铜缆验证工具最好具有测量长度的功能，能提供主动测量方式，即提供PING命令操作，并能用于动态分配IP网络。

美国IDEAL公司提供的部分铜缆验证工具如图5-62所示，从左至右依次为NAVITEK主动式测试仪、VDV多媒体线缆测试仪、LinkMasterProXL验证测试仪和

LinkMasterPro 验证测试仪。它们均能准确测量接线正误，并可作为音调发生器，除VDV 多媒体线缆测试仪外，均可以电容方式测量铜缆的长度，并进行断点定位，另外，还可通过测试仪对远端模块进行识别，找到铜缆两端的对应关系，即时做好标记，建立文档，便于对系统进行长期管理。

图 5-62　铜缆验证工具

2. 光纤的验证测试

现场安装人员应对光纤链路的连通性进行检查，即使用可视红光源光纤检测器对整个光纤链路中的断点进行检查。在断点处，通过可视红光源光纤检测器可直接观察有红光露出，被测光纤长度可达 5km，适合光纤跳线的检查，并可用于识别光纤工作区与配线架之间的对应关系，便于标记管理。IDEALVFF5 可视红光源光纤检测器如图 5-63 所示。

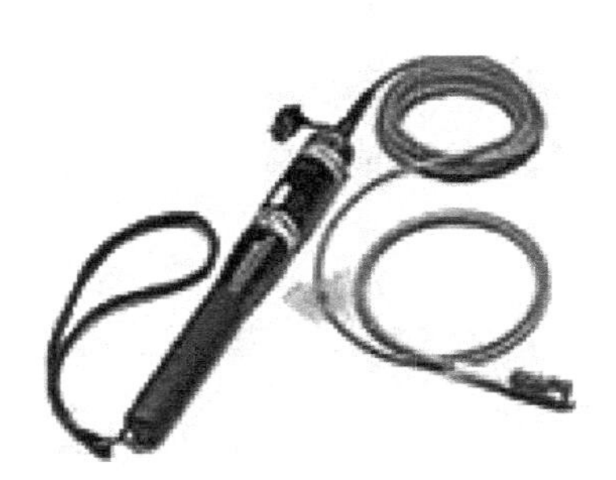

图 5-63　IDEALVFF5 可视红光源光纤检测器

5.4.3　智能家居布线认证测试

在智能家居布线系统施工结束后，施工方应对智能家居布线系统进行全面的电气性能测试，并出具验收报告，以证明施工不仅符合设计要求，而且电气性能达到使用要求。验收认证作业应与施工进度同步，即完成一个链路就测试一个链路，可以节约时间，更方便排除问题。

验收认证必须采用符合国际测试精度认证的测试仪器，超5类布线应达到IIE精度，6类布线应达到III精度。IDEAL公司生产的LANTEK6/7线缆认证测试仪器的智能化程度高，具有中文操作系统，对于验收认证测试时每个链路中的十多个测试项目，百余条测试记录，均只需按一个“自动测试”按钮，就能快速得到明确的结果，可最大限度地节省测试时间。

1. 测试项目简介

智能家居布线系统所需测试的电气参数见表5-4。

表5-4 智能家居布线系统所需测试的电气参数

布线种类	接线图	长度	衰减	近端串扰	综合近端串扰	衰减串扰比	综合衰减串扰比	等效远端串扰	综合等效远端串扰	回波损耗	延迟与时延差	电容	电阻	阻抗
3类16MHz 信道或基本链路	√	√	√	√										
5类100MHz 信道或基本链路	√	√	√	√										
5e类100MHz 信道、基本链路 或永久链路	√	√	√	√	√	√	√	√	√	√	√	√	√	√
6类250MHz 信道或永久链路	√	√	√	√	√	√	√	√	√	√	√	√	√	√
7类600MHz 信道或永久链路	√	√	√	√	√	√	√	√	√	√	√	√	√	√

智能家居布线系统的验收认证测试实际上是对整个施工过程的最后检验，对于用户来说，要想保证布线工程的质量，必须经过信息、链路测试。由于布线施工承包商与用户所处的角度不同，因此理想的情况是选择第三方布线认证测试公司进行验收认证测试，这对用户和施工承包商来说是公正的结果，不仅可提供专业的认证测试仪器和专业测试人员，还能提供完整的文档报告，有利于以后用户对网络的维护管理。实际上，在验收认证测试过程中，由于多方面的原因，多数情况都是由用户与施工承包商双方进行验收认证测试的，这就要求用户对测试仪器的选择、测试模式及测试结果的解释有一定的了解，否则很难保证验收认证结果。

2. 主要电气参数

① 接线图。接线图是测试电气参数的基础，认证测试仪器能以图形方式直观显示

测试结果，如图 5-64 所示。

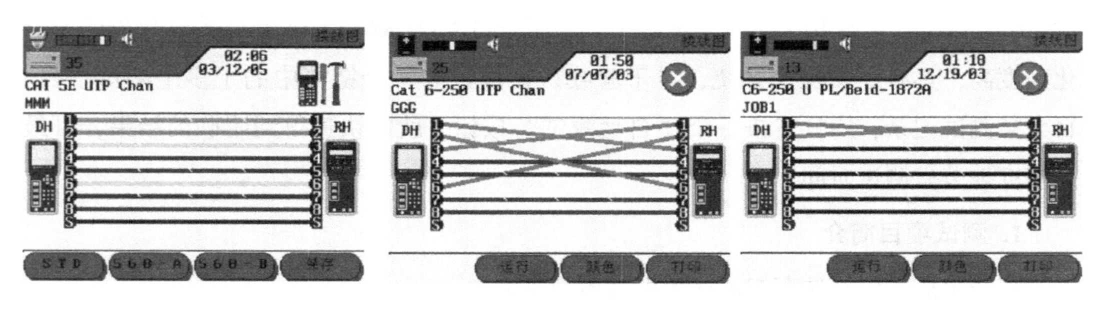

图 5-64　接线图测试结果

② 串扰（又称串音）。串扰直接影响高速网络的数据传输速率。串扰可细分为近端串扰、远端串扰、综合近端串扰和综合远端串扰。近端串扰与远端串扰是衡量任意两个线对之间相互干扰的指标，即在同一端发射测试信号、接收干扰信号和在一端发射测试信号、另一端接收干扰信号。综合近（远）端串扰则是衡量任意 3 个线对对剩余 1 个线对的影响，是实测数据的绝对值。图 5-65 为串扰测试结果。

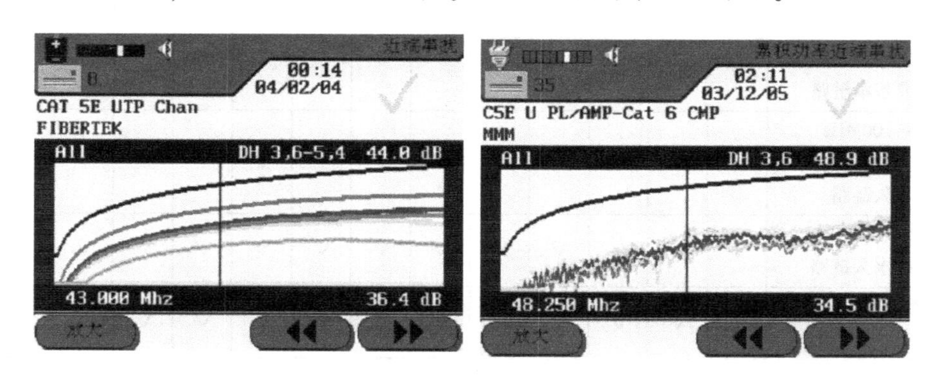

图 5-65　串扰测试结果

③ 衰减、插入损耗及回波损耗。衰减、插入损耗及回波损耗的结果都使接收端收到的信号削弱，是线对自身的特性，与其他线对无关。由于线缆的布放和端接会改变链路的阻抗特性，因此对插入损耗和回波损耗有较大的影响。认证测试仪器能以图形方式直观显示测试结果，如图 5-66 所示。

④ 衰减串扰比。衰减串扰比是串扰与衰减的比值，类似于信噪比，是根据实际测量的串扰与衰减值，通过计算得到的数据。因串扰分为近（远）端串扰和综合近（远）端串扰，所以衰减串扰比又有等效远端串扰、综合衰减串扰比和综合等效远端串扰比。衰减串扰比测试结果如图 5-67 所示。

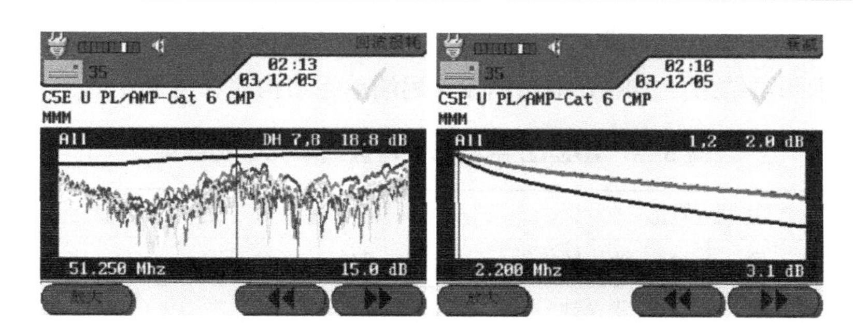

图 5-66 衰减、插入损耗及回波损耗的测试结果

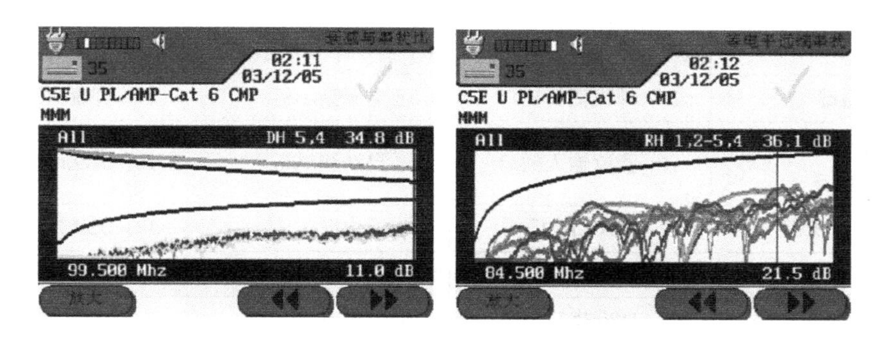

图 5-67 衰减串扰比测试结果

3. 认证测试仪器的使用

① IDEAL 公司生产的 LANTEK6/7 认证测试仪器由 IDEAL 主机单元与远端单元构成。IDEAL 主机单元与远端单元外观示意图如图 5-68 所示。主机单元采用业界最明亮

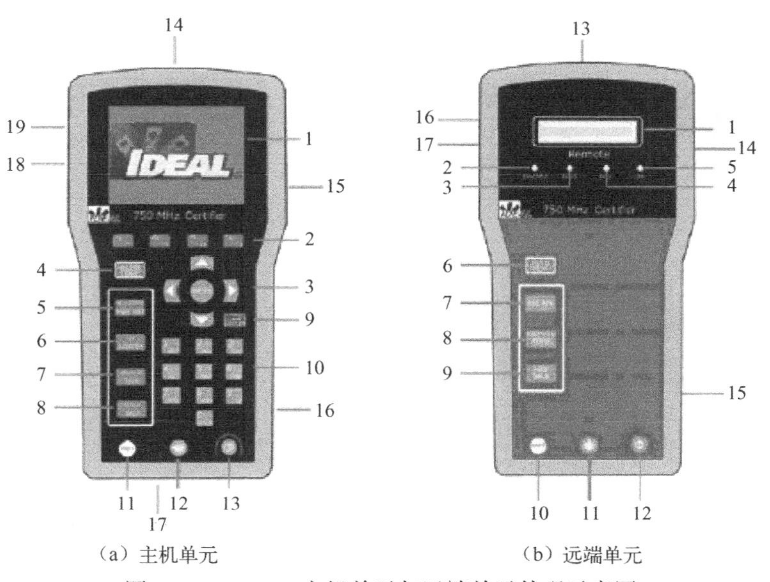

（a）主机单元 （b）远端单元

图 5-68 IDEAL 主机单元与远端单元外观示意图

的 4 英寸彩色 VGA 液晶显示器，远端单元采用双行黑白液晶显示屏，可直接以图形方式直观地显示测试结果。IDEAL 主机单元与远端单元结构注释见表 5-5。

表 5-5　IDEAL 主机单元与远端单元结构注释

主机单元		远端单元	
1：彩色中文显示屏	11：功能转换键	1：双行液晶显示屏	11：背光键
2：选项键	12：背光键	2：危险指示灯	12：电源开关
3：箭头/确认键	13：电源开关	3：合格指示灯	13：低串扰连接器接口
4：自动测试键	14：低串扰连接器接口	4：不合格指示灯	14：耳机话筒插口
5：接线图键	15：耳机话筒插口	5：电源指示灯	15：直流输入插口
6：长度/时域反射（TDR）测量键	16：直流输入插口	6：自动测试键	16：DB9 串口
7：对讲/分析键	17：PCMCIA 插槽	7：退出键	17：USB 接口
8：帮助/设置键	18：USB 接口	8：音调键	
9：退出键	19：DB9 串口	9：对讲键	
10：字符数字键		10：功能转换键	

② 功能键和软按键。用户通过显示屏下的 4 个功能键可选择显示屏上的软按键功能，如图 5-69 所示。

③ LCD 显示。LCD 显示的信息如图 5-70 所示。LCD 显示信息的注释见表 5-6。

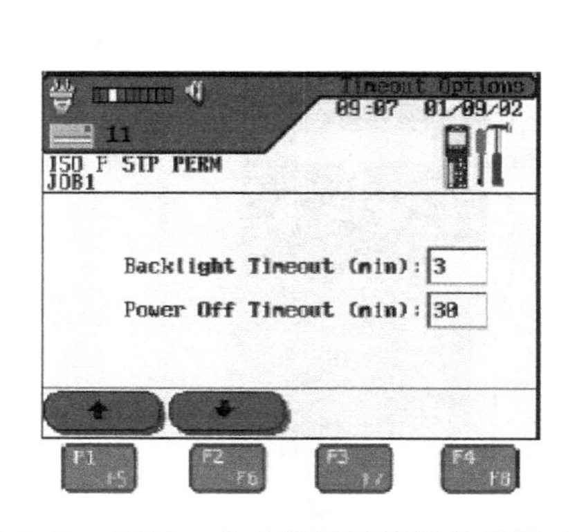

图 5-69　通过 4 个功能键可选择软按键功能

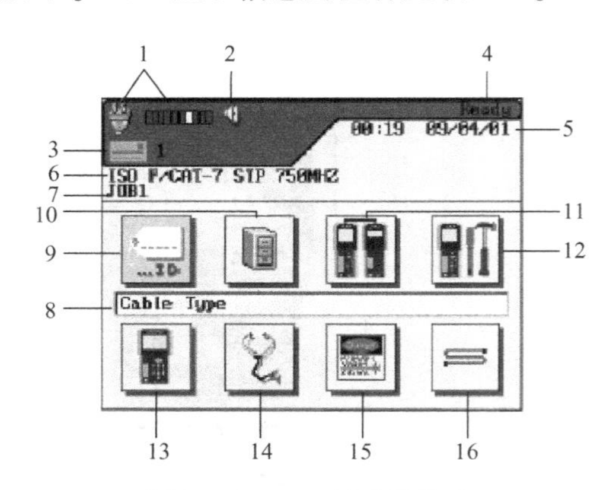

图 5-70　LCD 显示的信息

④ 打开电源。按 On/Off 键，打开主机电源。

⑤ 认证测试仪器现场校准分为 4 步：第 1、2 步用测试跳线将手持机连接起来进行校准；第 3、4 步将测试跳线一段开路（另一段与手持机相连）进行校准。

表 5-6　LCD 显示信息的注释

1：电池剩余电量或交流供电	9：线缆识别码图标
2：对讲设置指示	10：存储侧图标
3：存储器指示和内存使用	11：现场校准图标
4：显示屏标题	12：参数选择图标
5：时间和日期	13：仪器配置信息图标
6：线缆设置	14：分析图标
7：当前作业标题	15：光纤检测图标
8：功能标题	16：线缆类型图标

a. 将主机单元与远端单元装好信道适配器。

b. 打开电源。

c. 将准备用于远端单元使用的测试跳线接到主机单元和远端单元上。

d. 在主机单元准备就绪界面上选择“现场校准”图标，如图 5-71 所示，选择“现场校准”图标后校准屏显示如图 5-72 所示。

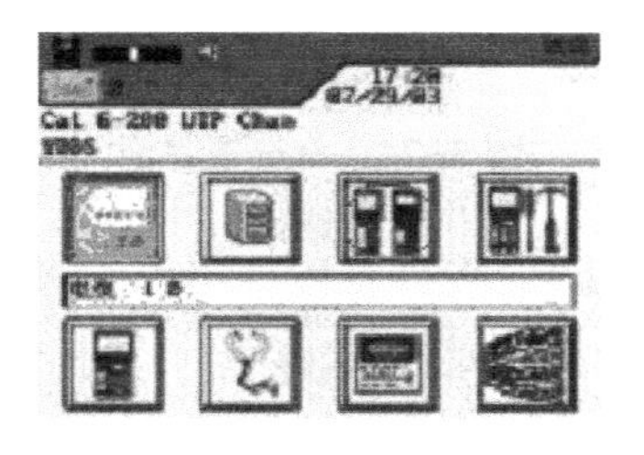

图 5-71　选择“现场校准”图标

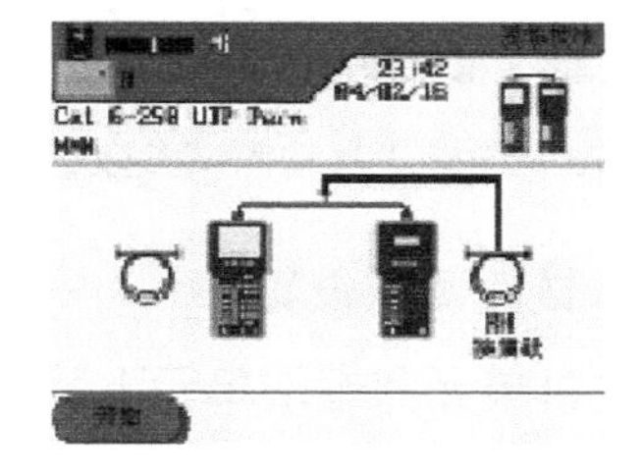

图 5-72　校准屏显示

e. 在主机单元校准屏界面上选择“开始”键，开始对第 1 根测试跳线（远端跳线）进行校准，校准过程持续约 30s。

f. 第 1 根测试跳线校准后，做好标记。该标记可提醒在第 4 步时需要将哪一段再次接到远端单元上。在主机单元与远端单元上取下该测试跳线，将第 2 根测试跳线接到主机单元与远端单元适配器上。

g. 在主机单元现场校准屏界面上选择“开始”键，开始对第 2 根测试跳线进行校准。

h. 第 2 根测试跳线校准后，在远端单元上取下测试跳线（主机单元测试跳线不动），将第 1 根测试跳线做过标记的一段插回远端单元适配器。

i. 在主机单元现场校准屏界面上选择“开始”键或自动测试 AUTOTEST 键，开始校准过程。

j. 同时，在远端单元上，按自动测试 AUTOTEST 键开始校准。

k. 如果校准不成功，则主机单元将显示简明提示，如出现警示屏提示：“无远端机”或校准失败屏。

l. 如果校准成功，则主机单元将显示简明提示“校准完成”，并且远端机的合格指示灯亮。

⑥ 设定自动测试参数选项。在如图 5-73 所示的主机单元准备就绪显示屏上，选择“自动测试参数选项”图标后，将显示首选项界面如图 5-74 所示。设置参数选项包括简单线缆识别码、不合格时停止、保存图形、合格/不合格余量、电阻、阻抗、合格/不合格图标、自动保存、自动增量、衰减串扰比、电容、等效远端串扰。

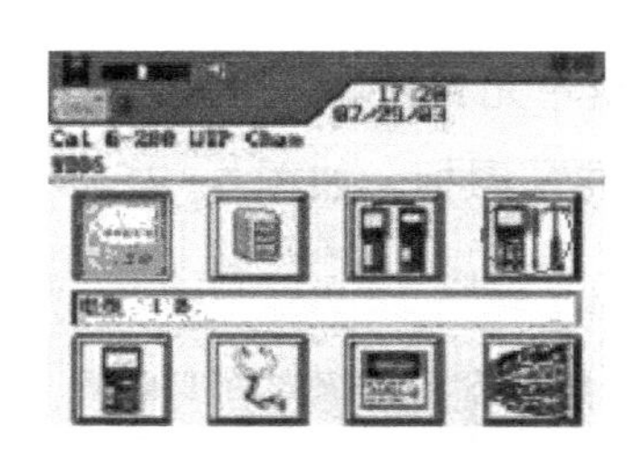

图 5-73　选择“自动测试参数选项”

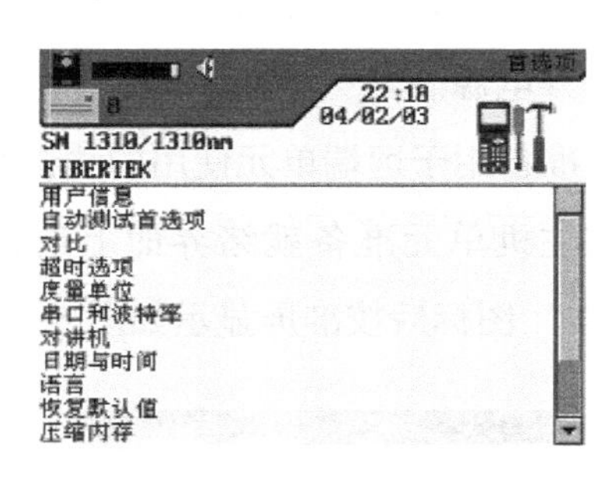

图 5-74　首选项界面

⑦ 永久链路测试设置。

a. 在主机单元和远端单元上装好信道适配器。

b. 接好适当的测试跳线。

c. 在被测的水平电缆上，在网络配线架上取下相应的用户跳线。

d. 将主机单元测试跳线连接到配线架上，将远端单元测试跳线接入墙壁插座。

⑧ 信道链路测试设置。

a. 在主机单元和远端单元上装好信道适配器。

b. 在被测链路上，在网络设备上取下相应的用户跳线。

c. 将主机单元用户跳线连接在配线架上，将远端单元用户跳线接入墙壁插座。

⑨ 在双绞线线对上执行自动测试，对线缆类型的选择决定了在自动测试组中的默认测试，同时按 Shift（功能转换）和 Setup（设置）键，或在如图 5-75 所示“准备就绪”显示屏上选择“线缆类型”，可选择的线缆类型有双绞线永久链路、双绞线信道链路、杂项线缆、以太网、用户线缆、光纤。

选择标准或预定义线缆，设置要执行的测试和合格/不合格极限，按 AUTOTEST

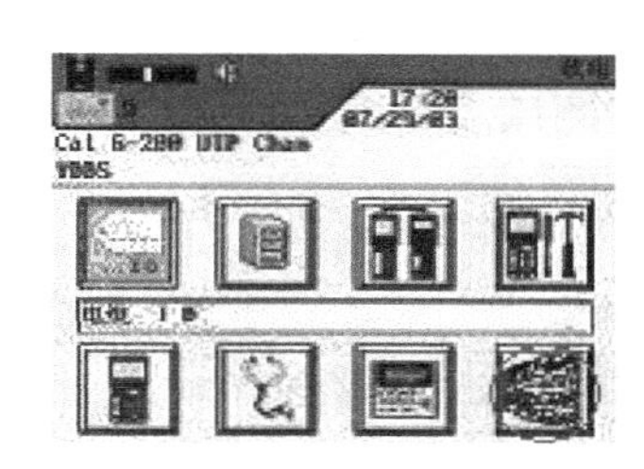

图 5-75 “准备就绪”显示屏

(自动测试)键开始测试，测试仪器将执行预定义的测试组，测试结果显示在显示屏右上角的标题栏下。

⑩ 报告合格/不合格见表 5-7。

表 5-7 报告合格/不合格

全部测试结果	
✓	全部测试均合格
⊗	全部测试均不合格
自动测试分项结果	
✓	所有测试值均完全满足余量
✕	1 项或多项不合格
✓* 或 ✕*	以小的余量衡量合格/不合格 *

⑪ 存储测量结果。在主机单元“准备就绪”显示屏上，选择“存储结果”，并按 Enter（确认）键，会看到所有当前有效作业的列表。如果从未建立过作业，则列表为空。

建立一个新作业的步骤如下：

a. 选择 Options，显示“作业选项”界面。

b. 使用箭头键选择“新作业”，按 Enter（确认）键，显示“新作业”界面。

c. 在“新作业”界面文本区，用字符数字键盘输入名称，每键按 2~3 次，选键上的第 2 个或第 3 个字符。

d. 输入名称后，按 Enter（确认）键，回到“作业选项”界面，在此可访问作业信息、删除作业或建立更多的作业，新的作业名称显示在显示屏左上角。

⑫ 运行分析测试。在主机单元“准备就绪”显示屏上，选择“分析”图标，打开分析界面。分析界面列出当前所选线缆可执行的测试：

a. 按箭头键，使期望的测试成为高亮。

b. 按 Enter（确认）键开始测试。

c. 测试完成，显示测试结果，如图 5-76 所示。

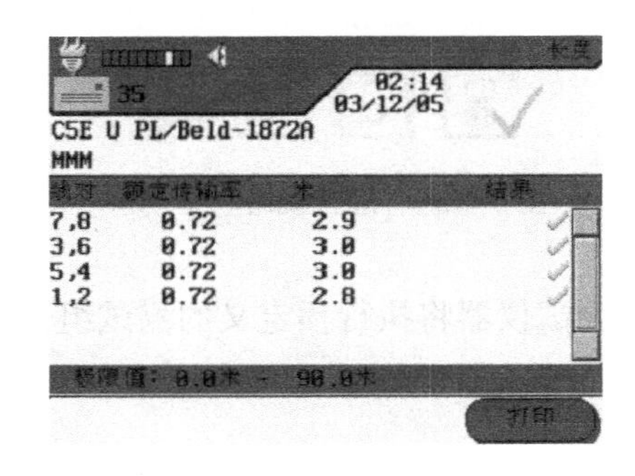

图 5-76　测试结果

第 6 章

智能家居布线手持电动工具安全操作及触电急救方法

【本章主要内容】

6.1　手持电动工具的合理选用及安全操作

6.2　触电急救方法及电弧灼伤处理

6.1 手持电动工具的合理选用及安全操作

6.1.1 手持电动工具的合理选用及安全操作要求

1. 手持电动工具的合理选用

手持电动工具在智能家居布线施工中被广泛使用。需要注意的是，如果不能正确地使用手持电动工具，将会造成诸如触电和肢体伤害等事故。使用者应能识别不同种类手持电动工具所能带来的伤害，并知道怎样采取措施防止事故的发生。手持电动工具应采用双重绝缘或接地保护。在《手持式手持电动工具的管理、使用检查和维修安全技术规程》（GB3787－2006）中，将手持电动工具按触电保护措施的不同分为三类。

① Ⅰ类手持电动工具的防止触电保护不仅依靠基本绝缘，还有一个附加的安全保护措施，如保护接地，使可触及的导电部分在基本绝缘损坏时不会变为带电体。Ⅰ类手持电动工具是靠基本绝缘外加保护接零（地）来防止触电的，采用保护接零的Ⅰ类手持电动工具，保护零线应与工作零线分开，即保护零线应单独与电网的重复接地连接。为了接零可靠，应采用带有专用接零线芯的铜芯橡套软电缆作为Ⅰ类手持电动工具的电源线。保护零线应采用截面积不小于1.5mm^2的铜芯导线。Ⅰ类手持电动工具所用的电源插座和插头应有专用的接零插孔和插头，不得乱插，防止把零线插入相线造成触电事故。

应当指出，Ⅰ类手持电动工具虽然采取了保护接零措施，但仍可能有触电危险。这是因为单相线路分布很广，相线和零线很容易混淆，相线和零线上一般都装有熔断器，若零线熔断器熔断，相线熔断器尚未熔断，就可能使设备外壳呈现对地电压，酿成触电事故。因此，这种接零不能绝对保证安全，尚须采用其他安全措施。

② Ⅱ类手持电动工具的防止触电保护不仅依靠基本绝缘，还包含附加的安全保护措施（但不提供保护接地或不依赖设备条件），如采用双重绝缘或加强绝缘，基本形式有：

a. 绝缘材料外壳型，手持电动工具具有坚固的基本上连续的绝缘外壳。

b. 金属外壳型，有基本连续的金属外壳，且全部使用双重绝缘，当应用双重绝缘不安全时，应再加强绝缘。

c. 绝缘材料和金属外壳组合型。

③ Ⅲ类手持电动工具采用安全特低电压供电。所谓安全特低电压，是指在相线间及相线对地间的电压不超过42V，由安全隔离变压器供电。

随着手持电动工具的广泛使用，电气安全的重要性更为突出，使用部门应按照国家标准对手持电动工具制定相应的安全操作规程。其内容至少应包含手持电动工具的允许使用范围、正确使用方法、操作程序、使用前的检查部位及项目、使用中可能出现的危险和相应的防护措施、存放和保养方法、使用注意事项等。此外，还应对使用、保养、维修人员进行安全技术培训，重视对手持电动工具的检查、维护（防振、防潮、防腐蚀）。

在使用Ⅰ类手持电动工具时，一般作业场所应配漏电保护器、隔离变压器等，且必须是动作电流不大于30μA、动作时间不大于0.1s的漏电保护器。

为了保证安全，一般场所应选用Ⅱ类手持电动工具，并应装设额定触电动作电流不大于15mA、额定动作时间小于0.1s的漏电保护器。若采用I类手持电动工具，则还必须进行接零保护。操作人员必须戴绝缘手套、穿绝缘鞋或站在绝缘垫上。

在潮湿场所或金属构架上等导电良好的作业场所，必须选用II类手持电动工具，并装设漏电保护器，严禁使用I类手持电动工具。

在狭窄场所宜选用带隔离变压器的III类手持电动工具，若选用II类手持电动工具，则必须装设漏电保护器，要把隔离变压器或漏电保护器装设在狭窄场所外面，并在工作时设有专人监护。

在特殊环境，如湿热、雨雪、存在爆炸性或腐蚀性气体等作业环境下，应使用具有相应防护等级和安全技术要求的手持电动工具。手持电动工具的电源线必须采用耐气候型的橡皮护套铜芯软电缆，中间不得有接头，不得任意接长或拆换，保护接地电阻不得大于4Ω。

2. 手持电动工具的安全操作要求

① 电源开关灵活、牢固，接线无松动。

② 电源线应采用橡皮护套多股铜芯软电缆，不得有接头，不得破损。

③ Ⅰ类手持电动工具应有良好的接地或接零措施。

④ 机械防护装置无损伤、变形、松动。

⑤ 绝缘电阻：Ⅰ类手持电动工具不低于2MΩ；Ⅱ类手持电动工具不低于72MΩ；Ⅲ类手持电动工具不低于12MΩ。

3. 手持电动工具使用注意事项

每次使用前都要进行外观检查和电气检查。

（1）外观检查

外观检查的项目包括：

① 外壳、手柄有无裂缝和破损，紧固件是否齐全有效。

② 软电缆是否完好无损，保护接零（地）是否正确、牢固，插座、插头、电源线有无损坏。

③ 开关动作是否正常、灵活、完好。

④ 检查电源的电压、相数正确，电气保护装置和机械保护装置是否完好。

⑤ 长期不用的手持电动工具，使用前应检查转动部分是否灵活无障碍，卡头是否牢固，并应测试绝缘电阻是否合格。

（2）电气检查

电气检查的项目包括：

① 接通电源时，先对外壳进行验电，经试电笔检查应不漏电。

② 通电后，信号指示正确，开关控制有效，自动控制装置动作正常。

③ 对于旋转手持电动工具，通电后，观察电刷火花和声音应正常。

4. 手持电动工具的管理

① 必须由具备电气技术和安全知识的人员管理，不用时应存放在干燥处。

② 在发出及收回时必须进行日常检查，并要定期进行全面检查和试验，保持良好的工作状态。

③ 建立安全技术管理档案，内容包括使用说明书、合格证、台账、检验和维修记录、使用记录。

④ 每季度至少进行一次（雷雨季节前及时检查）检查试验，包括外壳、手柄、接地、插头、电源线、机械防护和保护装置、转动部分、绝缘电阻等项目。

⑤ 非专业人员不得擅自拆卸和修理，维修时，内部的绝缘材料不得任意调换、漏装，绝缘部分修理后，应进行绝缘耐压试验，达不到要求必须进行报废处理。

⑥ 保持机身整体清洁，运转时，通风孔应畅通。

⑦ 由专业人员定期检查各部件是否损坏，对损伤严重的部件应及时更换，应定期更换新碳刷，定期检查电源线和触点部位的导电性能是否完好，及时增补在作业过程中丢失的螺钉，定期检查传动部分的轴承、齿轮及冷却风叶是否灵活完好，适时对转

动部位加注润滑油，以延长使用寿命。

⑧ 使用完毕后，及时归还，并妥善保管。

5. 手持电动工具安全操作规程

手持电动工具虽然使用起来非常方便，但是由于操作时要在操作人员紧握下使用，一旦外壳漏电，电流将通过人体，造成非常严重的后果。因此，在使用手持电动工具时应加倍注意安全问题，适用于手持电动工具（手电钻、切割机、电锤）的安全操作规程如下。

（1）使用前

① 在使用任何手持电动工具时都必须按照安全技术规程和厂家提供的《使用说明书》操作，操作者上岗前必须穿戴齐全防护用品，如要穿好绝缘鞋、戴好绝缘手套等劳动保护用品，以确保使用时的人身安全。

② 检查手持电动工具外壳、手柄应无裂缝、破损，保护接地（接零）连接正确、牢固可靠，要安装漏电保护器和良好的接地线，插头应完好无损，使用220V三脚插头时，不可把地线插脚折弯，直接在两孔插座上使用，以防止外壳漏电，造成触电事故。

③ 检查电气保护装置应良好、可靠，机械防护装置应齐全、完好，安装应牢固，检测接零和绝缘情况，确认无误后才能使用。

④ 手持电动工具的电源线必须使用橡胶护套线，禁止用塑料护套线，电缆两端连接要牢固，内部接头要正确，特别是手柄尾部的电缆护套要完好。电缆不应有接头，长度不宜超过5m，以免受到机械伤害。开关动作应正常，并注意开关的操作方法。

⑤ 在雨后或潮湿的场地作业时，必须使用双重绝缘或加强绝缘的手持电动工具。

（2）使用时

① 手持电动工具启动后，先空载运行，检查并确认手持电动工具联动灵活无阻时再使用，使用时，加力应平稳，不得用力过猛。

② 手持电动工具应在设计工作范围内使用，严禁超载使用，使用中应注意声响和温升，发现异常时应立即停机检查，当使用时间过长、手持电动工具温升超过60℃时，应停机，在自然冷却后再使用。

③ 使用中，不得用手触摸刃具、模具和钻头，发现有磨钝、破损情况时，应立即停机更换。

④ 使用时，操作者要站稳，并保持身体平衡。手持电动工具转动时，不得同时做其他事情，更不得撒手不管。

⑤ 出现意外停机时，应立即关断手持电动工具的开关，以防止因没关断开关而突

然转动造成的伤害。

⑥ 使用冲击钻打孔时，应先将钻头抵在工作表面，然后启动，用力适度，避免晃动；转速若急剧下降，应减少用力，防止电动机过载，严禁用木杠及其他物件用力下压；钻孔时，应注意避开混凝土中的钢筋。

⑦ 电钻和冲击钻为40%断续工作制，不得长时间连续使用。

⑧ 严禁在无安全防护装置下使用，严禁带故障使用，严禁在钻头弯曲、变形、刃具有缺口、破损情况下继续使用。

⑨ 在紧固或松开手持电动工具的夹具时，应使用专用工具，并先拔下手持电动工具的电源插头，以防止手持电动工具被意外启动。

⑩ 在使用过程中不要让电源线受力，避免拉断电源线。发现电源线缠绕打结时，要耐心解开，不得手提电源线或强行拉拽，也不要过分翻转，避免手柄内电源线接头脱落，使外壳带电或发生短路，拔插头时，不要猛拽电源线。

⑪ 在挪动手持电动工具时，只能手提握柄，不得提电源线、卡头；在高空使用时，应有相应的安全保护措施；在易燃易爆场所不要使用手持电动工具，以免因产生的火花酿成火灾。

（3）日常检查

① 检查机身是否整洁。

② 检查外壳、手柄是否有裂缝和破损，转动部件是否灵活、轻快无阻。

③ 检查保护接地线连接是否正确、牢固，软电缆是否完好无损，插头是否完整无破损。

④ 检查开关动作是否正常、灵活，有无缺陷、破损。

⑤ 检查电气保护装置是否良好，机械防护装置是否完好、牢固。

（4）定期检查

在日常检查的基础上，每年至少应由专职人员定期检查一次，在湿热和温度常有变化的地区或使用条件恶劣的地方，应相应缩短检查周期。梅雨季节前应及时检查，检查内容除日常检查项目外，还应进行如下项目的检查：

① 测量绝缘电阻值（用500V兆欧表测量）。其中，Ⅰ类手持电动工具的绝缘电阻值为2MΩ，Ⅱ类手持电动工具的绝缘电阻值为7MΩ，Ⅲ类手持电动工具的绝缘电阻值为1MΩ，否则应进行干燥处理或维修。

② 长期搁置不用的手持电动工具，在使用前必须测量绝缘电阻，经检查合格后方可使用。

③ 非金属外壳的手持电动工具在存放和使用时不应受压、受潮，不得接触各类油质溶剂。

④ 非专职人员不得擅自拆卸和修理。

6.1.2　冲击钻的安全操作

1. 冲击钻的特性

冲击钻由电动机、减速箱、冲击头、辅助手柄、开关、电源线、插头和钻头夹等组成。常见的冲击钻如图6-1所示。冲击钻适用于在混凝土、预制板、瓷面砖、砖墙等建筑材料上钻孔或打洞，是依靠旋转和冲击来工作的。冲击钻工作时，在钻头夹处有调节旋钮，可选择普通电钻和冲击钻两种方式。冲击钻是利用内轴上的齿轮相互跳动来实现冲击效果的，冲击力远远不及电锤。

图6-1　冲击钻

冲击钻的冲击机构有犬牙式和滚珠式两种。滚珠式冲击钻由动盘、定盘、钢球等组成：动盘通过螺纹与主轴相连，带有12个钢球；定盘利用销钉固定在外壳上，带有4个钢球，在推力作用下，12个钢球沿4个钢球滚动，使硬质合金钻头产生旋转冲击运动，能在砖、砌块、混凝土等脆性材料上钻孔。脱开销钉，使定盘随动盘一起转动，不产生冲击，可作为普通电钻使用。冲击钻为双重绝缘设计，操作安全可靠，使用时不需要采用保护接地（接零），可以不戴绝缘手套或穿绝缘鞋。为使操作方便、灵活和有力，冲击钻上一般带有辅助手柄。由于冲击钻采用双重绝缘，没有接地（接零）保护，因此应特别注意保护橡胶套电缆。手提移动冲击钻时，必须握住冲击钻手柄，移动时不能拖拉橡胶套电缆，橡胶套电缆不能轧辗和足踏。

2. 冲击钻的正确使用方法

① 操作前，必须检查电源是否与冲击钻规定的额定电压相符，以免错接。

② 使用前，应仔细检查机体绝缘防护、辅助手柄及深度尺调节等情况，有无螺丝松动现象。

③ 必须按要求装入 ϕ6mm～ϕ25mm 允许范围的合金钢冲击钻头或打孔通用钻头，严禁使用超越范围的钻头，在混凝土上钻孔时，应注意避开混凝土中的钢筋，打孔时，应将钻头抵在工作表面后，再启动，用力要适度，避免晃动，转速若急剧下降，则应减少用力，防止电动机过载。

④ 电源线要保护好，严禁满地乱拖，防止轧坏、割破，更不能把电源线拖到油水中，防止油水腐蚀电源线。

⑤ 在使用过程中，若发现冲击钻漏电、振动异常、高热或有异声，则应立即停止使用。

⑥ 在更换钻头时，应拔下电源插头，并使用专用扳手或钻头锁紧钥匙，杜绝使用非专用工具敲打钻头。

⑦ 使用时，切记不可用力过猛或出现歪斜操作，应装紧合适的钻头并调节好深度尺，垂直、平衡操作，均匀用力，不可强行使用超大钻头。

⑧ 熟练掌握和操作顺/逆转向控制机构、松紧螺丝及打孔攻牙等功能。

3. 冲击钻安全操作规程

① 操作时应佩带防护眼镜，务必全神贯注，保持头脑清醒，才能保证安全操作。

② 检查开关是否灵敏可靠。

③ 检查绝缘是否完好。

④ 装夹钻头用力要适当，使用前，应空转几分钟，待转动正常后方可使用。

⑤ 钻孔时应使钻头缓慢接触工件，不得用力过猛，应将钻头垂直顶在工件上，不得晃动。

⑥ 操作者要确保立足稳固，保持平衡，应用双手紧握冲击钻，充分利用冲击钻的辅助手柄。

⑦ 操作时严禁戴手套，防止被钻头绞住发生意外。

⑧ 在潮湿的地方使用时，必须站在橡皮垫或干燥的木板上，以防触电。

⑨ 在使用过程中，如发现有漏电、振动、高温过热现象，应立即停机，待冷却后再使用。

⑩ 在冲击钻未完全停止转动时，不能卸、换钻头，出现异常时，其他任何人不得自行拆卸、装配，应交专人及时修理。

⑪ 必须垂直用力下压冲击钻，钻头要与工件可靠接触。

⑫ 中途更换钻头，且沿原孔洞钻孔时，不要突然用力，防止折断钻头发生意外。

⑬ 在高处或在防爆等危险区域内使用时，必须做好安全防护措施。

⑭ 停电、休息或离开工作场地时，应立即切断电源。

⑮ 使用完毕后，不许随便乱放，应与绝缘用品一起放在指定的地方。

4. 冲击钻使用注意事项

① 操作者要穿好合适的工作服，不可穿过于宽松的工作服，更不要戴首饰或留长发，严禁戴手套及不扣袖口进行操作。

② 在一般情况下不能用作电钻，因为冲击钻的钻头不锋利，钻孔不工整，易出现毛刺或裂纹，即使有转换开关，也尽量不要用作电钻。

③ 冲击钻为 40%断续工作制，不得长时间连续使用。

④ 作业孔径在 ϕ25mm 以上时，应有稳固的作业平台，周围应设护栏。

5. 冲击钻的维护与保养

① 由专业人员定期检查各部件是否损坏，对损坏的部件要及时更换，定期检查电源线及触点部位的导电性能是否完好，定期检查碳刷及弹簧压力，若超出规定值，则应及时更换和调整。

② 保持机身整体完好、清洁无污垢。

③ 及时增补丢失的螺钉。

④ 定期检查传动部分的轴承、齿轮及冷却风叶是否灵活完好，适时对转动部位加注润滑油，以延长使用寿命。

⑤ 使用完毕后，要及时归还，妥善保管。

6.1.3　电锤的安全操作

电锤适用于在混凝土、砖、石头等硬性材料上开 ϕ6mm~ϕ100mm 的孔。常见的电锤如图 6-2 所示。

电锤是在冲击钻的基础上，增加了一个由电动机带动有曲轴连杆的活塞，在气缸内往复压缩空气，使空气压力呈周期性的变化，变化的空气压力带动气缸中的击锤往复打击钻头的顶部，好像用锤子敲击钻头，故名电锤。

由于电锤的钻头在转动的同时还产生沿着电钻杆方向快速往复运动（频繁冲击），因此可以在脆性大的水泥混凝土及石材等材料上快速打孔。高档电锤可以利用转换开关，使钻头处于不同的工作状态：只转动不冲击、只冲击不转动、既冲击又转动。

图6-2　电锤

1. 电锤的特点

① 良好的减振系统（通过振动控制系统来实现），使操作者握持舒适（通过软胶把手增加握持舒适度），缓解疲劳。

② 具有低速启动、高速运行选择开关，低速启动可以帮助电锤平稳起钻（如在瓷砖等平滑的表面上起钻），不仅可以防止钻头走滑，还可以防止钻孔破裂，正常工作时可选择高速运行，以确保工作效率。

③ 具有稳定可靠的安全离合器（又称转矩限制离合器），避免在使用过程中因钻头卡滞而产生大转矩反作用力而传递给操作者，是对操作者的一种安全保护，可防止齿轮装置和电动机停止转动。

④ 具有全面的电动机防护装置，因在使用中不可避免地会有颗粒状的硬物进入电锤（尤其是向上钻孔时，如墙顶钻孔），如果没有一定的防护，则在高速旋转时极易被硬物碰断或刮伤漆包线，导致电动机损坏。

⑤ 具有的正反转功能使电锤运用范围更加广泛，可通过开关或调整碳刷位置来实现正反转，操作方便，可有效抑制火花，保护换向器，延长电动机的使用寿命。

⑥ 具有锤、钻双功能。

电锤的优点是效率高，钻孔的孔径大，钻孔深。电锤的缺点是振动大，对周边构筑物有一定程度的破坏作用，对于混凝土结构内的钢筋，无法顺利通过。

2. 电锤安全操作的个人防护

① 操作者要戴好防护眼镜，以保护眼睛，当面部朝上操作时，要戴上防护面罩。

② 长时间操作时要塞好耳塞，以减轻噪声的影响。

③ 长时间操作后，钻头处在灼热状态，更换时应注意避免灼伤肌肤。

④ 操作时，应使用侧柄，双手操作，防止堵转时反作用力扭伤胳膊。

⑤ 站在梯子上或在高处操作时，应做好高处坠落措施，梯子应有地面人员扶持。

3. 电锤操作注意事项

① 钻头应与夹持器适配，并妥善安装。

② 在钻凿墙壁、天花板、地板时，应先确认有无埋设电缆或管道等。

③ 在高处操作时，要充分注意下面的物体和行人安全，必要时设警戒标志。

④ 确认电锤上的电源开关是否被切断，若电源开关接通，则在插头插入电源插座时，电锤将出其不意地转动，可能有导致人员伤害的危险。

⑤ 若操作场所远离电源，需延伸电源线时，应使用容量足够、安装合格的延伸电缆。延伸电缆如通过人行过道，则应高架或做好防止延伸电缆被碾压损坏的措施。

4. 电锤的正确使用

在操作前应对电锤做如下检查：

① 外壳、手柄不出现裂缝、破损。

② 电源线及插头完好无损，开关动作正常，保护接零连接正确、牢固可靠。

③ 防护罩齐全牢固，电气保护装置可靠。

在操作时应注意以下事项：

① 启动后，应空载运转，检查并确认运转是否正常。

② 操作时应双手紧握电锤手柄，打孔时应先将钻头抵在工作表面，然后启动电锤，用力适度，不得用力过猛，避免晃动，转速若急剧下降，应减少用力，阻止电动机过载。

③ 钻孔时，应注意避开混凝土中的钢筋。

④ 钻孔的孔径在 ϕ25mm 以上时，应有稳固的作业平台，周围应设护栏。

⑤ 电锤为40%断续工作制，不得长时间连续使用。

⑥ 严禁超载使用，在操作过程中应注意电锤的声音和温升，若发现异常，应立即停机检查，当操作时间过长，电锤温升超过60℃时，应停机，待自然冷却后，再操作。

⑦ 在电锤开启后，不得撒开双手。

⑧ 在操作过程中，若发现钻头已钝或破损，则应立即停机（断开电源开关，拔下电源插头）修整或更换。

6.1.4　电镐的安全操作

电镐采用精确的重型电锤机械结构，具有极强的混凝土铲凿功能，比电锤功率大，更具冲击力和振动力，减振控制使其操作更加安全，并具有生产效能可调控的冲击能力，适合多种材料条件下的施工。常见电镐如图6-3所示。

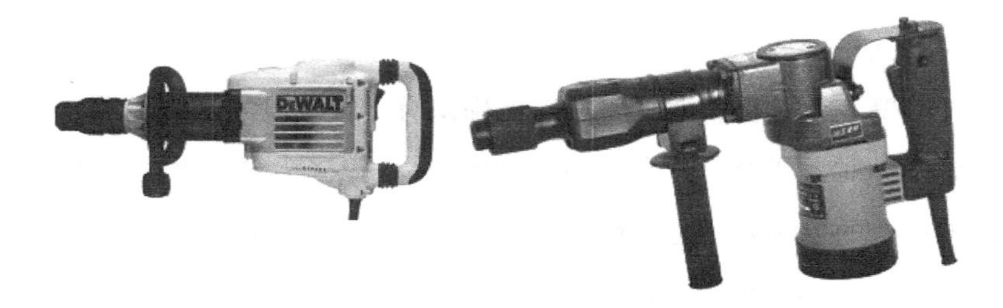

图6-3　电镐

电镐是以单相串励电动机为动力的，具有安全可靠、效率高、操作方便等特点，广泛应用于管道敷设、机械安装、给排水设施建设、室内装修、港口设施建设和其他建设工程施工，适用于对混凝土、砖石结构、沥青路面进行破碎、凿平、挖掘、开槽、切削等。

1. 电镐的特点

① 滑动式夹杆设计，锁定更牢固，装卸镐杆更快捷。

② 软橡胶包裹的副手柄可有效降低振动，配合360°旋转功能，使操作更方便、更舒适。

③ 优化机械结构设计，提供超乎寻常的冲击力和耐用性。

④ 高品质电动机，具有瞬间爆发力，工作效率更高。

⑤ 独有的减振弹簧板，大幅削减后传振动，减轻操作者的疲劳度。

⑥ 具有开关锁定功能，适用于长时间工作

2. 电镐使用前的检查

① 检查润滑油。应每日检查电镐油位一次，确认油量是否足够。竖起电镐时，若油量计窥窗看不到油液（可用40#润滑油），则应及时加润滑油补充。加润滑油前，必须断开电镐的电源开关，并从电源插座上拔下电源插头。

② 检查电动机。应仔细检查电动机绕组有无损伤，是否被油液或水沾湿。电动机电刷是消耗品，一旦磨损到极限，电动机就可能出现各种故障。如果使用的是自停式电刷，则电动机将自动停止转动。电刷应经常保持干净，以保证能在刷握内自由滑动。

3. 电镐安全技术操作规程

① 操作者应戴安全帽、安全眼镜和防护面具，还应戴上防尘口罩、耳朵保护器具

和有厚垫的手套。

② 操作之前必须确认凿咀被紧固在规定的位置上，并确认开凿的墙壁、地板内无埋藏电缆和管道。

③ 电镐的设计是用来产生振动力的，机身的螺丝容易松动，从而导致拆断或事故，所以操作之前必须仔细检查螺丝是否紧固。

④ 寒冷季节或当电镐很长时间没有使用时，应将电镐在无负荷下运转几分钟以加热润滑油。

⑤ 操作者必须确认已站在很结实的地方，站在梯子上或在高处时应做好防高处坠落措施，梯子应有地面人员扶持，并要充分注意下面的物体和行人安全，必要时设警戒标志。

⑥ 操作者只有在双手紧握电镐时才能启动电镐，电镐旋转时不可脱手。

⑦ 在操作电镐时，不可将凿咀指向任何在场的人，因其冲头可能会飞出去而导致人员伤害事故。

⑧ 电镐停止运转后，手不可立刻触摸凿咀或接近凿咀的部件，以免烫坏皮肤。

6.1.5　手电钻的安全操作

1. 手电钻的特性

手电钻由电动机、电源开关、电缆和钻头夹具等组成，用钻头钥匙开启钻头夹具，可使钻头夹具扩开或拧紧，使钻头松出或固牢。手电钻是以交流电源或直流电池为动力的钻孔手持电动工具，广泛用于建筑、装修、家具等行业，用于在物件上开孔或开洞。常用的手电钻如图 6-4 所示。当手电钻装有正反转开关和电子调速装置后，可用作电螺丝改锥。有些型号的手电钻配有充电电池，可在一定时间内，在无外接电源的情况下正常工作。

2. 手电钻使用注意事项

① 不可以用手电钻钻水泥和砖墙，否则极易造成电动机过载，烧毁电动机，因手电钻内缺少冲击机构，承力小。

② 手电钻的电源线长度一般不宜超过 5m，中间不应有接头，当长度不够时可使用插座板，插座板的引线也不准有接头。当临时使用，电源线不够长时，可以用胶质线、塑料电线连接，连接头必须包缠好绝缘胶带，使用时切勿水浸和乱拖、乱踏，也不能触及热源和腐蚀性介质，使用完毕后，必须及时拆除连接电线。

图 6-4　手电钻

③ 手电钻的电源线必须使用橡皮电缆，不可使用胶质线（花线）、塑料电线，因为这类电线不耐热、不耐湿，抗拉抗磨强度差，在使用中很容易损坏绝缘，不安全。

④ 存放时间较长的手电钻在使用前应测试绝缘电阻，绝缘电阻值一般应不小于 0.5MΩ，最低不小于 0.25MΩ。

⑤ 手电钻使用的电源电压不得超过所规定额定电压的±10%。

⑥ 操作前要确认手电钻开关处于关断状态，防止插头插入电源插座时手电钻突然转动。

⑦ 使用前要认真检查电源线和插头是否完好，对于金属外壳的手电钻，必须采取保护接地（接零）措施，通电后用试电笔检查外壳是否有电。如果不做保护接地（接零），则在使用时必须戴绝缘手套、穿绝缘鞋或站在干燥的木板上操作，并与其他工作人员保持一定距离。在某些易发生触电事故的场所，需装设额定动作电流≤15mA、动作时间≤0.1s 的漏电保护器，以保护操作者的安全。

⑧ 手电钻在操作前应先空转 0.5～1min，检查传动部分是否灵活，有无异常杂音，螺丝等有无松动，换向器火花是否正常。

⑨ 使用时切勿将电源线缠绕在手臂上，以防万一电源线破损或漏电造成触电事故。

⑩ 钻孔时不宜用力过猛，转速异常降低时应放松压力，以免电动机过载损坏。

⑪ 在往墙上、地板上、吊顶上钻孔时，事先应充分了解内部情况，搞清是否埋有电缆、管线、金属预埋件等，以免造成损失。

⑫ 不使用时，应及时拔掉电源插头，存放在干燥、清洁的环境，并定期维护与保养，保持整流子清洁，做到定期更换电刷和润滑油。

⑬ 使用时，要注意观察电刷火花的大小，若火花过大，手电钻过热，则必须停止使用，进行检查，如清除污垢、更换磨损的电刷、调整电刷架弹簧压力等。

3. 手电钻安全操作规程

① 使用的手电钻若属于Ⅰ类手持电动工具，则应配置漏电保护器、绝缘橡皮手套或隔离变压器。若使用的手电钻属于Ⅱ类手持电动工具，则在潮湿环境、容器内或狭窄的金属壳体内操作时，应配置漏电保护器或隔离变压器。

② 钻不同直径的孔时，要选择相应规格的钻头。钻头必须锋利，钻孔时用力要适度，不要过猛。安装钻头时，必须关断电源开关，拔下电源插头，要把钻头完全放进钻头夹具中，必须用专用扳手把钻头夹具完全拧紧。

③ 手电钻外壳要采取接零或接地保护措施，插上电源插头后，先要用试电笔测试，外壳不带电方可使用。在潮湿的地方使用手电钻时，必须戴绝缘手套，穿绝缘鞋，站在绝缘垫或干燥的木板上。

④ 使用的电源要符合手电钻铭牌规定，插接电源之前需检查开关是否被切断，电气线路中间不应有接头，电源线严禁乱放、乱拖。

⑤ 手电钻未完全停止转动时，不能卸、换钻头，不使用时或维修前及更换附件时必须拔下电源插头，停电、休息或离开工作场地时，应切断电源。

⑥ 用力压手电钻时，必须使手电钻垂直于工件，而且固定端要特别牢固。

⑦ 不要戴棉纱、毛绒等织物手套进行操作，胶皮手套等绝缘用品不许随便乱放，工作完毕时，应将手电钻及绝缘用品一并放到指定的地方。

⑧ 使用时，双手紧握手电钻，在操作过程中或操作完毕后的瞬间不要触及钻头，在使用过程中，当手电钻的转速突然降低或停止转动时，应立即停机，切断电源，慢慢拔出钻头。当孔将要钻通时，应适当减轻手臂的压力。

⑨ 在有易燃、易爆气体的场合，不能使用手电钻。

⑩ 不得以拖动电源线的方法移动手电钻，也不得强行拉扯电源线，手电钻发生故障时，应找专业人员检修，不得自行拆卸、装配。

6.1.6 水电开槽机的安全操作

1. 水电开槽机的特性

水电开槽机性能可靠，经久耐用，采用流体力学原理和螺旋推进技术，具有人性化手柄和自动去尘装置，特制的宽边错峰刀片可自动掘槽去渣，产生快速推进力，达到环保降噪、降尘、一次成形。水电开槽机的外壳为全塑、全模块式，防振、防尘、防锈，耐磨、耐长久使用。

水电开槽机根据施工需要能一次操作开出不同角度、宽度、深度的线槽，开出的线槽美观实用，不会损害墙体，切割粉尘为颗粒状，低转速不扬尘，切槽时粉尘较小，可最大限度地减少灰尘对操作者的伤害。水电开槽机减轻了操作者的劳动强度，大大提高了工作效率。水电开槽机如图6-5所示。

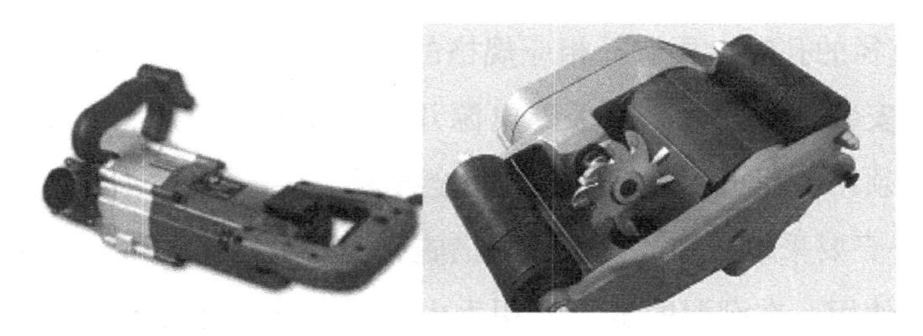

图6-5　水电开槽机

2. 水电开槽机的功能

① 只需换一下挡位和刀头，即可开硬墙、红砖墙、水泥覆盖的红砖墙、混凝土墙。

② 采用强劲动力、人性化设计的手柄开关，使用灵活安全。

③ 开槽时不用加水，无尘环保，采用了专业配套工业吸尘器。

3. 水电开槽机的技术参数

① 工作速度：每分针可开槽3~5m。

② 切割刀片针对不同砖石的使用寿命：标准空心砖为6000m；红砖、白砖为5000m；水泥覆盖砖墙为3000m。

③ 输入功率：1100W。

④ 空载转速：2000/min。

⑤ 电压：220V。

⑥ 开槽深度：20~55mm。

⑦ 开槽宽度可调节：直线16~55mm。

⑧ 曲线：自由尺寸任意调节。

⑨ 开槽副机额定输入功率：1200~1400W。

⑩ 去渣量：30~60L/桶。

⑪ 净重：7.2~8.3kg。

4. 水电开槽机使用注意事项

① 开启水电开槽机前，应检查夹头和主轴的螺帽是否牢固，电源线不允许有破损、

被挤压，开机空载运行 1min，观察运转情况，电源电压波动不大于 10%。

② 移动水电开槽机时，不允许提电源线移动，必须用手握住手柄移动。

③ 保持水电开槽机的内部清洁，风口挡要畅通，清除灰尘和油污时，应防止铁屑等杂物进入风口挡，铁屑和杂物进入风口挡会打碎电动机风叶，损坏电动机。

④ 要定期对电动机进行保养，清洁换向器，当换向器火花增大、换向器表面上黑痕较多时，应及时修磨换向器。电刷过短时，要及时更换，使电刷与换电器有一定接触压力，因电刷与换向器接触不良会烧毁电动机。

⑤ 水电开槽机受潮后应进行干燥处理，可用 500V 兆欧表测绝缘电阻，绝缘电阻超过 72MΩ 才能继续使用。

⑥ 夹板钳（高度硬质钢）不要随意丢放，需妥善保管，以免损坏。

水电开槽机在启动之前，刀具不应与墙壁接触，要以前导向滚轮为支撑点贴住墙壁，后导向轮悬空，后导向轮悬空的距离不能让蜂窝轮齿刀接触到墙壁，慢慢向下压后手柄，直到刀具切割最大深度时才开始向前开槽。

5. 水电开槽机维护

为了避免产生严重的人身伤害，在维护之前，必须切断水电开槽机的电源。为了确保安全和可靠性，应使用原装部件更换损坏的部件。

卸下刀具的步骤如下：

① 在开槽完毕后，刀具变得很热，在取下刀具之前应先冷却。

② 将电源切断。

③ 使用专用扳手 1 卡住输出轴的扁方位置，防止刀具转动。

④ 使用专用扳手 2 松开刀具。

⑤ 小心取下刀具。

⑥ 清除刀具部位的灰尘。

水电开槽机与吸尘器的连接步骤如下：

① 将电源断开。

② 把集尘器盖打开。

③ 将吸尘器的连接管插在后导向轮的集尘器上。

调节水电开槽机的开槽深度步骤如下：

① 切断电源。

② 将前导向轮的两颗锁紧螺母松开。

③ 调节刀具数量。

④ 将前导向轮的两颗锁紧螺母锁紧。

清洁水电开槽机的步骤如下：

① 将电源切断。

② 使用一块干燥柔软的布擦拭，不要使用湿布或清洁剂清洗，否则会损伤水电开槽机的外观。

③ 拆卸刀具并清除粉尘。

④ 为了避免对后导向轮造成伤害，不要将水电开槽机的任何部位浸入液体中。

水电开槽机的碳刷一般可以使用200h左右，应根据工作小时数及时更换碳刷，否则会损坏后导向轮上的换向器，更换碳刷的步骤如下：

① 将电源切断。

② 用十字螺丝刀将防尘罩卸下。

③ 用一字螺丝刀将碳刷盖卸下。

④ 将旧碳刷取出，将新碳刷安装好。

⑤ 将碳刷盖、防尘罩装好。

6. 水电开槽机安全操作规程

① 操作时应穿好工作服、戴好防目镜、佩戴耳罩、连接好排尘管，在操作过程中应随时观察机壳温度，当机壳温度过高及碳刷产生严重火花时，应立即停机检查处理。

② 在开槽过程中，用力应均匀，推进时不得用力过猛，当发生刀具卡死时，应立即停机，慢慢退出刀具，重新对正后再操作。

③ 在使用前，应检查刀具与接触盘间的垫片是否牢固。

④ 使用的电源电压应与水电开槽机铭牌上标识的电压相同。

WKS8000水电开槽机有安全开关，使用时应先按下安全锁，再推动开关启动，安全开关如图6-6所示。

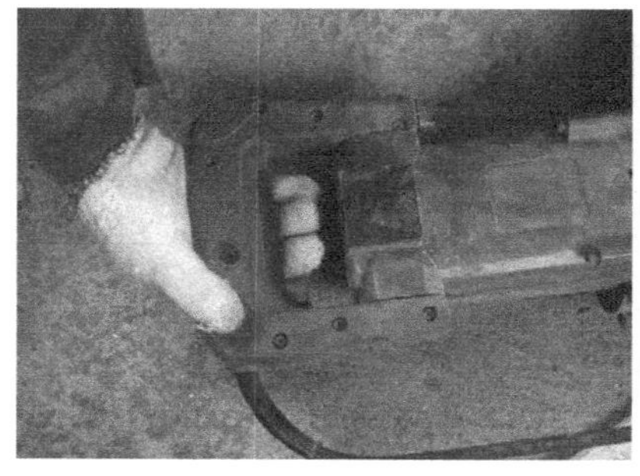
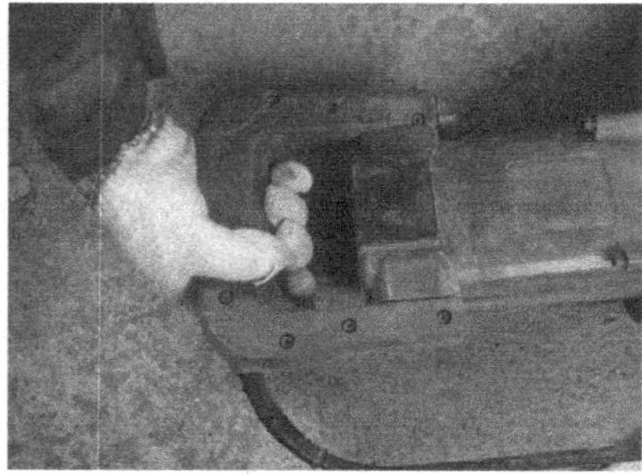

图6-6　安全开关

WKS8000 水电开槽机适用于实芯砖墙、空芯砖墙、室内混凝土地面等的开槽，不要在含有爆燃性空气中使用水电开槽机，因在水电开槽机使用过程中的火花有可能点燃爆炸性的空气。

⑤ 当碳刷用完（短于 5mm）时应及时更换，更换的碳刷必须是配套备件的碳刷。

⑥ 开槽时，必须使水电开槽机的工作面紧贴需要开槽的墙面（地面）。在开横槽时，用左手控制开关，用右手向前推动水电开槽机进行开槽，如图 6-7 所示。在开竖槽时，用右手控制开关，用左手向下推动水电开槽机进行开槽，如图 6-8 所示。

图 6-7　开槽横

图 6-8　开竖槽

⑦ 操作时必须用双手握紧水电开槽机，确保立足稳固。开槽完毕后，关闭控制开关，待水电开槽机完全静止后，才能放下水电开槽机。

⑧ 根据操作需要可更改手柄角度，如图 6-9 所示，以方便在狭小的空间内工作。

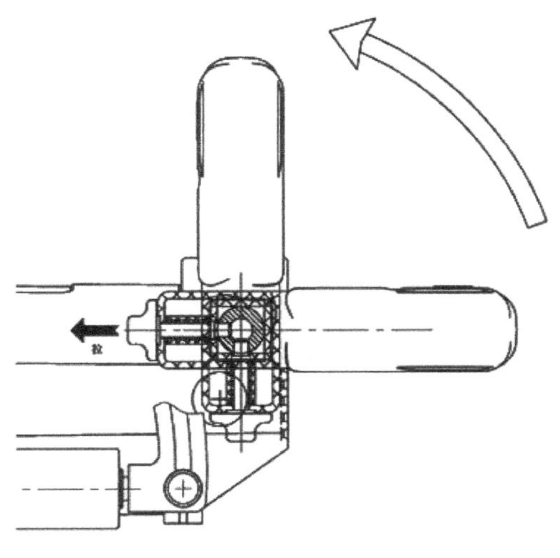

图 6-9　更改手柄角度示意图

⑨ 可采用增减刀具的方式来调节开槽的宽度，如图 6-10 所示。合适的开槽宽度能提高开槽效率，并能延长水电开槽机的使用寿命。

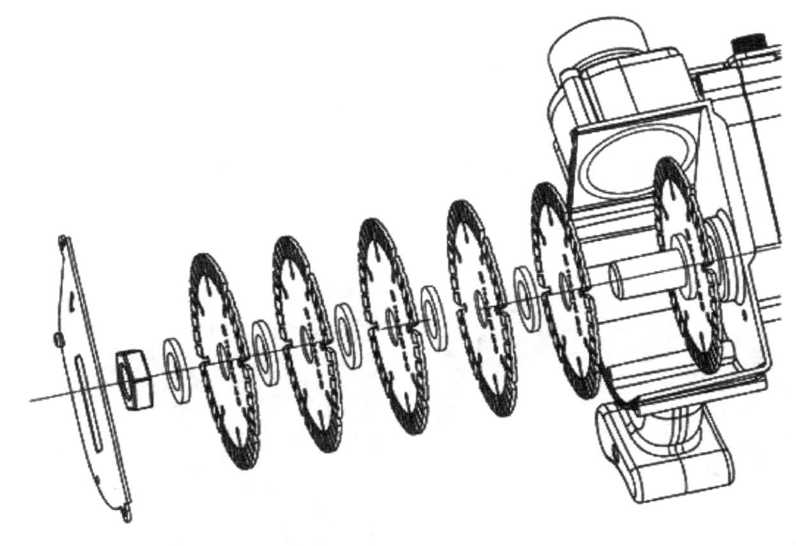

图 6-10　调节开槽的宽度示意图

⑩ 操作完毕后，必须清除干净水电开槽机上的灰尘。

6.2　触电急救方法及电弧灼伤处理

6.2.1　触电者脱离电源的方法及急救措施

发生人体触电事故时，为了抢救生命，应紧急切断触及带电体的电源，使触电者尽早脱离电源。在其他条件都相同的情况下，触电者触电时间越长，造成心室颤动乃至死亡的可能性越大。人体触电后，由于痉挛或失去知觉等原因，会紧握带电体而不能摆脱电源。因此，若发生人体触电，应采取一切可行的措施，迅速使其脱离电源。这是救活触电者的一个重要因素。

实验研究和统计都表明，如果从触电后 1min 开始救治，则可以有 90%的救活概率；如果从触电后 6min 开始救治，则仅有 10%的救活概率；从触电后 12min 才开始救治，则救活的概率极小。因此，当发现有人触电时，应争分夺秒，采用一切可能的办法迅速进行救治，以免错过时机。

发生人体触电事故时，在现场的人员应沉着迅速地做出决断，果敢地切断与触电者接触的设备或导体的电源，根据现场仪表指示及其他信号，证明触电者触及的设备或导体确已断电后，做好自我保护措施，尽可能地利用现场绝缘用具，如穿绝缘靴、戴绝缘手套，设法让触电者的身体与设备或导体脱开，将触电者移至安全地点，迅速施行触电急救。

触电者脱离电源后，如果现场再无其他救护人员，则施救者应争分夺秒地用心肺复苏法坚持不停地抢救，方法力求正确、有效，待触电者呼吸恢复后，立即通知医疗机构派医生来现场抢救。若现场还有其他救护人员，则可一人抢救，另一人立即通知医疗机构派医生来现场抢救。

1. 触电者迅速脱离电源的方法

使触电者脱离电源的方法一般有两种：一是立即断开触电者所触及设备或导体的电源；二是设法使触电者脱离带电设备或导体。当触电者触及的是低压电时，可采取以下措施脱离电源：

① 如果电源开关或插座在触电地点附近，则应立即关闭开关或拔出插头。但应注意，单极开关只能控制一根导线，有时可能切断零线而没有真正断开电源。

② 如果触电地点远离电源开关，则可使用有绝缘柄的电工钳或有干燥木柄的斧子等工具切断导线。

③ 如果导线搭落在触电者身上或者触电者的身体压住导线，则可用干燥的衣服、手套、绳索、木板等绝缘物作为工具，拉开触电者或移开导线。

④ 如果触电者的衣服是干燥的，又没有紧缠在身上，则可拉触电者的衣服后襟将其拖离带电部分，此时施救者不得用衣服蒙住触电者，不得直接拉触电者的脚和躯体及其接触的金属物品。

⑤ 如果施救者手上戴有绝缘良好的手套，也可拉着触电者的双脚将其拖离带电部分。

⑥ 如果触电者躺在地上，则可用木板等绝缘物插在触电者身下，以隔断电源。

2. 救护触电者脱离电源的注意事项

① 施救者不得直接用手、金属物体或其他潮湿物品作为救护工具，必须使用适当的绝缘工具。为了使自己与地绝缘，在现场条件允许时，可穿上绝缘靴或站在干燥的木板上或不导电的台垫上。

② 在实施救护时，施救者最好用一只手施救，以防自己触电。

③ 如果是高空触电，则应采取防摔措施，防止触电者脱离电源后摔伤。平地触电也应注意触电者倒下的方向，特别要注意保护触电者头部不受伤害。

④ 如果触电事故发生在夜间，则应迅速解决临时照明问题，以便于抢救，并避免事故扩大。

3. 发生触电事故时的救护措施

各种救护措施应因地制宜，灵活运用，以快为原则。发生触电事故时，在保证施救者自身安全的同时，必须首先设法使触电者迅速脱离电源，然后进行以下抢救工作：

① 解开妨碍触电者呼吸的紧身衣服。

② 检查触电者的口腔，清除口腔中的黏液，取下假牙（如果有的话）。

③ 立即就地进行急救。

如果现场除施救者之外，还有第二个人在场，则应立即进行以下工作：

① 提供急救用的工具和设备。

② 劝退现场闲杂人员。

③ 保持现场有足够的照明并保持空气流通。

④ 通知医生前来抢救。

6.2.2 触电者急救方法

如果触电者有神智不清、抽搐、颈动脉摸不到搏动、心跳停止、瞳孔扩大、呼吸停止、面色苍白等症状时，可判断为心跳骤停。心跳骤停是临床时最紧急的情况，必须分秒必争、不失时机地进行抢救。触电后的急救方法，应随触电者所处的状态而定。通常，施救者必须立即进行以下各项工作：

① 使触电者仰面躺在木板或地板上。

② 检查触电者有无呼吸（根据其胸部有无呼吸运动或用其他方法来判断）。

③ 检查触电者手腕大动脉或颈部大动脉是否跳动。

④ 检查瞳孔状态（缩小或扩大），如果瞳孔扩大，则表明大脑供血严重不足。

在触电者脱离电源后，无论触电者的状况如何，都必须立即请医生前来救治，在医生到来之前，应迅速实施以下相应的急救：

① 如果触电者尚有知觉，但在此之前曾处于昏迷状态或长时间触电，则应使其舒适地躺在木板上，并盖好衣服，在医生到来之前，应保持安静，不断观察呼吸状况和测试脉搏。

② 如果触电者已失去知觉，但仍有平稳的呼吸和脉搏，也应使触电者舒适地躺在

木板上，并解开触电者的腰带和衣服，保持空气流通和安静，有可能时要让触电者闻氨水和往脸上洒些水。

③ 如果触电者呼吸困难（呼吸微弱、发生痉挛、发现唏嘘声），则应进行人工呼吸和胸外心脏按压。

④ 如果触电者已无生命特征（呼吸和心脏跳动均停止，没有脉搏），也不能认为已死亡，因为触电者往往有假死现象。在这种情况下，应立即进行人工呼吸和胸外心脏按压。

急救一般应在现场就地进行，只有当现场继续威胁触电者时，或者在现场施行急救存在很大困难（黑暗、拥堵、下雨、下雪等）时，才考虑把触电者抬到其他安全地点。

1. 人工呼吸法

(1) 人工呼吸法的种类

① 第一种人工呼吸法。这种方法是先使触电者俯卧在地板上，将触电者的一只手弯曲枕在头下，另一只手沿头旁伸直，脸倒向一方，下面垫一些较软的物品，使触电者口部和鼻部不致与地面接触，并把触电者的舌头拉到嘴唇外，施救者跨跪在触电者两腿外侧，将两手平伸放在触电者的背后和下部肋骨内侧，从侧旁用并拢的手指将触电者抱住，心里默数“一、二、三”，并使身体逐渐前倾，压向触电者下部肋骨，再使身体抬起后仰，但双手不离开触电者的背部，同时默数“四、五、六”。如此反复有节奏地做下去，一直到触电者能自行呼吸。这种方法较简单，但在触电者肋骨受伤时不得采用。

② 第二种人工呼吸法。这种方法的实施方式和加压节奏与第一种方法完全相同，所不同的是使触电者仰面平卧，而施救者从前面压向触电者下部肋骨处。按这种方法进行人工呼吸时，应有助手在旁协助，将触电者的舌头拉住伸直，使其喉部呼吸器官畅通。

③ 第三种人工呼吸法。这种方法是使触电者仰面平卧，在触电者两肩胛下面垫上衣服卷或其他柔软物品，使触电者的头向后仰，清除口腔内的黏液，把舌头拉出，不让其缩回。

施救者在触电者的头前屈膝跪下，双手握住触电者的两个手腕，使触电者的两臂弯曲地压在前胸两侧，亦即压向下部肋骨处，以完成呼气，同时心里默数“一、二、三”，然后将触电者的两手臂绕向前，在头上方拉直，并引向头的后部，以完成呼气，同时默数“四、五、六”。如此反复地进行。如果能听到触电者喉管中空气出入的微小声音，并看到触电者胸部开始起伏，则表明施救有效，否则，不正确，或者是舌头缩回，未将其拉直。如果触电者的锁骨摔伤或折断，或者发生脱臼或强力活动可能导致骨折时，均不得采用这种方法。

④ 第四种人工呼吸法。这种方法是口对口人工呼吸法，有许多优点，主要是换气比较充分，有效呼吸量较大，易于学习和掌握。因此，口对口人工呼吸法得到普遍采用。

进行口对口人工呼吸时，施救者首先要进行深呼吸，然后将嘴紧紧贴在触电者的嘴上（可在触电者的嘴上垫一块纱布或手帕），往嘴中吹气。此时要用面颊或手指压堵触电者的鼻孔，然后施救者的头部往后仰，离开触电者的嘴，并松开触电者的鼻孔，使其自然地呼出胸腔内的空气。吹气时，用力程度应因人而异，过大和过小都不妥。合适的用力程度是在吹气时能见到触电者的胸部能像正常人呼吸那样舒展和隆起。吹气速度由慢到快，最后缩短到每分钟10~20次。

如果每次吹气后，触电者的胸部扩张，则表明空气已进入肺部。如果吹气后，触电者的胸部不扩张，则应向上扬起触电者的下颚。此时施救者应用大拇指插入触电者的嘴中即可将下颚轻轻扬起。

如果触电者有微弱的吸气动作，则人工吹气时间与触电者自行吸气时间应吻合。当触电者恢复呼吸，能自行深呼吸和有节奏地呼吸时，即可停止人工呼吸。进行人工呼吸时，要防止触电者受凉，即避免让触电者躺在潮湿的土地上、石板上、混凝土地面上或金属地板上。

如果触电者的脉搏停止跳动，则在进行人工呼吸（吹入空气）的同时，还应施以胸外心脏按压。

在上述四种人工呼吸法中，第四种口对口人工呼吸法简单易行，效果较好。

口对口人工呼吸法如图6-11所示。

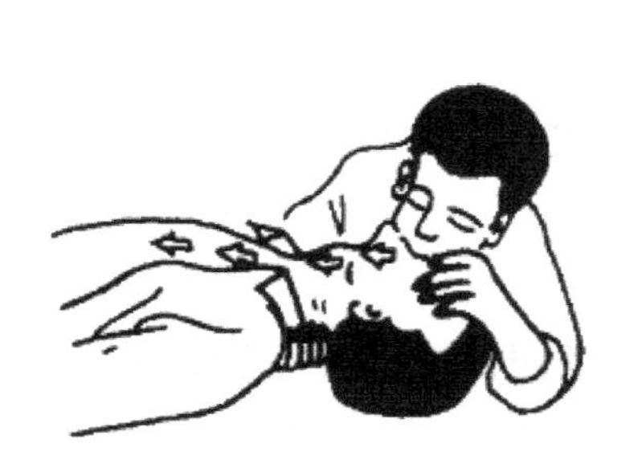
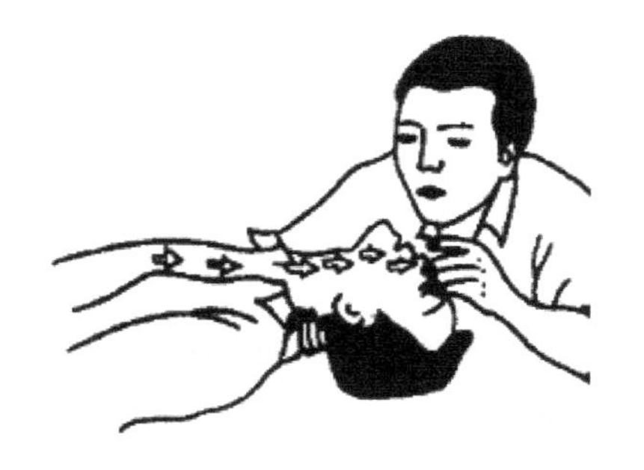

图6-11　口对口人工呼吸法

（2）进行人工呼吸前应准备的工作

如果触电者已完全停止呼吸，或者呼吸非常困难、逐渐短促并继续恶化，有痉挛现象并发出唏嘘声（如垂死状态），则必须对其进行人工呼吸。施行人工呼吸前，应迅速做好以下准备工作：

① 解开妨碍触电者呼吸的紧身衣服（松开领口、领带、上衣、裤带、围巾等）。

② 保证触电者的呼吸道畅通。由于触电者的呼吸道往往被反卷的舌头堵塞，因此应使触电者的头部最大限度地往后仰。此时，施救者应用一只手枕在触电者的颈部，用另一只手按压触电者的前额，当触电者的头部仰到一定位置时，其口便会张开，为使其头部保持后仰位置和后仰姿势，可在触电者肩胛骨下面垫一个卷紧的衣服或枕头等，如图 6-12 所示。

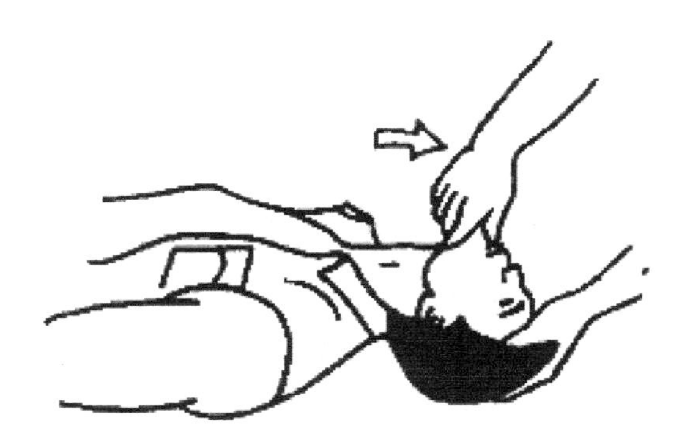

图 6-12 仰头抬下颌示意图

③ 如果触电者口中有血块、黏液和唾液，则必须转动头部，使肩膀朝向一侧，用手巾或缠在食指上的衬衣袖角等擦净口腔和咽喉，除去口腔中的异物、取下假牙等，如图 6-13 所示。

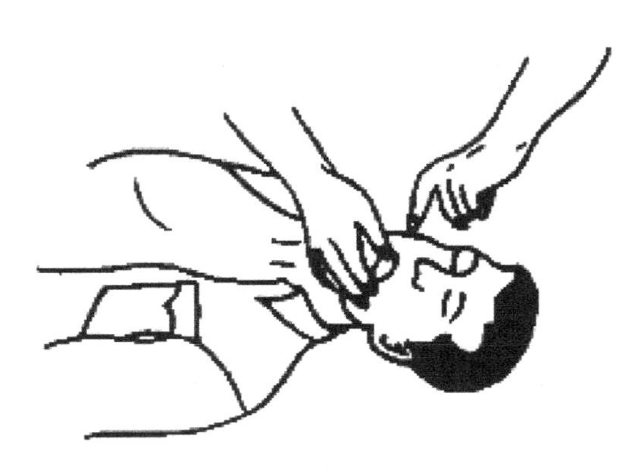

图 6-13 除去口腔中的异物

如果仍不能使触电者的口张开，则可用小木板、小金属片、匙柄等插入上下齿缝，但要避免损坏牙齿。

2. 胸外心脏按压

胸外心脏按压是由施救者用手掌在触电者的胸部有节奏地加压，促使触电者心脏恢复跳动。

胸外心脏按压的步骤如下：

① 将触电者仰卧在结实的平地或木板上，解开腰带、背带和上衣的纽扣，使其胸部裸露，头部充分后仰（最好用一只手托在触电者颈后或枕垫软物）至鼻孔朝上，以利呼吸道畅通，施救者跨跪在触电者腰部两侧。

② 施救者把一只手的手掌根部叠放在另一只手的手背上，手掌根正放在触电者胸外心脏部位，即胸骨的下半段、两个乳头中间稍靠下的部位。

③ 施救者两个手臂都伸直，利用身体的重心，连同两手的力量一起下压，将胸骨压下3~4cm（肥胖者5~6cm）后，突然放松手掌，使胸部弹回，挤压和放松动作要有节奏，每次挤压时间约1s，每分钟挤压60次，不可中断，直至触电者苏醒为止。挤压次数不得太少，否则，不足以使血液循环。

④ 每次迅速挤压后，双手仍保持原来位置约0.5s，轻轻把手摆平并放松，让触电者胸部自动复原，血液充满心脏，但双手并不离开胸部。

⑤ 按压时，定位必须准确，用力要适当，切忌用力过大，以免挤压出胃中的食物，堵塞气管，影响呼吸，或者造成肋骨折断、气血胸和内脏损伤，也不得用力过小，否则，不能发挥挤压作用。胸外心脏按压示意图如图6-14所示。

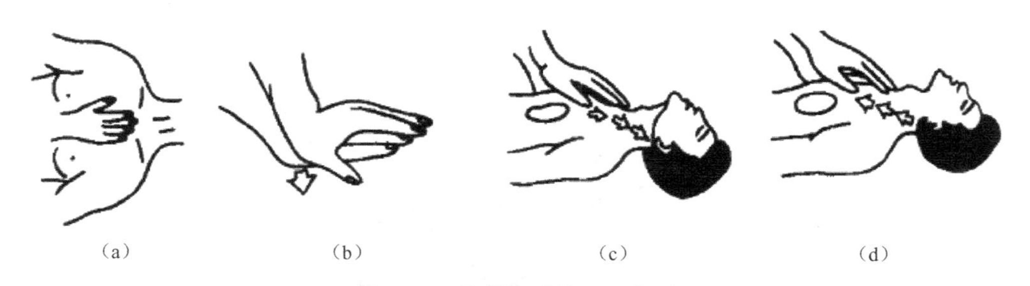

(a)　(b)　(c)　(d)

图6-14　胸外心脏按压示意图

在按压心脏的同时，还要进行人工呼吸（吹气）。如果由两人来抢救，则其中经验较少者进行人工呼吸，经验较丰富者进行胸外心脏按压，吹气应在每挤压5次的间隔时间内进行。

如果仅有一人抢救，则施救者应交叉进行胸外心脏按压和人工呼吸，每吹两次气要进行15次心脏按压。人工呼吸和心脏按压一般要进行到触电者恢复正常呼吸或经医生鉴定触电者已真正死亡为止。触电者恢复呼吸后可停止按压，但人工呼吸仍继续进行5~10min。

3. 对触电者进行急救的结果判断

如果正确进行人工呼吸，则每进行一次口对口吹气，触电者的胸部就会舒展和隆起，停止吹气，胸部就会下陷。在这种情况下，触电者会通过嘴和鼻孔从肺部往外排气，发出特有的声音。如果难以吹入空气，则应检查触电者的呼吸道是否畅通。

进行胸外心脏按压时，其效果首先表现在每次按压触电者的胸部时，都可使触电者的手腕大动脉和颈部大动脉出现脉搏。

如果正确进行人工呼吸和胸外心脏按压，则触电者的脸色就会变好，由抢救前的土灰色（带青色）变为玫瑰色（脸部红润）。

6.2.3 触电者电弧灼伤及外伤处理

1. 电弧灼伤处理

电弧灼伤一般分为三度：一度，灼伤部位轻度变红，表皮受伤；二度，皮肤大面积烫伤，烫伤部位出现水泡；三度，肌肉组织深度灼伤，皮下组织坏死，皮肤烧焦。

当触电者的皮肤严重灼伤时，必须先将衣服和鞋袜特别小心地脱下，最好用剪刀一块块剪下。施救者的手不得接触触电者的灼伤部位，不得在灼伤部位涂抹油膏、油脂或其他护肤油。

灼伤的皮肤表面必须包扎好。包扎时如同包扎其他伤口一样，应在灼伤部位覆盖消毒的无菌纱布或消毒的洁净亚麻布。包扎前不得刺破水泡，也不得随便擦去黏在灼伤部位的烧焦衣服碎片，如果需要除去，则应使用锋利的剪刀剪下。对电弧灼伤者进行紧急处置后，应立即将其送往医院治疗。

2. 触电者所受外伤的处理

对于触电者同时发生的外伤应分情况酌情处理：

① 凡是不危及生命的轻度外伤，可在触电急救之后进行处理。

② 严重的外伤，应在现场与急救同时进行处理。

③ 一般损伤性创伤，在受伤时几乎都有细菌侵入。为了防止感染，必须用无菌生

理食盐水彻底冲洗后，用急救包中的消毒绷带或其他洁净布条包扎伤口，消毒时要防止碘酒、酒精等进入伤口内，因为它们会使人体组织细胞坏死。

④ 如果伤口大量出血，则应立即止血。通常，可按下述方法临时止血：将出血的肢体举高或用消毒绷带叠成几层盖在伤口上压紧；若情况严重，则可压迫伤口的出血部位，即紧压供给创伤部位血液的血管，或者卷曲肢体后，再用手指及止血带压迫止血。如果上述方法不能有效止血，则应立即请医务人员急救。

参 考 文 献

1. 周志敏，周纪海．电工测量与试验实用技术问答[M]. 北京：电子工业出版社，2006.

2. 周志敏，纪爱华．图解家装电工技能一点通[M]. 北京：机械工业出版社，2014.

3. 周志敏，纪爱华．我是家装水电工高手[M]. 北京：化学工业出版社，2015.

4. 周志敏，纪爱华．图解室内布线设计与施工[M]. 北京：中国电力出版社，2016.

反侵权盗版声明

举报电话：（010） 88254396；（010） 88258888

传　　真：（010） 88254397

E-mail：dbqq@ phei. com. cn

通信地址：北京市海淀区万寿路 173 信箱

电子工业出版社总编办公室

邮　　编：100036